获中国石油和化学工业优秀教材一等奖
中等职业学校规划教材

分 析 化 学

第三版

邢文卫　陈艾霞　编

化学工业出版社

·北京·

《分析化学》共分八章，包括绪论、定量分析中的误差及结果处理、滴定分析法、酸碱滴定法、配位滴定法、氧化还原滴定法、沉淀滴定法、称量分析法。每章有学习目标、小结、练习、阅读材料等，并有配套的《分析化学实验与实训》（附带实验报告）教材。全书采用国家法定计量单位，并以"等物质的量"规则作为滴定分析计算基础。

本书是中等职业学校工业分析与检验专业的必修课教材，也可作为其他中等职业学校、技工学校有关专业的教学用书或参考书，还可作为职业培训考证教材、厂矿企业分析化验人员及技术管理人员的参考书。

图书在版编目（CIP）数据

分析化学/邢文卫，陈艾霞编. —3 版. —北京：
化学工业出版社，2006.11（2021.4 重印）
中等职业学校规划教材
ISBN 978-7-122-28300-9

Ⅰ.①分⋯　Ⅱ.①邢⋯②陈⋯　Ⅲ.①分析化学-中
等专业学校-教材　Ⅳ.①O65

中国版本图书馆 CIP 数据核字（2016）第 249115 号

责任编辑：旷英姿　陈有华
责任校对：王　静　　　　　　　　装帧设计：王晓宇

出版发行：化学工业出版社（北京市东城区青年湖南街 13 号　邮政编码 100011）
印　　刷：北京市振南印刷有限责任公司
装　　订：北京国马印刷厂
787mm×1092mm　1/16　印张 12½　字数 280 千字　　2021 年 4 月北京第 3 版第 7 次印刷

购书咨询：010-64518888　　　　　　　售后服务：010-64518899
网　　址：http://www.cip.com.cn
凡购买本书，如有缺损质量问题，本社销售中心负责调换。

定　　价：35.00 元

第三版前言

《分析化学》自1997年第一版出版以来，受到了相关职业学校的关注和好评，得到了广大师生和读者的肯定。作为化学化工类中职学校分析化学课程的教材，在教学过程中发挥了一定的积极作用。2006年出版第二版，2009年被评为"中国石油和化学工业优秀教材一等奖"。

第三版《分析化学》教材在保持了第二版的基本结构和编写特色的基础上，本着"与时俱进"的精神，参照各兄弟学校提出的建议，对有关内容作了适当精选、调整和补充，使其更加突出了职业教育的特色，体现了知识的准确性、实用性和先进性，为定量化学分析基本操作和测定技能的形成奠定了坚实的基础。

本着"立足实用、强化能力、注重实践"的原则，教材内容根据最新教学标准，融入化学检验工（中级工）的职业标准和国家标准，突出教材的职业性，教材内容丰富，取材新颖，基本涵盖了目前产品检验中常用的化学分析方法，着重介绍分析技术的应用，涉及化工、冶金、医药、食品、环境监测等行业的产品检测和分析方法，以适应教改的需要。书中带"*"处为选学内容，用书学校可根据不同专业方向选择相关内容教学。为方便教学，本书还配有电子课件。另外，本教材可以与《分析化学实验与实训》（附带实验报告）教材配套使用。

本教材既可作为化工中等职业学校工业分析与检验专业教学用书，也可作为初中以上文化水平从事分析检验工作人员考分析工等级证书的自学和培训教材。

本书修订过程中参考了有关文献资料，谨向相关专家及原作者表示敬意与感谢！并对大力支持该书出版的化学工业出版社表示感谢！杨经勇、付晓风、徐俊艳、郑菁等老师也给予了倾力支持并提出建设性建议，在此对为本书编写出版提供帮助的朋友们深表谢忱。

限于编者水平，教材修订后难免还有疏漏和欠妥之处，恳请同行与读者提出批评指正，不胜感激！

编　者

2016年8月

第一版前言

　　本书是根据化学工业部人教司 1995 年 12 月颁布的《分析化学教学大纲》 编写的，适用于初中毕业四年制及高中毕业二年制工业分析专业教学用书。

　　本书内容以该大纲为准则， 力图保证基础， 精选教材内容， 并注意学科发展新技术的运用。 关于本书内容， 作如下几点说明。

　　一、 贯彻国家法定计量单位的有关规定。 本书以分子、 离子的某种特定组合为基本单元， 表示物质的量浓度和进行滴定分析的有关计算。

　　二、 有些分析术语与化工部化学试剂标准化技术归口单位及化学试剂质量监测中心所编《化学试剂标准大全》（ 1995 年版 ） 取得一致。 例如， 滴定分析用标准溶液称为"标准滴定溶液"； 以标准滴定溶液标定另一溶液称为"比较" 等。

　　三、 为适合中专学生特点， 有些内容如分布系数， 配位平衡中各种存在形式浓度的计算， 称量分析中盐效应、 酸效应、 配位效应的计算等均不作"量" 的讨论， 只进行定性说明。

　　四、 为精简内容， 避免与《分析化学实验》 教材的重复， 将有关内容如分析天平、 滴定分析与称量分析的仪器及使用等归入《分析化学实验》 教材， 与本书配套使用。

　　五、 分析化学是一门实践性很强的学科， 本书力求理论与实际相结合， 在应用方面注意与国家标准靠拢。

　　六、 本书各章编写有"本章小结"， 明确学习重点和必须掌握的基本内容， 以利于复习巩固所学知识。 在思考题和习题方面， 注意引导学生思考， 培养他们在掌握基本理论和基本知识的基础上提高综合运用能力和分析问题解决问题的能力。 思考题和习题较多， 可供选择。

　　本书在编写过程中， 得到北京化工学校王芝、 北京市化工学校袁琨的关心和帮助，在此表示衷心感谢。

　　限于编者业务水平， 本书还有疏漏和欠妥之处， 欢迎读者批评指正。

编　者
1997 年 5 月

　　根据"全国中等职业教育化工类专业教材建设会议"的有关精神，在认真研讨化工类职业教育发展要求和适用对象的基础上，提出教材应体现以应用为目的；以必需、够用为度；以讲清概念、强化应用为重点；体现教材的好讲、好学的原则；突出以能力为本位的思想，加强实践教学环节的训练；教材内容力图体现思想性、科学性、先进性、适用性、创造性。《分析化学》作为工业分析专业基础课教材，出版已近十年，受到各校师生和广大读者的青睐。为了更好地适应中等职业学校培养高素质的劳动者和中初级专门人才的需要，从学科本位向着就业岗位和就业本位转变，笔者在1997年版的基础上进行了修订，以体现在新的形势下，更好地与教学相结合，与教育目标相适应。本教材既可作为化工中等职业学校工业分析专业教学用书，也可作为初中以上文化水平从事分析检验工作人员考分析工等级证书的自学和培训教材。

　　第二版《分析化学》与1997年版相比，具有以下特点：

　　1. 保留原教材的基本内容框架，吸取了原教材的精华。删去了化学分离法一章，习题部分做了大幅度增减。

　　2. 在知识内容上，体现需要为准，够用为度，实用为先。精简了内容，降低了难度。对理论知识中公式推导、滴定曲线的计算、分布系数、副反应系数、活度、条件电极电位等偏深的内容进行了大量的删减，力求简明扼要、深入浅出，通俗易懂；强化了实用性部分，如酸、碱、盐、缓冲溶液的pH计算等。

　　3. 力求实用，简单、易学。

　　4. 便于教学，注重启发性。努力贯彻以人为本、能力本位、自主学习、培养创新精神的教育理念。

　　5. 本书各章编有"学习目标"，引导学生有目的、有重点地进入新知识的学习；章末有"本章小结"，简要地指出重点、难点问题及规律性的结论；"练习"部分便于学生消化理解，融会贯通所学知识，为了配合分析中级工的考证，书中习题以选择题、判断题为主；章末还有"阅读材料"，可拓展学生知识面。

　　本教材由江西省化学工业学校陈斌主审。在编写过程中得到化学工业出版社和江西省化学工业学校单位领导和老师们的大力支持，文字和图表的录入得到徐俊艳、郑菁的倾力相助，在此深表谢忱。

　　限于本人水平，书中难免还有疏漏和欠妥之处，恳请同行与读者批评指正，不胜感激！

编　者
2006 年 11 月

目录

第三章　滴定分析法　/30

第四章　酸碱滴定法　/50

第六章　氧化还原滴定法　/109

第七章　沉淀滴定法　/134

第八章 称量分析法 / 147

第一章
绪 论

🖋 学习目标

1) 了解分析化学的任务、作用；
2) 了解分析化学的分类、步骤；
3) 明确分析化学的学习内容和基本要求。

第一节 分析化学的任务和作用

分析化学是研究物质组成、含量和结构的分析方法及有关理论的一门科学，是化学学科的一个重要的分支。分析化学是人们用来认识、解剖自然的重要手段之一，是化学中的信息科学。

一、分析化学的任务

分析化学包括定性分析和定量分析两大部分。定性分析是确定物质由哪些组分（元素、离子、官能团或化合物）所组成；定量分析是测定物质中有关组分的相对含量。在进行分析工作时，首先须确定被测物质的定性组成，然后根据试样组成选择适当的定量分析方法测定有关组分的含量。当分析试样的来源、主要成分及主要杂质都已知时，可不进行定性分析，而直接进行组分的定量分析。

二、分析化学的作用

分析化学作为一门基础学科，其核心知识已广泛应用于自然科学的方方面面，与其他学科相辅相成，构成了创造自然、改造自然的强大力量。分析检验是人们获得各种物质的化学组成和结构信息的必要手段，它就像人类的眼睛一样，人们用分析手段去观察物质世界的存在和变化，它渗透到化学的各个学科，并对环境科学、材料科学、生命科学、能源、医疗卫生等的发展具有十分重要的作用。分析化学具有极高的实用价值，可以毫不夸张地说，几乎任何科学研究，只要涉及化学现象，分析检验就要作为一种手段而被运用到研究工作中去。

分析化学在国民经济的各个部门及各行各业的生产中都发挥着重要作用，所有工业生产中资源的勘探、原材料的选择、工艺流程的控制、成品的检验，新技术、新工艺、新方法的探索和推广以及新产品的开发研究都需要分析检验。

例如，从月球上取回一些岩石样品，想要了解月球和地球的岩石组成有何异同，从而推断月球和地球的形成过程有无联系。首先进行样品分析，了解它都含有哪些元素，以及各种元素的组成、含量，然后才能进行其他方面的研究和推证。

分析过程包括一个逻辑程序：①确定题目；②取得和溶解试样；③进行必要的分离；④做适当的测定；⑤报告结果。

在确定题目时，分析工作者会提出这样一些问题：需要获得什么数据？应采用何种灵敏度的方法？分析方法必须具备的准确和精密程度如何？可能出现什么干扰以及需要进行什么样的分离？要多长时间得到分析结果？必须处理多少试样？什么仪器是适用的？费用如何？等等。

我们知道，胰岛素是治疗糖尿病的常用药品，在人工合成胰岛素的研究中，首先就要了解：胰岛素是由哪些元素组成的？这些元素在胰岛素中的含量是多少？这些元素都形成什么官能团？这些官能团在胰岛素分子中又是怎样结合排布的？只有了解到这些情况之后才能进行人工合成。1922 年，加拿大的奔丁·麦克劳特发现了胰岛素，获得了 1923 年诺贝尔奖；1926 年阿贝尔从天然物质中分离出结晶状态胰岛素；1955 年确定其结构，由 16 种肽、51 种氨基酸组成；1964 年上海有机化学研究所首次人工合成了胰岛素。

公元前三世纪古代奥林匹克运动会上，运动员曾试图食用由蘑菇中提取的致幻觉物质来提高运动成绩。1960 年罗马奥运会上，丹麦自行车运动员 Jenson 在 100km 自行车赛途中的猝死震惊了世人。在 Jenson 的尸体解剖中发现，他的血液和组织中含有大量的苯丙胺（安非他明）。20 世纪 60 年代由于运动员中滥用药物直接或间接致死的运动员多达 30 人。从此反兴奋剂的斗争揭开了序幕。1967 年以梅罗德亲王为首的国际奥委会医学委员会成立。在高科技和生物技术的迅速发展带动下，兴奋剂品种不断增多，国际奥委会的禁用药物目录已达 100 余种。这些禁药目前主要分成六大类。1988 年的汉城奥运会上，约翰逊以 9.79s 打破尘封了很久的百米纪录，这被称之为外星人的速度。他已达到了人类速度的极限，只是掌声还没有停歇，鲜花还没有枯萎，他服用了类固醇的消息就打了世人一个响亮的耳光。

上述这一系列问题的解决都离不开分析化学。

在科学试验领域里，凡是研究具体物质变化规律的问题，都需借助分析化学的手段，了解该物质在特定条件下，新发生的质和量的变化。从而总结出有规律性的新发现，所以在自然科学领域，有关基础学科或应用学科的研究单位，都配备有一个相应水平的中心分析实验室，否则他们的工作进展就要受到牵制。

环境保护方面，对污染的监测，了解污染物在不同环境介质中的迁移转化规律，探讨环境容量、研究生态平衡、提高环境质量，以及评价和治理工农业生产对环境产生的污染等。在线监测技术的发展，使这些检测结果变得更快更准确。

国防公安方面，武器装备的研制生产，犯罪活动的侦察破案；医药卫生方面药品检验、新药研究，配合诊断和治疗的化学检验，以及病理和药理的研究，毒品、兴奋剂的检测等，都直接应用分析化学的理论和技术。

农业生产中，土壤是最重要的生产资料，庄稼生产是从土壤里吸取各种养分，土壤能供给哪些营养元素？它们的含量是多少？这些营养元素都以什么形式存在？当各种自然条件改变时，以不同形式存在的营养元素，又是如何循环变化的？从了解到解决、施肥等措施，控制生物学小循环、生物固氮、磷肥钾肥、稀土微肥，从而达到提高农业生产目的。农产品质量检验农药残存量检验，新品种培育等都是以分析检验结果作为重要依据的。

工业生产，开发矿山，开采石油，矿石和原油的品位高低、品质的优劣，都要靠分析检验作出判断。工业原料的选择、工艺流程的控制、工业成品的检验、新产品的试制，以及"三废"的综合利用，都必须以分析检验结果为重要依据，因此许多具有一定规模的工厂都配备化验室。所以人们常说分析化学是工农业生产的"眼睛""前哨"，科学研究的"参谋"，足以说明分析化学在国家建设中起着重要作用。

三、分析化学的发展趋势

化学给人以知识，化学史给人以智慧，让我们一起来了解分析化学的发展历史吧！分析化学的发展过程是人们从化学的角度认识世界、解释世界的过程。

分析化学是一门古老的科学，它的起源可以追溯到古代炼金术。当时依靠人们的感官与双手进行分析与判断。至 16 世纪出现了第一个使用天平的试金实验室，才使分析化学开始赋有科学的内涵。从历史的发展角度看，可以说，最早期的化学主要是分析化学性质，到 19 世纪末，虽然分析化学由鉴定物质组成的化学定性手段与定量技术所组成，但还只能算是一门技术。它对元素的发现和对地质、矿产资源的勘探、利用等，都起过重要的作用。另一方面，定量分析对工农业生产的发展，特别是对于许多化学基本定律的确定，作出过巨大的贡献。但分析化学作为一门独立的学科，则是较晚的。

20 世纪以来，由于现代科学技术的发展，相邻学科间的相互渗透，分析化学的发展经历了三次巨大的变革。

分析化学学科发展史上的第一个重要的阶段，大约是在 20 世纪初的二三十年间，在这一历史发展阶段中，人们借助当时物理化学所取得的成就。例如，人们利用当时物理化学中的溶液平衡理论、动力学理论及各种实验方法等，深入研究分析化学中的一些最基本的理论问题，如沉淀的生成、共沉淀现象、指示剂作用原理、滴定曲线和终点误差、催化反应和诱导反应、缓冲作用原理等大大地丰富了分析化学的内容，使分析化学从一种技术变成了一门学科。

分析化学学科发展史上的第二个重要阶段，是在 20 世纪 40 年代以后的几十年间。从第二次世界大战以后，随着物理学与电子学的发展，分析化学开始进入了以物理方法为原理，以分析仪器为工具的新时代，这就是所谓"分析化学正走出化学"的著名论点。从20 世纪 70 年代开始的所谓"第三次科学浪潮"，分析化学经受了从内涵到外延的极为深刻冲击，进入了重大变革的历史新时期。各相关学科对分析化学的要求已不再局限于回答"是什么"和"有多少"等定性、定量分析的基本问题，而是要求提供更全面、更准确的结构与成分表征信息，提出了多维多析的色谱分析理论，这就要求分析化学走出"纯化学领域"，成为一门综合性、现代化的学科——分析学科。在这一历史发展阶段中，首先是原子能科学技术的发展，其次是半导体技术的兴起，要求分析化学能提供各种非常灵敏、准确而快速的分析方法。例如，半导体材料纯度一般都是非常高的，有的甚至可达到 9 个9 以上，而要测定这种超纯物质中的痕量杂质，显然是个非常困难的问题，在这种新形势的推动下，仪器分析（光谱、质谱、核磁共振等）改变了经典化学分析为主的局面，使分析化学有了一个飞跃，而其最重要的特点，是各种仪器分析方法和分离技术的广泛应用。在这期间，分析化学对于生产实际和科学技术所作的贡献是前所未有的。

目前分析化学正处于第三次变革，以计算机应用为主要标志的信息时代的来临，给整个科学技术的发展带来巨大的活力。现代分析化学已经远远超出化学学科的领域，它正在把化学与数学、物理学、计算机科学、生物学、信息科学结合起来，发展成为一门多学科的综合性科学——分析科学。它不只限于测定物质的组成和含量，还要对物质的状态（氧化—还原态、各种结合态、结晶态），结构（一维、二维、三维空间分布），微区、薄层和表面的组成与结构以及化学行为和生物活性等做出瞬时追踪，无损伤和在线监测等分析及过程控制，甚至要求直接观察到原子和分子的形态与排列。在科学技术飞跃发展的 21 世纪，分析化学将会更广泛地吸取当代科学技术的最新成就，进一步丰富自身的内容，在国民经济的各个领域发挥越来越大的作用。

近几十年，分析化学发展迅速。据统计：全世界有关分析化学的专业杂志，已有百余种。所发表的论文每 5～7 年就增加一倍，分析化学的国际会议，平均每年召开十余次，分析化学处于日新月异，突飞猛进之中。

出现这种情况是同现代科学技术总的发展分不开的，它一方面给分析化学提出更高的要求，同时也向分析化学提供了新的理论、方法和手段，迅速地改变着分析化学的面貌。

从对分析化学的要求看，分析手段必须越来越灵敏、准确、迅速、简便、自动化。

分析化学的任务也不再限于测定物质的成分和含量，而是往往还要知道结构、价态、状态等。因而它活动的领域也由宏观发展到微观，从总体进入到微区、表面和薄层，由表观深入到内部，从静态扩展到动态。

分析化学所应用的原理和方法，随着基础理论研究的进步，各门学科向分析化学的渗透，以及各种分析方法的相互结合，正在不断地得到丰富和发展。

分析化学目前正在向着仪器化、自动化、智能化的方向发展，许多经典的分析方法，也逐步同仪器的使用结合起来。电子技术和电子计算机在分析化学中的应用，四大波谱与计算机的联合使用，分离与检测技术的联合使用，气质、液质色谱联用、原子荧光分析、毛细管电泳、超临界流体色谱等给这种发展提供了广阔的前景，分析化学在完成这些新任务的过程中，将得到进一步的发展。

分析化学发展的趋势是发展灵敏、专一、快速、准确的新方法和新技术。计算机在分析化学中的应用，化学统计学、化学计量学、分析仪器的智能化等，标志着分析化学已发展成为一门化学信息科学。

第二节 分析方法的分类和步骤

一、 分析方法的分类

分析化学的分类方法很多，除按任务分为定性分析和定量分析外，还可根据分析对象、试样用量、被测组分含量、测定原理和操作方法等类别，分为不同方法。

1. 无机分析和有机分析

按分析对象不同，分析化学可分为无机分析和有机分析。无机分析的对象是无机物，通常要求鉴定物质的组成（元素、离子或化合物）和测定各组分的相对含量。有机分析对象是有机物，组成有机物的元素种类不多，但结构复杂，除元素分析外，更重要的是官能团分析和结构分析。

2. 常量、半微量和微量分析

按试样用量多少，分为常量分析、半微量分析和微量分析，其固体试样量及试液体积分列如下：

常量分析	0.1g 以上	10mL 以上
半微量分析	0.01～0.1g	1～10mL
微量分析	0.001～0.01g	0.01～1mL

3. 常量组分、微量组分和痕量组分分析

按被测组分含量的多少，可分为：

常量组分分析	1% 以上
微量组分分析	0.01%～1%
痕量组分分析	0.01% 以下

4. 化学分析和仪器分析

按测定原理和操作方法，可分为化学分析和仪器分析。

化学分析法是以物质的化学计量反应为基础的分析方法。在定性分析中，许多分离和鉴定反应，就是根据组分在化学反应中生成沉淀、气体或有色物质而进行的。在定量分析中，根据物质化学反应的计量关系来确定组分的含量，可用通式表示为：

$$待测组分 + 试剂 \longrightarrow 反应产物$$

由于采取的具体测定方法不同，又分为滴定分析法和称量分析法。

（1）滴定分析法　将一种已知准确浓度的试剂溶液，滴加到待测物质的溶液中，直到所加试剂恰好与待测组分定量反应达化学计量点为止，根据所加试剂的体积和浓度计算出待测组分的含量，这种分析方法称为滴定分析法或容量分析法。按滴定反应的类型可分为酸碱滴定法、氧化还原滴定法、配位滴定法、沉淀滴定法。例如，用酸碱滴定法可以测定酸性或碱性物质的含量；用氧化还原滴定法可以测定还原性或氧化性物质的含量。

（2）称量分析法　称量分析通常是通过物理或化学反应，将试样中待测组分以某种形式与其他组分分离，以称量的方法称得待测组分或它的难溶化合物的质量，计算出待测组分在试样中的含量。例如，测定试样中硫酸盐含量时，在试样中加入稍过量的 $BaCl_2$ 溶液，使 SO_4^{2-} 生成难溶的 $BaSO_4$ 沉淀，经过滤、洗涤、灼烧后，称量 $BaSO_4$ 的质量，便可求出试样中硫酸盐的含量。

滴定分析法和称量分析法是分析化学的基础，是经典的化学分析法，通常用于试样中常量组分（1% 以上）的测定。其中，称量分析准确度较高，但操作繁琐费时，目前

应用较少；滴定分析操作简便、快速，准确度亦较高，是广泛应用的一种定量分析技术。

仪器分析法是以待测物质的物理性质或物理化学性质为基础的分析方法，这类方法需要借助特殊的仪器进行测量。仪器分析法包括光化学分析、电化学分析、色谱分析、质谱分析等。近年来，还发展了一些新的仪器分析法，如核磁共振波谱分析，电感耦合等离子体质谱放射化学分析，电子探针，离子探针微区分析和多仪器联合使用等。

仪器分析法的优点是迅速、灵敏、操作简便，能测定含量极低的组分。但是，仪器分析法是以化学分析法为基础的，如试样预处理、制备标样、方法准确度的校验等，都需要化学分析来完成的。因此，仪器分析法和化学分析法是密切配合，相互补充的，只有掌握好化学分析法的基础知识和基本技能，才能学好和掌握仪器分析法。

化学分析一般适用于常量分析，仪器分析一般适用于微量分析。

5. 例行分析和仲裁分析

按分析任务的不同，分析方法又可分为例行分析和仲裁分析。例行分析是指一般化验室对日常生产中原材料或产品所进行的分析，又称为常规分析。为掌握生产情况，要求短时间内报出结果，一般允许分析误差可较大些。

仲裁分析又叫裁判分析。不同单位对同一物质的分析结果有争执时，由仲裁单位按指定方法进行裁决的分析，要求较高的准确度。

为满足当代科学技术发展的需要，分析化学正朝着从常量分析、微量分析到微粒分析，从总体分析到微区、表面分析，从宏观结构分析到微观结构分析，从组织分析到形态分析，从静态追踪到快速反应追踪，从破坏试样分析到无损分析，从离线分析到在线分析，从直接分析到遥控分析，从简单体系分析到复杂体系分析等方面发展和完善。分析化学由于广泛吸取了当代科学技术的最新成就，已成为当今最富活力的学科之一。

二、 分析化学的步骤

定量分析的任务是确定样品中有关组分的含量。完成一项分析任务，一般要经过以下步骤。

1. 采样与制样

样品或试样是指在分析工作中被用来进行分析的物质体系，它可以是固体、液体或气体。分析化学对试样的基本要求是在组成和含量上具有一定的代表性，能代表被分析物质的总体。合理的取样是分析结果是否准确可靠的基础。取有代表性的样品必须采取特定的方法或顺序。一般来说要多点取样（指不同部位，深度），然后将各点取得的样品粉碎之后混合均匀，再从混合均匀的样品中取少量物质（常用四分法）作为试样进行分析检测。

对不同的分析对象，其取样方式也不相同。有关的国家标准或行业标准对不同分析对象的取样步骤和细节都有详细的规定。

2. 试样的分解

定量分析一般采用湿法分析，即将试样分解后转入溶液中，然后进行测定。分解试样的方法很多，主要有酸溶法，碱溶法和熔融法。操作时可根据试样的性质和分析的要求选用适当的分解方法。在分解试样时，应注意以下几点。

① 待测组分不应该有任何损失。

② 不应引入待测组分和干扰物质。

③ 分解试样最好与分离干扰物质相结合。

④ 试样的溶解必须完全。

3. 测定

根据分析要求以及样品的性质选择合适的方法进行测定。

4. 计算并报告分析结果

根据测定的有关数据计算出组分的含量，进行分析判断，并写出分析实验报告。

第三节　学习的内容和基本要求

一、 学习内容

分析化学是在生产实践中产生和发展起来的，生产的发展和科学技术的进步，给分析化学提出了更高的要求。同时，许多科学技术向分析化学的渗透，产生了新的分析方法或手段，从而不断丰富和发展了分析化学。

随着现代科学技术的发展，分析化学朝着仪器化，自动化和智能化的方向发展，分析仪器与电子计算机的联用，为自动连续分析在线监测分析和控制生产流程创造了条件。尽管如此，化学分析仍然是分析化学的基础，经典的分析方法无论在理论上还是在实际应用上都是非常重要的，许多仪器分析方法都要采用化学方法对样品进行预处理，有些仪器分析也用化学分析方法进行校正；在研究改进一种新的仪器分析方法时，还需要化学分析的理论为基础。一个不了解分析化学基础理论和基本知识的分析工作者，不可能仅仅依靠现代分析仪器就能正确解决日益复杂的分析问题。因此，分析化学作为一门基础课，要从化学分析学起，而且化学分析也是本专业教学的基本内容，只有在学习好化学分析的基础上才能进一步学好仪器分析。

分析化学是一门实践性很强的学科，也是中职学校工业分析与检验专业的核心课程。学生通过分析化学的学习，一方面将所学的无机化学，有机化学等基础理论知识，应用到分析方法中，另一方面可掌握检测物质的基本分析方法和基本操作技能，以培养良好的职业素养、严肃认真的工作作风和实事求是的学习态度。因此，在学习时，应当有明确的学习目的和正确的学习态度，系统地掌握分析化学的基础知识，基本理论，树立正确的"量"的概念，为今后从事分析工作打好理论基础。

实验在本课程中占有很大比重，基本操作必须正确、规范化，在一定的训练基础上，才能获得可靠的分析结果。在实验过程中，应养成良好的实验室工作习惯和职业素养，注重培养严谨求实的科学态度和独立工作能力，提高分析问题和解决问题的能力，为学习后续课程和以后从事专业技术工作打下良好基础。

二、 基本要求

基本知识部分要求掌握滴定分析和称量分析的方法及其基本原理；理解定量分析中的基本概念；了解定量分析中的误差及数据处理方面的基础知识；牢固树立"量"的概念，掌握定量分析中的有关计算方法。

实验部分要求能熟练使用和规范操作定量分析仪器；能熟练掌握滴定分析和称量分析操作技能，并能按国家标准准确地测定无机化合物的含量。

三、 教材特点

本教材以应用为目的，理论以必需够用为度，以讲清概念，强化应用为重点，在内容安排上，降低了理论难度，公式也只要求能够应用就行，对书后附录列出的各表要求学生能灵活使用；编排顺序上采用理论与实践相结合的方式，力求做到深入浅出，通俗易懂便于学生自主学习；为配合分析中级工的考证，书中习题以选择题，判断题为主。

教材中每一章都设有教学目标、主要内容、本章小结、习题以帮助同学及时巩固所学知识。

四、 学习方法

分析化学是中等职业学校工业分析与检验专业的核心课程，其内容是根据专业特点选定的，包括分析化学的基本原理、基本知识和基本操作，主要是定量分析的内容。学好分析化学对于进一步学习各专业课十分重要。

为了学好分析化学，必须了解其课程特点及学习方法，才能达到预期的学习效果，为此提出如下建议：

1. 明确学习内容

学习本书绪论，解决分析化学研究什么、主要内容有哪些、为什么要学分析化学、怎样学好分析化学等问题。使学生了解本课程在专业学习中的作用、地位以及分析化学的主要内容，认识到学习的重要性，激发学习分析化学的兴趣和求知欲望。

2. 复习、 应用有关基础知识， 掌握教材的重点学习内容

化学分析是本教材的重点学习内容。学习这一部分内容时，必须结合无机化学中的四大类反应（酸碱反应、沉淀反应、配位反应及氧化还原反应）理论，深入细致地讨论滴定分析法、称量分析法的基本原理、基本知识和基本计算。

3. 了解课程的特点和要求， 抓住重点， 突破难点

① 滴定分析内容非常丰富，测定的物质虽然繁多，但是理论和实验操作都有其规律性，学生应注意把握章节之间内容的内在关系，在教师的启发下，善于找出知识的规律性，抓住重点、突破难点。

② 分析化学对化学反应的条件有严格要求，例如对反应物的浓度、溶液的酸碱度、反应时的温度等条件均应严格控制。学习中应该牢固树立"量"和"定量"的概念，严格控制实验条件，才能达到定量分析的要求。

③ 分析化学是一门实践性很强的学科，实验内容占有很大的比例。学生在学习过程中，一定要理论联系实际，加强实验这个环节，重视实验操作技能的训练，严格执行基本

操作规程，仔细观察实验现象，认真做好实验记录，注意培养实事求是、严谨的科学态度，这样才能很好地完成分析化学的学习任务。

4. 学生要积极、主动地学习，学习中应做到

① 课前预习：课前应了解课程标准对本章节的具体要求，根据"学习目标"的提示，预习教材，复习有关基础知识，带着问题进课堂学习。

② 学习过程中：积极参与教学过程，挖掘学习潜力，积极主动地用脑学习，养成思维活性。

③ 课后复习：课后复习所学内容，独立完成作业；对所学知识进行讨论，在理解的基础上增强记忆，举一反三，把所学知识能够融会贯通；对照"本章小结"查漏补缺；查阅有关书籍，开阔思路，加深对问题理解，提高自己的学习能力。

学生应根据自己的学习情况采取可行的学习方法，希望上述建议对学生的学习有所帮助。

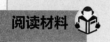

阅读材料

屠呦呦——中国药学家，荣获 2015 年诺贝尔生理医学奖

屠呦呦，中国女药学家，是第一位获得诺贝尔科学奖项的中国本土科学家，第一位获得诺贝尔生理医学奖的华人科学家。是中国医学界迄今为止获得的最高奖项，也是中医药成果获得的最高奖项。

屠呦呦多年从事中药和中西药结合研究，突出贡献是研制新型抗疟疾药青蒿素和双氢青蒿素。1972 年从植物青蒿草中成功提取到了一种分子式为 $C_{15}H_{22}O_5$ 的无色结晶体（这个分子式的结构破译就是要靠分析检测技术才能做到），命名为青蒿素。2011 年 9 月，她因为将发现的"中国神药"青蒿素药物应用在治疗中，使疟疾患者的死亡率显著降低，拯救了全球特别是非洲百万人的生命，获得了拉斯克奖和葛兰素史克中国研发中心"生命科学杰出成就奖"。疟疾是威胁人类生命的一大顽敌，与艾滋病和癌症一起，被世界卫生组织列为世界三大死亡疾病之一。2015 年 10 月，凭借发现的青蒿素，屠呦呦获得诺贝尔生理医学奖，成为首位获科学类诺贝尔奖的中国本土科学家。

本章小结

一、分析化学的性质和任务

分析化学是研究物质组成、含量和结构的分析方法及有关理论的科学，其任务包括定性分析和定量分析。

分析化学的重要性在于国民经济建设的各个方面都发挥着作用。

二、分析方法分类

按对象分为：无机分析、有机分析。

按试样量分为：常量分析、半微量分析、微量分析。

按组分量分为：常量组分分析、微量组分分析、痕量组分分析。

按原理分为：化学分析、仪器分析。

按任务分为：例行分析、仲裁分析。

三、分析的步骤

采样与制样→试样分解→测定→计算并报告分析结果

四、学习内容

以无机物为主要对象，以试样量及组分含量均为常量的化学定量分析方法为本课程学习内容。本课程是工业分析与检验专业的核心课程，是学好后续课程和以后从事分析技术工作及管理工作必需的基础。

练　习

1. 分析化学的主要任务是什么？在国民经济建设中有何作用？
2. 从学习和生活实践中举出一例说明分析化学所起的作用。
3. 分析方法分类的依据是什么？如何分类？
4. "分析化学"和"化学分析"在概念上有什么不同？
5. 进行化学分析有哪些步骤？
6. 分析工应具备什么样的素质，才能胜任好本职工作？
7. 要学好分析化学，你有什么打算？

第二章
定量分析中的误差及结果处理

学习目标

1）理解准确度与误差、精密度与偏差的关系；
2）掌握误差的来源、特点、计算和提高准确度的方法；
3）掌握有效数字及运算规则；
4）掌握分析数据的处理方法。

第一节 定量分析中的误差

定量分析的目的是准确测定试样中各组分的含量。对每个分析工作者的要求是快、准、稳地报出分析结果。所谓快，在方法不变的前提下，熟练操作，熟能生巧自然加快分析速度。所谓准，就是准确度，在操作中消除系统误差，使分析结果接近样品的真值。所谓稳，就是精密度，在操作中减少随机误差，让分析结果稳定可信。

一、定量分析的结果评价

在实际工作中，即使采用最可靠的方法、最精密的仪器，由最熟练的操作人员在相同条件下对同一试样进行多次测定，也不能得到完全一致的结果。这说明在分析过程中，误差是客观存在的。作为分析人员，不仅要能测定各组分的含量，还应该对测定结果作出评价，判断它的可靠程度，查出产生误差的原因，并采取措施减少误差，使分析结果达到规定的准确度，满足工作的需要。

1. 准确度与误差

准确度表示测定结果与真实值❶相接近的程度，以误差表示。测定结果与真实值的差值越小，测定结果的准确度越高。此差值称为绝对误差。

---

❶ 任一物质各组分的含量都是客观存在的真实数值，却是我们不知道的。一般是由有经验的分析人员用公认的标准方法，在消除系统误差的前提下进行多次测定。然后将这些数据用统计方法处理，所得的平均值极接近其真实值，可将此值看作"真实值"。

$$绝对误差(E)=测定值(x)-真实值(T)$$

绝对误差不能确切地反映测定值的准确度。例如，分析天平的称量误差为 $\pm0.0001g$，称量两份实际质量为 $1.5131g$ 及 $0.1513g$ 的试样，得 $1.5130g$ 及 $0.1512g$，两者的绝对误差均为 $0.0001g$，但称量的准确度却不同。前者的绝对误差只占其真实值的 0.007%，后者则为 0.07%。这种绝对误差在真实值中所占比率称为相对误差（以百分数或千分数表示）。

$$相对误差(E_r)=\frac{绝对误差(E)}{真实值(T)}\times100\%$$

显然，被测的量较大时，相对误差就比较小，测定的准确度也就比较高。

绝对误差和相对误差都有正负之分，正值表示测定的结果偏高，负值表示测定结果偏低。

2. 精密度和偏差

在实际分析工作中，一般要对试样进行多次平行测定，以得出测定结果的平均值。多次测定结果之间相互接近的程度称为精密度，以偏差表示。偏差越小，说明测定结果彼此之间越接近，精密度越高，也就是说测定结果的再现性好。再现性指不同人不同实验室，相同方法相同条件下结果的一致性；重复性指相同的人、实验室、方法、条件下结果的一致性。

（1）绝对偏差和相对偏差　个别测定值与几次测定值结果的平均值之差称为绝对偏差，以 d 表示。

$$d_i=x_i-\overline{x} \tag{2-1}$$

式中　x_i——个别测定值；

　　　$\overline{x}$——几次测定结果的平均值。

绝对偏差在平均值中所占的百分率或千分率称为相对偏差。

$$相对偏差\ Rd_i=\frac{d_i}{x}\times100\% \tag{2-2}$$

绝对偏差和相对偏差都有正、负之分，它们都是表示个别测定值与平均值之间的精密度。

（2）平均偏差和相对平均偏差　对多次测定结果的精密度，常用平均偏差表示。平均偏差是指各次偏差绝对值的算术平均值，是绝对平均偏差的简称。

$$平均偏差\ \overline{d}=\frac{\sum_{i=1}^{n}|d_i|}{n}=\frac{|d_1|+|d_2|+|d_3|+\cdots+|d_n|}{n} \tag{2-3}$$

相对平均偏差是平均偏差在平均值中所占比率。

$$相对平均偏差\ R\overline{d}=\frac{\overline{d}}{x}\times100\% \tag{2-4}$$

平均偏差与相对平均偏差均无正、负之分。取偏差的绝对值是为了避免正负偏差相互抵消。在一组平行测定结果中，小偏差总是占多数，大偏差为少数，算得的平均偏差会偏小，大偏差得不到应有的反映，例如，按下列两组数据，求得平均偏差及相对平均偏差。

第　一　组		第　二　组	
x_i	d_i	x_i	d_i
37.20	0.16	37.24	0.12
37.32	0.04	37.26	0.10
37.34	0.02	37.36	0.00
37.40	0.04	37.44	0.08
37.52	0.16	37.48	0.12
$\bar{x}=37.36$	$\bar{d}=0.08$	$\bar{x}=37.36$	$\bar{d}=0.08$
相对平均偏差 0.21%		相对平均偏差 0.21%	

显然，第一组数据中有两个较大的绝对偏差，但在平均偏差中反映不出来。由此可得出结论，平均偏差不能准确表示精密度。

（3）标准偏差和变异系数　在数理统计中，常用标准偏差来衡量精密度，以 s 表示。

$$s=\sqrt{\frac{\sum\limits_{i=1}^{n}d_i^2}{n-1}} \tag{2-5}$$

计算标准偏差时，是将各次测定结果的偏差加以平方，可以避免各次测量偏差相加时正负抵消，大偏差能更显著地反映出来。因此标准偏差可以更确切地说明测定数据的精密度。

在有些情况下，也使用变异系数 CV（即相对标准偏差 RSD）来说明测定数据的精密度。

$$CV=\frac{s}{\bar{x}}\times1000‰ \tag{2-6}$$

上述两组数据的标准偏差和变异系数分别是 0.12、3.2‰ 及 0.11、2.9‰，明显地看出第一组数据的精密度比第二组要差些。由此可见，标准偏差才能准确表示精密度。

【例 2-1】　用称量法测定钢铁中镍的质量分数，得到的结果如下：10.48%，10.37%，10.47%，10.43%，10.40%。计算分析结果的标准偏差。

【解】　$\bar{x}=10.43\%$

$s=[(10.48\%-10.43\%)^2+(10.37\%-10.43\%)^2+(10.47\%-$

$10.43\%)^2+(10.43\%-10.43\%)^2+(10.40\%-10.43\%)^2/$

$(5-1)]^{\frac{1}{2}}=0.04637\%$

该题也可以使用计算器的统计学计算功能进行快速计算得出结果。

在一般化学分析中，平均测定数据不多，常采用极差来估计误差的范围。以 R 表示极差：

$$R=测定最大值-测定最小值 \tag{2-7}$$

$$相对极差=\frac{R}{\bar{x}}\times100\% \tag{2-8}$$

3. 精密度与准确度的关系

精密度表示测定结果的重复性，它以平均值为衡量标准，只与偶然误差有关；准确度则表示测定结果的正确性，它以真实值为衡量标准，由系统误差和偶然误差所决定。那么，如何从精密度和准确度两方面评价分析结果呢？图 2-1 是甲、乙、丙、丁四人分析同一试样中某组分质量分数的结果示意图。由此，可评价四人的分析结果如下。

序号	甲	乙	丙	丁
数据分布				

图 2-1　不同分析人员同一试样测定结果

① 甲所得结果准确度与精密度均好，结果可靠。

② 乙的精密度虽高，但准确度较低。

③ 丙的精密度与准确度均很差。

④ 丁的平均值虽也接近于真实值，但几个数据彼此相差甚远，而仅是由于正负误差相互抵消才凑巧使结果接近真实值，因而其结果也是不可靠的。

由此可得以下结论。

① 精密度是保证准确度的先决条件，即准确度高一定需要精密度高；精密度差，所测定结果不可靠，就失去了衡量准确度的前提。

② 精密度高不一定能保证准确度高，但可以找出精密而不准确的原因，而后加以校正，就可以使测定结果既精密又准确。

4. 公差

公差是生产部门对于测定结果所能允许误差的一种表示方法。如果测定结果超出允许的公差范围，称为"超差"，该项分析应该重做。公差范围一般是根据实际情况和生产需要对测定结果的准确度的要求而确定。表 2-1 为一般工业分析允许误差范围。

表 2-1　一般工业分析允许误差范围

组分含量/%	80~90	40~80	20~40	10~20	5~10	1~5	0.1~1	0.01~0.1	0.001~0.01
允许误差范围/%	0.4~0.3	0.6~0.4	1.0~0.6	1.2~1.0	1.6~1.2	5.0~1.6	20~5.0	50~20	100~50

各种分析方法所能达到的准确度不同，其允许公差范围也不同，如称量分析与滴定分析法的相对误差小（千分之二），而比色、极谱等分析方法的相对误差就较大（百分之几）。组分含量高时，允许相对误差要小一些，含量低时允许相对误差就要大一些。试样组成越复杂，引起误差的可能性就越大，允许的相对误差就宽一些。一般工业分析，允许相对误差常在百分之几到千分之几。例如，对钢中硫含量分析

的允许公差范围规定如下：

硫含量/%	≤0.02	0.02～0.05	0.05～0.10	0.10～0.20	0.20 以上
公差(绝对误差)/%	±0.002	±0.004	±0.006	±0.010	±0.015

例如两次测得钢中硫含量的结果分别为 0.036%、0.042%，则两次结果之差为 0.006%，此值小于允许误差绝对值的两倍。所以，可用两次测得值的平均值 0.039% 作为分析结果。

二、定量分析中的误差来源

根据误差的性质与产生的原因，误差一般分为系统误差和偶然误差。

1. 系统误差

系统误差是由于某种固定的原因所造成的误差，它具有单向性，即正负、大小都有一定的规律性。在同一条件下，重复测定时，它会重复出现，其误差的大小往往可以估计，故也称为可定误差。系统误差不影响测定结果的精密度，但能影响测定结果的准确度。

系统误差的产生主要有以下原因。

(1) 方法误差　由于分析方法本身所造成的。例如，在称量分析中，由于沉淀的溶解度及共沉淀；在滴定分析中，由于反应进行不完全、干扰离子的影响，化学计量点和滴定终点不相吻合，以及其他副反应的发生等，都会系统地影响分析测定，使分析结果偏高或偏低。

(2) 仪器误差　主要是由于仪器本身不够准确或未经校准所造成的。例如，天平砝码和量器刻度不够准确等，在使用过程中就会使测定结果产生误差。

(3) 试剂误差　由于试剂不纯或蒸馏水中含有微量杂质所引起的误差。

(4) 操作误差　主要是指在正常操作情况下，由于个人掌握操作规程与控制操作条件稍有出入而引起的误差。例如，滴定分析中对滴定终点颜色的判断，有的敏锐，有的迟钝；有的偏深，有的偏浅；读取滴定管刻度值时经常偏高或偏低等。

从以上产生误差的情况看，有一种误差的绝对值在多次测定中保持不变，可称为恒差。例如滴定分析中借助指示剂确定终点，由于个人的掌握颜色偏深，平行测定时，每次多用 0.05mL。另一种误差的绝对值在多次测定中是可以变的，但其相对误差保持不变。例如，滴定分析中所使用的基准物质若含有水分，则称取量越大，所含水分也越多，按比例增长，也可称比例误差。

2. 偶然误差

偶然误差也称随机误差，是由于某些偶然因素所造成的误差。偶然误差给分析结果带来的影响没有一定的规律，它有时大，有时小。偶然误差在分析操作中往往难以察觉，也难以控制。例如，由于温度、气压、温度的微小波动，仪器性能的微小变化等原因所引起的误差。在同一条件下多次测定所出现的偶然误差，其大小、正负不固定，是非单向性的，偶然误差影响测定结果的精密度。由于许多偶然因素的影响，一个人多次分析同一个样品时，得到的分析结果并不完全一致，而是有高有低。

在分析化学中，除了系统误差和偶然误差外，还有一类"过失误差"，它是由于分析操作人员的粗心大意或不遵守操作规程所引起的误差。如仪器失灵、器皿不洁净、试剂被污染、加错试剂、看错砝码、读错刻度、溶液溅失、记录错误和计算错误等因过失而造成的错误结果，这些错误是没有办法减免误差的，因此，必须严格遵守操作规程，认真仔细地进行实验，如发现错误测定结果，应予以剔除，不能将它与其他结果放在一起计算平均值。

三、 定量分析中误差的减免

衡量一个分析结果的好坏都离不开准确度和精密度两个方面。准确度由系统误差决定；精密度由偶然误差决定。在分析工作中应尽量消除或校正系统误差，减少偶然误差，以保证分析结果的准确度。

1. 选择合适的分析方法

各种分析方法的准确度和灵敏度是不同的。称量分析和滴定分析，灵敏度不高，但对于高含量组分的测定，能获得比较准确的结果，相对误差是千分之几。若改用比色分析，则相对误差可达百分之几。对于低含量组分的测定，称量分析和滴定分析的灵敏度达不到要求，而一般仪器分析法的灵敏度较高，相对误差虽然较大，可以满足要求。如被测的是微量组分，就不能用常量分析方法测定；同样常量组分也不能用微量分析方法测定，否则将造成极大的误差。例如，测定含量约为 0.50% 的某组分时，若用比色分析方法的相对误差为 2%，则分析结果的绝对误差为 $0.50\% \times 0.02 = 0.01\%$，这样大小的误差是允许的。

除根据组分含量高低确定分析方法外，同时还要考虑干扰情况，要尽量选择无干扰、不需要分离、操作简便的方法，操作手续越繁杂带来误差的机会越多。

2. 减小测量误差

在称量分析中，测量误差主要表现在称量上。一般分析天平的称量误差为 $\pm 0.0001g$，称取一份试样需要称量两次，可能引起的最大误差是 $\pm 0.0002g$，为了使称量的相对误差不超过 0.1%，则试样的最低质量应该是

$$试样质量 = \frac{绝对误差}{相对误差} = \frac{0.0002g}{0.001} = 0.2g$$

在滴定分析中，测量误差主要是在体积测量过程中产生的。一般常量滴定管读数常有 $\pm 0.01mL$ 的误差，完成一次滴定需要读数两次，这样可能引起的最大误差是 $\pm 0.02mL$。为了使测量时的相对误差小于 0.1%，则消耗滴定剂的体积必须在 20mL 以上，一般保持在 30mL 左右。

应该指出，测量的准确度只要与方法的准确度相适应就可以了，过度要求是没有意义的。例如，比色分析方法的相对误差为 2%，在称取 0.5g 试样时，试样的称量误差应小于 $0.5g \times 2\% = 0.01g$，为了减小称量误差，往往将称量准确度提高一个数量级，即称准至 $\pm 0.001g$ 左右。

3. 增加平行测定次数

这是减少偶然误差的有效方法。偶然误差是由偶然因素引起的，其数值大小看来没有

规律性，但是在相同情况下，如果进行很多次重复测定，则可发现偶然误差的分布服从一般的统计规律，其特点是：

① 大小相等的正误差和负误差出现的概率（机会）相等；

② 小误差出现的机会多，大误差出现的机会少，个别特别大的误差出现的机会极少。

偶然误差的这种规律性，可用图 2-2 的曲线表示，这个曲线称为误差的正态分布曲线，也称高斯分布曲线。这条曲线的形状是对称的，中央呈高峰，两边越来越低。

从上述规律可以看出，随着测定次数的增加，偶然误差的算术平均值将逐渐减小。因此，在消除系统误差的前提下，如果操作细心，测定次数越多，分析结果的算术平均值就越接近于真实值。实验表明，测定次数不多时，偶然误差随测定次数的增加而迅速减少；当测定次数高于 10 次时，误差减小已不很显著。所以，在一般化学分析中，要求平行测定 2～4 次，基本上可以得到比较满意的分析结果。若准确度要求更高，可适当增加测定次数。

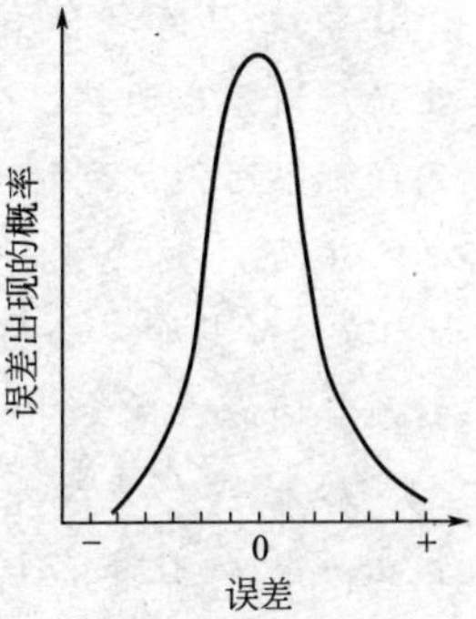

图 2-2　误差的正态
分布曲线

4. 消除测定过程中的系统误差

系统误差既然是由某些固定的原因所造成的误差，可以根据具体情况选用不同方法来检验和校正。

（1）对照试验　对照试验是检验系统误差的有效方法。进行对照试验时，常用组成与待测试样相近、已知准确含量的标准试样（或配制的标准试样），按同样方法进行分析以资对照；也可以用不同的可靠分析方法，或者由不同的分析人员分析同一试样互相对照。

如果对试样的组成不完全清楚，可以采用"加入回收法"进行试验。这种方法是在试样中加入已知量的待测组分，然后进行对照试验。根据加入的待测组分回收量，判断测定过程中是否存在系统误差。

（2）空白试验　由试剂和器皿引入杂质所造成的系统误差，一般可以做空白试验来扣除。空白试验是在不加试样的情况下，按照试样的分析步骤和条件进行分析试验，所得结果称"空白值"，从试样的测定结果中扣除空白值。

空白值应该不大，若有异常，应选用纯度更高的试剂和改用其他适当的器皿来降低空白值。

（3）校准仪器　由测量仪器不准确引起的系统误差，可以通过校准仪器来减少误差。在准确度要求较高的分析中，对所用的测量仪器如滴定管、移液管、容量瓶和天平砝码等必须进行校准，直接应用校正值。必须指出，在一系列操作过程中应该使用同一套仪器，这样可以使仪器误差抵消。例如，一份试样需称量两次，其中重复使用相同砝码的误差就可以互相抵消。

（4）校正方法　某些分析方法的系统误差可用其他方法进行校正。例如，在称量分析中，待测组分沉淀绝对完全是不可能的，其溶解部分可采用其他方法测量，予以校正。

百分之百合格的降落伞

这是发生在第二次世界大战中期美国空军和降落伞制造商之间的真实故事。在美国，没有专门的军工企业，所有的军用品都是由私人企业生产的。最初，降落伞的安全性能不够好，在训练和实战中时不时地会发生安全事故，通过不断改进生产技术，降落伞合格率逐步提升到 99.9%，而军方要求必须达到 100%。对此，生产厂商不以为然，他们认为，能够达到这个程度已接近完美，并一再强调任何产品都不可能达到绝对的 100% 合格，除非奇迹出现。

然而，这个 0.1% 的隐患对空降兵来说却有可能是 100% 要命的！因为，0.1% 的降落伞不合格，就意味着每一千个伞兵中，将有一个人可能会因为降落伞的质量问题在跳伞中送命。这显然会影响伞兵们战前的士气。

后来，军方改变了检验产品质量的方法，决定从生产厂商交货的降落伞中随机挑出一个，让降落伞生产商老板装备上身后，亲自从飞机上跳下。新的质检方法实施后，奇迹出现了，产品合格率立刻变成了 100%。

箴言：追求质量是永无止境的，正所谓"没有最好，只有更好"，换位思考，让生产商老板亲自试跳的质检方法，将降落伞的合格率与生产商老板的生命联系到了一起，这就迫使他们绞尽脑汁提高产品质量。其结果就是产生了奇迹——降落伞的合格率立刻变成了 100%。企业唯有不断创新和超越，追求更新、更高的目标，方能立于不败之地，才有希望处于领先之列。

第二节　有效数字及其运算规则

在分析工作中，为了得到准确的测量结果，不仅要准确地测定各种数据，还必须要正确地记录和计算。分析结果的数值不但表示试样中被测组分含量的多少，同时也反映了测定的准确程度，因此，数据记录和计算是十分重要的。

一、有效数字

有效数字是分析测量中所能得到的有实际意义的数字，在其数值中只有最后一位是不确定的，前面所有位数的数字都是准确的。这一规定明确地确定了有效数字应保留的位数，不应该随意增加或减少有效数字的位数。

有效数字应保留的位数，取决于所用分析方法与分析仪器的准确度。用感量为万分之一的分析天平称量，可保留小数点后四位，因为分析天平的读数精度为 0.1mg，即在小数点后第四位上有 ±0.1mg 的绝对误差，前面的所有位数都是准确的。如 0.1325g，有效数字为 4 位；10.2025g，有效数字为 6 位。若是在台上称量，读数精度为 0.01g，上面两个数据只能记为 0.13g 和 10.20g，有效数字分别为 2 位和 4 位。

数字"0"的作用，"0"在具体数值前面时，不是有效数字，只起定位作用，如 0.0452g，可写成 45.2mg，有效数字都是 3 位；"0"在中间时，是有效数字，如 0.4502g，有效数字为 4 位；"0"在数值后面，也是有效数字，如 3700 为 4 位有效数字，若是 2 位有效数字，应写成 37×10^2、3.7×10^3、0.37×10^4。

对于含有对数的如 pH、lgK 等的有效数字的位数仅取决于小数部分的位数，其整数部分只说明这个数的方次。例如 pH $=8.32$，即 $[H^+] = 4.8 \times 10^{-8}$ mol·L^{-1}；lgK $= 10.69$，$K = 4.9 \times 10^{10}$，都是两位有效数字，整数 8 和 10 指的是方次。

此外，在计算中常遇到分数、倍数的关系，应视为多位有效数字。例如，从 250mL 容量瓶中移取 25mL 溶液，即取容量瓶中总数的 1/10，不能将 25/250 视为二位或三位有效数字，应按计算中其他数据的有效数字位数对待。

二、 有效数字修约规则

对分析数据进行处理时，应根据测量准确度及运算规则，合理保留有效数字的位数，弃去不必要的多余数字。目前多采用"四舍六入五留双"的规则进行修约。

此规则是：被修约的那个数字等于或小于 4 时，舍去该数字；等于或大于 6 时，则进位；被修约的数字为 5 时，若 5 后有数就进位；若无数或为零时，则看 5 的前一位为奇数就进位，偶数则舍去。例如，下列数据修约为四位有效数字时，结果如下：

5.6423→5.642   8.63452→8.635

5.7366→5.737   8.63450→8.634

7.7315→7.732   8.63350→8.634

7.7365→7.736   8.63352→8.634

修约数字时，只能对原数据一次修约到所需要的位数，不能逐级修约。例如，将 18.4546 修约为四位有效数字，应得 18.45；若将该数值先修约成 18.455，再修约为 18.46 是不对的。

三、 有效数字运算规则

在运算过程中，正确保留各测量数据有效数字位数对分析结果有很重要意义。

运算和记录数据过程中应遵循以下规则。

① 几个数据相加或相减时，它们的和或差的有效数字的保留，应以小数字点后位数最少的或其绝对误差最大的数字为依据，将各数据多余的数字修约后再进行加减运算。

例如，34.37、0.0154、4.3275 三数相加，其中 34.37 的绝对误差最大，为 ± 0.01，其他误差小的数不起作用，计算时保留到小数点后第二位即可。三数修约后 34.37、0.02、4.33 之和为 38.72。

② 几个数据相乘或相除时，它们的积或商的有效数字的保留，应以有效数字位数最少或相对误差最大的数字为依据，将多余数字修约后进行乘除运算。

例如，0.0121、25.64、1.0578 三数相乘，其中以 0.0121 数值的相对误差最大。

$$\frac{\pm 0.0001}{0.0121} \times 100\% = \pm 0.8\%$$

$$\frac{\pm 0.01}{25.64} \times 100\% = \pm 0.04\%$$

$$\frac{\pm 0.0001}{1.0578} \times 100\% = \pm 0.009\%$$

数据修约后 0.0121、25.6、1.06，积为 0.328。

为了提高计算结果的可靠性，可以暂时多保留一位数字，得到最后结果，再弃去多余的数字。

③ 若数据的第一位数字大于 8，可多算一位有效数字，例如 9.25mL 只有三位，在计算时可按四位有效数字处理（接近 10.00）。

④ 有关化学平衡的计算（如计算平衡时某离子的浓度），保留二位或三位有效数字。

⑤ 通常对于组分含量在 10% 以上时，一般要求分析结果有效数字四位；含量 1%～10% 时，三位有效数字；低于 1% 时，一般要求一或二位有效数字。

⑥ 以误差表示分析结果的准确度时，一般保留一位有效数字，最多取二位。

用计算器连续运算得出的结果，应一次修约成所需位数。

第三节 分析结果的处理

在定量分析中，为了得到准确的分析结果，不仅要精确地进行各种测定，还要正确地记录数据和计算。分析结果的数据不但能表达试样中待测组分的含量，也能反映测量的准确度。因此，正确地记录实验数据和规范地进行数据处理都是非常重要的。

一、 原始数据的处理

记录实验数据既是良好的实验习惯，也是一项不容忽略的基本功。准确地分析测定要求分析者细致、认真，记录数据清楚、整洁；修改数据必须遵守有关规定，并注意测量所能达到的有效数字。对原始记录的要求如下。

(1) 使用专门的记录本　学生应有专门的实验记录本，并标上页码数，不得撕去其中任何一页。决不允许将数据记在单页纸上或纸片上，或随意记在任何地方。

(2) 应及时、准确地记录　实验过程中的各种测量数据及有关现象，都应及时、准确而清楚地记录下来，记录实验数据时，要有严谨的科学态度，实事求是，切忌夹杂主观因素，决不能随意拼凑和伪造数据。

实验过程中涉及的特殊仪器型号和标准溶液的浓度、室温等，也应及时地记录下来。

(3) 注意有效数字　实验过程中记录测量数据时，应注意有效数字的位数和仪器的精度一致。如用分析天平称量时，要求记录至 0.0001g，滴定管和吸量管的读数应记录至 0.01mL。

(4) 相同数据的记录　实验记录的每一个数据都是测量结果，所以平行测定时，即使数据完全相同也应如实记录下来。

(5) 数据的改动　在实验过程中，如发现数据中有记错、测错或读错而需要改动的地方，可将该数据用一横划去，并在其上方写出正确的数字。

(6) 用笔　数据记录要用钢笔或圆珠笔，不得使用铅笔。

二、 一般分析结果的处理

在系统误差忽略的情况下，进行定量分析实验，一般要对每种试样平行测定 2～3 次，先计算测定结果的平均值，再计算出相对平均偏差。如果相对平均偏差 $R_d \leqslant 0.2\%$，可认为符合要求，取其平均值作为最后的测定结果。否则，此次实验不符合要求，需重做。

如果制定分析标准、涉及重大问题的试样分析、科研成果等所需要的精确数据，就不能这样简单的处理。需要多次对试样进行平行测定，将取得的多次测定结果用统计方法进行处理。

三、 可疑数据的取舍

在一组平行测定中，常有个别数据与平均值的差值较大，这种明显偏离平均值的测定值称为可疑值。

对于可疑值，首先要从技术上查清出现的原因。如果查明是由于技术上的失误造成的，则不管此数据是否为异常值，都必须舍弃，不必进行统计检验。对于那些查不出原因的可疑值，则不能随意进行取舍，必须进行统计学检验。通过检验，区分开哪些数据虽然离群，但不超出统计学所允许的合理误差范围，这些离群值必须保留；对于那些超出合理误差范围的异常值，则舍去。

目前常用的方法有 $4\bar{d}$ 法和 Q 检验法。

1. $4\bar{d}$ 法

此法处理数据的步骤如下：

① 将可疑值除外，求出其余数据的平均值 $\bar{x}_{n-1}$ 和 $4\bar{d}$。

② 求可疑值与 $\bar{x}_{n-1}$ 之差的绝对值。

③ 将该绝对值与 $4\bar{d}_{n-1}$ 进行比较，若 | 可疑值 $-\bar{x}_{n-1}$ | $\geqslant 4\bar{d}_{n-1}$，则舍去此可疑值，否则应保留。

$4\bar{d}$ 法运算简单，但统计处理不够严密，适用于平行 4～8 次的测定，且要求不高的实验数据处理。

【例 2-2】 标定 HCl 标准滴定溶液浓度时，得到下列数据：$0.1032 \text{mol} \cdot \text{L}^{-1}$、$0.1043 \text{mol} \cdot \text{L}^{-1}$、$0.1029 \text{mol} \cdot \text{L}^{-1}$、$0.1036 \text{mol} \cdot \text{L}^{-1}$，试根据 $4\bar{d}$ 判断 $0.1043 \text{mol} \cdot \text{L}^{-1}$是否该舍去？

【解】 4 个数据中可疑值为 $0.1043 \text{mol} \cdot \text{L}^{-1}$。其余数据的 $\bar{x}$ 和 $\bar{d}$ 为

$$\bar{x} = \frac{0.1032 + 0.1029 + 0.1036}{3} \text{mol} \cdot \text{L}^{-1} = 0.1032 \text{mol} \cdot \text{L}^{-1}$$

$$\bar{d} = \frac{|0| + |-0.0003| + |0.0004|}{3} = 0.00023$$

$$4\bar{d} = 4 \times 0.00023 = 0.00092$$

而 | 可疑值 $-\bar{x}_{n-1}$ | $= |0.1043 - 0.1032| = 0.0011 \geqslant 4\bar{d}$

故数据 $0.1043 \text{mol} \cdot \text{L}^{-1}$应舍去。

2. Q 检验法

Q 检验法的处理步骤如下。

① 将测得数据由小到大排列为 x_1，x_2，…，x_n，求出最大值和最小值之差，即极差 $x_n - x_1$。

② 求出值 x_n 或 x_1 与邻近数据之差 $x_n - x_{n-1}$ 或 $x_2 - x_1$。

③ 按下式计算出 Q 值。

$$Q_计 = \frac{x_n - x_{n-1}}{x_n - x_1} \quad 或 \quad Q_计 = \frac{x_2 - x_1}{x_n - x_1} \tag{2-9}$$

④ 根据所要求的置信度和测定次数，查表 2-2 得出 $Q_查$。如果 $Q_计 > Q_查$，则应将该可疑值舍弃，否则应该保留。

表 2-2 不同置信度下的 Q 值

测定次数 n	90%	95%	99%	测定次数 n	90%	95%	99%
3	0.94	0.98	0.99	7	0.51	0.59	0.68
4	0.76	0.85	0.93	8	0.47	0.54	0.63
5	0.64	0.73	0.82	9	0.44	0.51	0.60
6	0.56	0.64	0.74	10	0.41	0.48	0.57

Q 检验法符合数理统计原理，计算简便，适用于平行 3～10 次测定数据的检验。

【例 2-3】 测定试样中钙的质量分数分别为 22.38%、22.39%、22.36%、22.40% 和 22.44%。试用 Q 检验法判断 22.44% 是否应舍去（置信度为 90%）？

【解】 $x_n - x_1 = 22.44\% - 22.36\% = 0.08\%$

可疑值与邻近数据之差这里为 $x_n - x_{n-1} = 22.44\% - 22.40\% = 0.04\%$

$$Q_计 = \frac{x_n - x_{n-1}}{x_n - x_1} = \frac{0.04\%}{0.08\%} = 0.50$$

查表，$n = 5$，置信度为 90% 时，$Q_查 = 0.64$

因为 $Q_计 < Q_查$，所以 22.44% 应当保留。

*四、 平均值的置信区间

在完成一次测定工作后，一般是把测定数据的平均值作为结果报出。但在要求准确度较高的分析中，只给出测定结果的平均值是不够的，还应给出测定结果的可靠性或可信度，用以说明真实结果（总体平均值 μ）所在的范围（置信区间）及落在此范围内的概率（置信度）。

置信区间是指在一定的置信度下，以测定结果平均值 $\bar{x}$ 为中心，包括平均值 μ 在内的可靠性范围。在消除了系统误差的前提下，对于有限次数的测定，平均值的置信区间为

$$\mu = \bar{x} \pm t \frac{s}{\sqrt{n}} \tag{2-10}$$

式中 s——测定的标准偏差；

　　　n——测定次数；

　　　t——置信因数，也称概率系数，随测定次数与置信度而定，可由测定次数和置信度从表 2-3 中查得；

$\pm t \dfrac{s}{\sqrt{n}}$——围绕平均值的置信区间。

表 2-3 不同置信度和不同测定次数 t 值

测定次数 n	置 信 度				测定次数 n	置 信 度			
	90%	95%	99%	99.5%		90%	95%	99%	99.5%
3	2.92	4.30	9.92	14.98	9	1.86	2.31	3.35	3.83
4	2.35	3.18	5.84	7.45	10	1.83	2.26	3.25	3.69
5	2.13	2.78	4.60	5.60	20	1.81	2.23	3.17	3.58
6	2.01	2.57	4.03	4.77	30	1.72	2.09	2.84	3.15
7	1.94	2.45	3.71	4.32	∞	1.64	1.96	2.58	2.18
8	1.90	2.36	3.50	4.03					

　　置信度又称置信概率，是指以测定结果平均值为中心，包括总体平均值落在 $\bar{x} \pm t \dfrac{s}{\sqrt{n}}$ 区间的概率，或者说真实值在该范围内出现的概率。置信度的高低说明估计的把握程度的大小。

　　【例 2-4】 某矿石中钨的质量分数测定结果为 20.39%，20.43%，20.41%。计算置信度为 95% 时置信区间。

　　【解】
$$\bar{x} = \frac{20.39\% + 20.41\% + 20.43\%}{3} = 20.41\%$$

$$s = \sqrt{\frac{0.02\%^2 + 0.00^2 + 0.02\%^2}{3-1}} = 0.02\%$$

查表 2-3，$n=3$ 置信度为 95% 时 $t=4.30$

则　$\mu = 20.41\% \pm 4.30 \times \dfrac{0.02\%}{\sqrt{3}} = 20.41\% \pm 0.05\%$

$n=3$ 置信度为 99% 时 $t=9.92$

$\mu = 20.41\% \pm 9.92 \times \dfrac{0.02\%}{\sqrt{3}} = 20.41\% \pm 0.11\%$

此例说明：通过 3 次测定，我们有 95% 的把握，认为矿石中钨含量在 20.36%～20.46%，有 99% 的把握认为钨含量在 20.30%～20.52%。

　　从表 2-3 可以看出，测定次数越多，t 值越小，求得的置信区间的范围越窄，即测定平均值与总体平均值越接近。测定 20 次以上时，t 值变化已不大，这说明再增加测定次数，对提高测定结果准确度已经没有什么意义了。

阅读材料

分析测试的质量控制与保证

　　分析实验室的建立标志分析系统的建立，但分析质量并未确定，还要控制分析系统的数据质量、分析方法质量、分析体系质量、分析方法、实验室供应、实验室环境条件、标准物质等参数的误差，以将系统各类误差降到最低，这种为获取可靠分析结果的全部活动就是分析质量控制与保证。

　　1. 分析实验室质量控制

　　一个给定系统对分析测试所得数据质量的要求限度还和其他一些因素有关，如成本费用、安全性、对环境污染的毒性、分析速度等。这个限度就是在一定置信概率下所得到的数据能达到一定的准确度与精密度，而为达到所要求的限度所采取的减少误差的措施的全部活动就是分析实验室质量控制。

2. 分析实验室质量保证

质量保证的任务就是把所有的误差（其中包括系统误差、随机误差，甚至因疏忽造成的误差）减少到预期水平。

质量保证的核心内容包括两方面：一方面，对从取样到分析结果计算的分析全过程采取各种减少误差的措施，进行质量控制；另一方面，采用行之有效的方法对分析结果进行质量评价，及时发现分析过程中的问题，确保分析结果的准确可靠。

质量保证代表了一种新的工作方式，通过编制的大量文件使实验室管理工作者增加了阅读、评价、归档及作出相应对策等大量日常文书工作，达到实验室管理工作科学化目标，提高了实验室管理工作水平。

本章小结

一、定量分析中的误差

项目	概念	表示方法（公式）	准确度与精密度的关系
准确度	分析结果与真实值之间相接近的程度	绝对误差：$E = x - T$ 相对误差：$E_r = \dfrac{E}{T} \times 100\%$	
精密度	在相同条件下,多次平行测定结果彼此相接近的程度	绝对偏差：$d_i = x_i - \bar{x}$ 相对偏差：$Rd_i = \dfrac{d_i}{x} \times 100\%$ 平均偏差：$\bar{d} = \dfrac{\sum\limits_{i=1}^{n} \lvert d_i \rvert}{n}$ 相对平均偏差：$R\bar{d} = \dfrac{\bar{d}}{x} \times 100\%$ 标准偏差：$s = \sqrt{\dfrac{\sum\limits_{i=1}^{n} d_i^2}{n-1}}$ 变异系数：$CV = \dfrac{S}{x} \times 1000\%$	准确度高一定需要精密度高,但精密度高不一定能保证准确度高

二、误差分析

误差的分类	概念	特点	产生原因	消除或减少的办法
系统误差	由于某种固定的原因所造成的误差	单向性； 可定误差 大小可则	方法误差； 仪器误差； 试剂误差； 操作误差	对照试验； 校准仪器； 空白试验； 规范操作

续表

误差的分类	概　念	特　点	产生原因	消除或减少的办法
偶然误差	由于某些偶然因素所造成的误差	非单向性；不可定误差；多次重复测定时，呈正态分布	如测定时环境的温度、湿度和气压的微小波动；仪器性能的微小变化等	增加平行测定的次数
过失误差	由于某些过失因素所造成的误差	没有规律	操作者粗心、不遵守操作规程、溶液溅失、记录错误、计算错误等	加强责任心、严格遵守操作规程

三、有效数学及运算规则

	概　念	位数的确定（示例）	修约规则	运算规则
有效数学	指在分析工作中实际上能测量到的数字，包括所有准确数字和最后一位可疑数字。有效数字不仅表明数值的大小，也反映出测量的准确度	组分含量大于10%：四位有效数字 组分含量1%～10%：三位有效数字 组分含量小于1%：一位或二位有效数字	四舍六入五留双	加减法：几个数相加或相减时，所得和或差的有效数字位数以小数点后位数最少的一个数据为准 乘除法：几个数相乘或相除时，所得积或商的有效数字位数以有效数字位数最少的一个数据为准

四、分析结果的处理

1. 置信度与平均值的置信区间

置　信　度	平均值的置信区间
分析结果在某一范围内出现的概率称为置信度。在分析工作中，通常置信度定在95%或90%	对于有限次数的测定，其平均值与真实之间有如下关系：$\mu = \overline{x} \pm t \dfrac{s}{\sqrt{n}}$

2. 可疑数据的取舍

取舍方法	四　倍　法	Q 检验法
检验步骤	①求出可疑值除外的其余数据的平均值 $\overline{x}$ 及平均偏差 $\overline{d}$ ②求可疑值与平均值之差。若可疑值与平均值之差的绝对值大于 $4\overline{d}$，即 $\|可疑值 - \overline{x}\| > 4\overline{d}$ 则可疑值舍去，否则应予以保留	①将各数据按递增顺序排列 $x_1, x_2, x_3, \cdots, x_n$；②求出最大值与最小值之差，即极差 $x_n - x_1$；③求出可疑数据与其最邻近数据之差 $x_2 - x_1$ 或 $x_n - x_{n-1}$；④求出 Q 值 $Q_计 = \dfrac{x_n - x_{n-1}}{x_n - x_1}$ 或 $Q_计 = \dfrac{x_2 - x_1}{x_n - x_1}$ ⑤根据测定次数 n 和所要求的置信度查表 2-2 得 $Q_表$；⑥将 $Q_计$ 与 $Q_表$ 相比较，若 $Q_计 > Q_表$，则可疑值舍去，否则应予以保留

练　习

一、选择题

1. 下列叙述不正确的是（　　）。

A. 误差是以真实值为标准的，偏差是以平均值为标准的。实际工作中获得的所谓"误差"，实质上仍是偏差

B. 对某项测定来说，它的系统误差大小是可以测量的

C. 对偶然误差来说，大小相近的正误差和负误差出现的机会是均等的

D. 某测定的精密度越高，则该测定的准确度越高

2. 在滴定分析中，出现的下列情况，哪种导致系统误差（　　）。

　A. 试样未经充分混匀　　　B. 滴定管的读数读错

　C. 滴定时有液滴溅出　　　D. 砝码未经校正

3. 分析测定中的偶然误差，就统计规律来讲，其（　　）。

　A. 数值固定不变

　B. 正误差出现的概率大于负误差

　C. 大误差出现的概率小，小误差出现的概率大

　D. 大小相等的正、负误差出现的概率不等

4. 分析测定中出现的下列情况，何种属于偶然误差（　　）。

　A. 滴定时所加试剂中含有微量的被测物质

　B. 某分析人员几次读取同一滴定管的读数不能取得一致

　C. 某分析人员读取滴定管读数时总是偏高或偏低

　D. 滴定时发现有少量溶液溅出

5. 可用下列哪种方法减少分析测定中的偶然误差（　　）。

　A. 进行对照试验　　　　　B. 进行空白试验

　C. 进行仪器校准　　　　　D. 增加平行试验的次数

6. 由计算器算得 $2.236 \times 101124 \div 1.036 \times 0.2000$ 的结果为 12.004471，按有效数字运算规则应将结果修约为（　　）。

　A. 12　　B. 2.0　　C. 12.00　　D. 12.004

7. 下面数据中有效数字位数是四位的是（　　）。

　A. 0.052　　B. 0.0234　　C. 10.030　　D. 40.02%

8. 下列数据中包含二位有效位的是（　　）。

　A. pH=6.5　　B. −5.3　　C. 10.0　　D. 0.02

9. pH=10.20，有效数字的位数是（　　）。

　A. 四位　　B. 三位　　C. 两位　　D. 不确定

10. 在称量样品时试样会吸收微量水分，这属于（　　）。

　A. 系统误差　　B. 偶然误差　　C. 过失误差　　D. 没有误差

11. 读取滴定管读数时，最后一位估计不准，这是（　　）。

　A. 系统误差　　B. 偶然误差　　C. 过失误差　　D. 没有误差

12. 有四位同学测定同一试样，最后报告测定结果的相对平均偏差如下，其中正确的是（　　）。

　A. 0.1285%　　B. 0.1%　　C. 0.128%　　D. 0.12850%

13. 测得某水泥熟料中的 SO_3 含量，称取试样量为 2.2g，下面的哪份报告是合理的（　　）。

　A. 2.085%　　B. 2.08%　　C. 2.09%　　D. 2.1%

14. 分析硅酸盐样品中 SiO_2 的含量，称取样品的质量为 2.4650g，下面的哪份报告是合理的（　　）。

　A. 62.37%　　B. 62.3%　　C. 62.4%　　D. 62%

15. 用 25mL 的移液管移取的溶液的体积应记录为（　　）。

A. 25mL　　B. 25.0mL　　C. 25.00mL　　D. 25.000mL

16. 下列表述不正确的是（　　）。

A. 偏差是测定值与真实值之差

B. 平均偏差常用来表示一组测量数据的精密度

C. 平均偏差表示精密度的缺点是缩小了大误差的影响

D. 平均偏差表示精密度的优点是比较简单

17. 下列表述正确的是（　　）。

A. 标准偏差能较好地反映测定数据的精密度

B. 标准偏差表示单次测量结果的相对偏差

C. 变异系数即为相对平均偏差

D. 标准偏差又称变异系数

18. 某学生测定铜合金中铜含量，得到如下数据：62.54%，62.46%，62.50%，62.48%，62.52%。则测量结果的平均偏差为（　　）。

A. 0.014%　　B. 0.14%　　C. 0.024%　　D. 0.24%

19. 用 EDTA 法测定石灰石中 CaO 含量，经四次平行测定，得 CaO 的平均含量为 27.50%，若真实含量 27.30%，则 27.50%－27.30%＝0.20% 为（　　）。

A. 绝对偏差　　B. 相对偏差　　C. 绝对误差　　D. 相对误差

20. 分析硅酸盐样品中 SiO_2 含量时，若允许绝对误差为 ±0.1%，则测定结果超出误差范围的是（　　）。

A. 62.17%　　B. 62.40%　　C. 62.45%　　D. 62.35%

21. 配制 250mL 0.02000mol·L^{-1} 的标准溶液，要求相对误差不大于 0.1%，称样时应称准至小数点后的位数为（　　）。

A. 第五位　　B. 第四位　　C. 第三位　　D. 第二位

22. 下列各种情况引起系统误差的是（　　）。

A. 天平零点稍有变动

B. 读取滴定管读数时，最后一位数字估测不准

C. 用含量为 98% 的金属锌标定 EDTA 溶液的浓度

D. 滴定时有少量溶液溅出

23. 下列各种情况引起偶然误差的是（　　）。

A. 重量法测定 SiO_2 时，试液中的硅酸沉淀不完全

B. 试剂中含有被测组分

C. 容量瓶未经校正

D. 滴定管的读数读错

24. 测定过程中出现下列情况，不属于操作误差的是（　　）。

A. 称量用砝码没有校准

B. 称量某物时未冷却至室温就进行称量

C. 滴定前用待测液淋洗锥形瓶

D. 用移液管移取溶液前未用该溶液洗涤移液管

25. 指出下列说法正确的是（　　）。

A. 系统误差小，准确度一定高

B. 精密度高，准确度一定高

C. 偶然误差小，准确度一定高

D. 准确度高，系统误差和偶然误差一定小

26. 定量分析工作要求测定结果的误差（　　　）。

　　A. 没有要求　　　　　　　　B. 等于零

　　C. 略大于允许误差　　　　　D. 在允许误差范围内

27. 下面哪条不是系统误差的特点（　　　）。

　　A. 大小可以估计　　　　　　B. 误差是可以测定的

　　C. 多次测定可以使其减小　　D. 对分析结果的影响比较恒定

28. 滴定分析的相对误差一般要求为 0.1%，使用 50mL 的滴定管滴定时，消耗标准溶液的体积应控制在（　　　）。

　　A. 15～20mL　　　　B. 20～30mL　　　　C. <10mL　　　　D. >50mL

29. 滴定分析法要求相对误差为 ±0.1%，若称取试样的绝对误差为 ±0.0002g，则至少应称取试样（　　　）。

　　A. 0.1g　　　　　　B. 0.2g　　　　　　C. 0.3g　　　　　D. 0.4g

30. 通常 Q 检验适用于测定次数是（　　　）。

　　A. 3 次　　B. 5 次　　C. 10 次　　D. 3～10 次

二、判断题

1. 准确度高精密度就高。（　　　）

2. 精密度高准确度就高。（　　　）

3. 某一体积测得为 26.40mL，可以记录为 26.4mL。（　　　）

4. 空白试验就是不加被测试样，在相同的条件下进行的测定。（　　　）

5. 若某数据的第一位有效数字 ≥8 时，有效数字位数可以多计一位。（　　　）

6. 不允许将数据记在单页纸上或纸片上。（　　　）

7. 计算 19.87×8.06×2.3654 时，可以先都修约成三位有效数字后再算出结果，也可以先算出结果后再保留三位有效数字。（　　　）

8. 不小心将数据记错了，也可以用涂改液涂掉，再重新记录上。（　　　）

9. 有位同学在对一组数据进行取舍时，用 $4\bar{d}$ 法和 Q 检验法判断得出的结论不相同，所以他的计算一定出现了错误。（　　　）

三、简答题

1. 准确度和精密度有什么不同？它们与误差和偏差的关系是怎样的？

2. 误差既然可用绝对误差表示？为什么还要引入相对误差？

3. 下列情况各引起什么误差？如果是系统误差，应如何消除？

(1) 砝码被腐蚀；

(2) 天平两臂不等长；

(3) 称量时，试样吸收了空气中的水分；

(4) 天平零点有变动；

(5) 读取滴定管读数时，最后一位数字估测不准；

(6) 试剂中含有微量组分；

(7) 以含量为 98% 的 Na_2CO_3 作为基准物质标定 HCl 溶液的浓度；

(8) 称量法测定 SiO_2 时，试液中硅酸沉淀不完全。

4. 何谓平均偏差和标准偏差？为什么要引入标准偏差？

5. 偶然误差与操作中的过失有什么不同？如何减少偶然误差？

6. 甲、乙二人同时分析一矿物中的含硫量，每次取样 3.5g，分析结果报告如下：

甲　0.042%，0.040%

乙　0.04199%，0.04201%

哪一份报告是合理的，为什么？

7. 下列报告是否合理？为什么？

(1) 称取试样 0.1224g，分析结果报告为 25.3%；

(2) 称取 5.6g 试剂，配制成 1L 溶液，其浓度为 $0.1000 mol \cdot L^{-1}$。

四、计算题

1. 有一铜矿试样，经三次测定，铜含量为 24.87%，24.93% 和 24.69%，而铜的实际含量为 25.05%。求分析结果的绝对误差和相对误差。

2. 测定某试样铁含量，五次测量结果为 34.66%、34.68%、34.61%、34.57%、34.63%。计算分析结果的平均偏差、标准偏差和变异系数。

3. 某试样由甲、乙两人进行分析，其测得结果是：

甲　40.15%　40.14%　40.16%　40.15%

乙　40.20%　40.11%　40.12%　40.18%

计算二人分析结果的相对平均偏差和标准偏差，并说明哪一位分析结果较为可靠。

4. 检测工业硫酸中硫酸质量分数，公差（允许误差）为 ≤±0.20%。今有一批硫酸，甲的测定结果为 98.05%，98.37%，乙的测定结果为 98.10%，98.51%。问甲、乙二人的测定结果中，哪一位合格？由合格者确定的硫酸质量分数是多少？

5. 某铁矿石中磷的测定结果为：0.057%、0.056%、0.057%、0.058%、0.055%。试求算术平均值和标准偏差。

6. 分析铁矿石中 Fe 的含量（以 Fe_2O_3 表示分析结果）测定 5 次，其质量分数分别为：67.48%；67.37%；67.43%；67.40%；67.47%。求平均值、标准偏差、置信区间。

7. 测定某石灰中铁的含量，得到的质量分数分别为：1.61%、1.53%、1.54%、和 1.83%。当报出分析报告时，四个数据中有无应该舍弃的分析结果？

8. 测定某一热交换器中水垢的 P_2O_5 和 SiO_2 质量分数（已校正系统误差）如下：

$w/\%$ (P_2O_5)　8.44、8.32、8.45、8.52、8.69、8.38

$w/\%$ (SiO_2)　1.50、1.51、1.68、1.22、1.63、1.72

用 Q 检验法对可疑数据决定取舍，然后求出平均值、平均偏差、标准偏差和置信度为 90% 时平均值的置信区间。

第三章
滴定分析法

学习目标

1) 了解滴定分析法的原理， 熟悉滴定分析的反应条件及滴定方式;
2) 理解基准物质应具备的条件， 掌握标准滴定溶液的配制和标定方法;
3) 学会滴定分析结果的简单计算。

第一节 滴定分析概述

滴定分析是化学分析中最重要的分析方法之一。它是通过滴定操作，根据与被测组分反应所需标准滴定溶液的体积和浓度，来确定试样中待测组分含量的一种分析方法。

一、 滴定分析中的基本术语

（1）标准滴定溶液（滴定剂）　用标准物质标定或直接配制的已知准确浓度（用四位有效数字表示）的溶液。

（2）试液　含待测组分的溶液。

（3）滴定　将标准滴定溶液通过滴定管滴加到待测组分溶液中的过程（若滴定是为了确定标准溶液浓度，则称为标定）。与待测组分发生化学反应，达到化学计量点时，根据所需标准滴定溶液的体积和浓度可计算待测组分的含量。

（4）化学计量点（理论终点）　滴定过程中，待测组分和标准滴定溶液恰好按化学计量关系完全反应的那一点。

（5）指示剂　在滴定分析中，为判断试样化学反应进行的程度，本身能改变颜色或其他性质的试剂。

（6）滴定终点　滴定过程中指示剂颜色发生突变而终止滴定的那一点。

（7）终点误差（也称滴定误差，用 T·E 表示）　因滴定终点与化学计量点不完全符合而引起的分析误差。

终点误差大小由滴定反应的完全程度、指示剂的性能（选择与用量）决定，所以滴定分析的关键就在于如何选择合适的指示剂。

综上所述，滴定分析法是利用标准滴定溶液滴定试液，根据指示剂（或其他方法）判断滴定终点，由标准滴定溶液的浓度及所消耗的体积，计算待测组分含量的方法。

滴定分析法适用于常量组分的分析（组分含量＞1%）。此法快速，操作简便，仪器设备简单，相对误差只有 0.1%～0.2%，准确度较高，因此在生产实际和科学研究中应用非常广泛。

二、　滴定分析对化学反应的要求

滴定分析法是以化学反应为基础的，化学反应很多，但是适用于滴定分析的反应必须具备下列条件。

① 反应必须定量完成，即反应必须按一定的化学反应式进行，反应具有确定的化学计量关系，而且反应进行完全，通常要求达到 99.9% 以上，这是定量分析结果处理的基础。

② 反应必须迅速完成，对于反应速率较慢的，必须通过加热或加入催化剂等适当的方法来加快反应速率。

③ 反应不受其他杂质的干扰，且无副反应。当有干扰物质存在时，可事先除去或用适当的方法分离或掩蔽，以消除其影响。

④ 有适当的方法确定滴定终点。一般采用指示剂来确定终点。合适的指示剂在滴定终点附近变色应清晰、敏锐，且滴定误差小于 0.1%，也可采用仪器指示滴定终点的到达。

三、　滴定分析法的分类

根据滴定时反应类型的不同，滴定分析法可分为四类。

1. 酸碱滴定法

这是以酸碱反应为基础的滴定分析法，其基本反应是：

$$H^+ + OH^- \longrightarrow H_2O$$

酸碱滴定法可用于测定酸性物质和碱性物质。

2. 配位滴定法

这是以配位反应为基础的滴定分析法，滴定产物是配合物。常用的是乙二胺四乙酸二钠盐（简称 EDTA）配制成标准滴定溶液，测定各种金属离子。

$$M^{2+} + Y^{4-} \longrightarrow MY^{2-}$$

3. 氧化还原滴定法

这是以氧化还原反应为基础的滴定分析法，可以测定具有氧化性、还原性物质及间接测定某些不具有氧化或还原性质的物质。例如高锰酸钾标准滴定溶液测定亚铁盐。

$$5Fe^{2+} + MnO_4^- + 8H^+ \longrightarrow 5Fe^{3+} + Mn^{2+} + 4H_2O$$

4. 沉淀滴定法

这是以沉淀反应为基础的滴定分析法。例如银量法，可以测定 Ag^+、CN^-、SCN^- 及卤素等离子。

$$Cl^- + Ag^+ \longrightarrow AgCl$$

四、 滴定分析的方式

按滴定分析操作方式的不同，可有以下几类。

1. 直接滴定法

用标准滴定溶液直接滴定待测物质的溶液的方法，称为直接滴定法。一般能满足滴定分析要求的反应，都可用直接滴定法。例如用盐酸标准滴定溶液滴定未知含量的碱溶液；用 $K_2Cr_2O_7$ 标准滴定溶液滴定 Fe^{2+} 等。

直接滴定法是最常用和最基本的滴定方式，简捷、快速，引入的误差小，如果反应不能完全符合滴定分析的要求时，则可选择采用下述方法滴定。

2. 返滴定法

当反应进行较慢或反应物是固体，滴定剂与之反应不能立即完成，或没有合适的指示剂时，可在待测物（溶液或固体）中加入一定量过量的标准滴定溶液，待反应完全后，再用另一种标准滴定溶液滴定剩余的标准滴定溶液。由加入标准滴定溶液的总量及另一标准滴定溶液的用量，求得待测组分的含量。例如，Al^{3+} 与 EDTA 的反应速率很慢，通常在测定 Al^{3+} 时，是在 Al^{3+} 试液中，加入一定量过量的 EDTA 标准滴定溶液并加热。在反应完全后，用 Zn^{2+} 标准滴定溶液滴定剩余的 EDTA。又如测定固体 $CaCO_3$，是加入过量的 HCl 标准滴定溶液，反应完全后，用 NaOH 标准滴定溶液滴定剩余的 HCl。

3. 置换滴定法

若被测物质与标准滴定溶液不能定量反应，或伴随有副反应产生的物质，可采用置换滴定法进行测定。在试液中加适当试剂与待测组分反应，生成一种能被滴定的物质，然后用标准滴定溶液滴定此反应产物，由标准滴定溶液消耗量、产物和待测组分的计量关系，计算待测组分的含量。例如，用 $Na_2S_2O_3$ 不能直接滴定 $K_2Cr_2O_7$，因为在酸性溶液中，$Na_2S_2O_3$ 被 $K_2Cr_2O_7$ 氧化成 $S_4O_6^{2-}$ 及 SO_4^{2-} 等混合物，反应没有一定的计量关系。若在 $K_2Cr_2O_7$ 的酸性溶液中加入过量 KI，则 $K_2Cr_2O_7$ 被还原并生成一定量的 I_2，而 I_2 与 $Na_2S_2O_3$ 之间有定量关系，可用 $Na_2S_2O_3$ 滴定。

$$K_2Cr_2O_7 + 6KI + 7H_2SO_4 \longrightarrow Cr_2(SO_4)_3 + 4K_2SO_4 + 7H_2O + 3I_2$$
$$I_2 + 2S_2O_3^{2-} \longrightarrow 2I^- + S_4O_6^{2-}$$

4. 间接滴定法

对不能与标准滴定溶液直接反应的物质，可以通过另外的化学反应间接进行测定。例如，Ca^{2+} 与 $KMnO_4$ 不能直接反应，可将 Ca^{2+} 沉淀为 CaC_2O_4，用 H_2SO_4 将 CaC_2O_4 溶解后，再用 $KMnO_4$ 标准滴定溶液滴定与 Ca^{2+} 结合的 $C_2O_4^{2-}$，从它们之间的计量关系求得 Ca^{2+} 的量。

由于返滴定法、置换滴定法及间接滴定法的应用，大大扩展了滴定分析的应用范围。

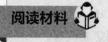
阅读材料

滴定分析法的起源

滴定分析法的产生可追溯到 17 世纪后期。最初，"滴定" 这种想法是直接从生产实践中得到启示的。1685 年，格劳贝尔在利用硝酸和锅灰碱生产纯硝石（KNO_3）时就曾指出："把硝酸逐滴加到锅灰碱中，直到不再发生气泡，这时两种物质就都失掉了它们的特性，这就是反应达到中和点的标志。" 可见那时已经有了关于酸碱反应中和点的初步概念。

18世纪，1729年法国人日鲁瓦为测醋酸浓度，以碳酸钾为标准物，用待测定浓度的醋酸滴到碳酸钾中去，以发生气泡停止作为滴定终点，以耗去碳酸钾量的多少衡量醋酸的相对浓度。这是第一次把中和反应用于分析化学。但是酸碱滴定靠气泡的停止来判断滴定终点，在准确度和适用性上一直是有缺陷的。

1750年法国人弗朗索在用硫酸滴定矿泉水的含碱量时，为了使终点观察明显，取用了紫罗兰浸液作为指示剂，当滴定到终点时溶液变为红色，然后以雪水进行对照滴定，以判断矿泉水的含碱量。弗朗索选用指示剂判断滴定终点，是对滴定分析的一大贡献，对于提高滴定结果的准确度有很大的改进。

19世纪30～50年代，滴定分析法的发展达到了极盛时期。有着"滴定分析之父"之称的法国著名化学家盖-吕萨克1833年发明的银量法，使这种方法的准确度空前提高，可以与重量分析法相媲美。银量法在货币分析中赢得了信誉，从而引起了全世界的化学家对滴定分析法的关注，促进了这种方法的推广。

酸碱滴定用滴定管，最早是法国人德克劳西于1786年发明的"碱量计"；以后改进为滴定管。这样，在18世纪末，酸碱滴定的基本形式和原则已经确定，但发展不快。直到19世纪70年代以后，1877年，在勒克第一次人工合成了酚酞指示剂后，酸碱滴定法才获得了较大的应用价值，扩大了应用范围。1881年，龙格应用了甲基橙作指示剂来滴定碱式碳酸盐。19世纪滴定分析法的大发展可以说是分析化学的最大成就。

由此可见，试剂或者仪器有时是科技进步的一大瓶颈。当这些外部的条件成熟之后，科技发展就又上一个新台阶。

第二节 标准滴定溶液

滴定分析中，标准滴定溶液的浓度和滴定消耗的体积，是计算待测组分含量的主要依据，它的浓度准确与否直接关系到滴定分析结果的准确度。

一、基准物质

能用于直接配制或标定标准滴定溶液浓度的物质称为基准物质，（也称标准物质）。基准物质必须符合下列条件：

① 物质必须具有足够的纯度，其纯度一般为99.99%以上，杂质含量应低于分析方法允许的误差范围。

② 物质的组成恒定并与化学式相符。若含结晶水，结晶水的数量也应与化学式一致，例如草酸 $H_2C_2O_4 \cdot 2H_2O$ 等。

③ 性质稳定、易溶解。在烘干、放置和称量过程中不发生变化，如不风化、不潮解、不与空气中 CO_2 反应。

④ 基准物质的摩尔质量尽可能大，这样可减少因称量造成的误差。

⑤ 参加反应时，应按反应式定量进行，没有副反应。

在生产、贮运过程中基准物质中可能会进入少量水分和杂质，因此，在使用前必须经过一定的处理。常用基准物质及其处理方法见表 3-1。

表 3-1　常用基准物质的干燥条件和应用

基　准　物　质		干燥条件	处理后组成	应用
名称	化学式			
碳酸氢钠	$NaHCO_3$	300℃	Na_2CO_3	标定酸
无水碳酸钠	Na_2CO_3	300℃	Na_2CO_3	标定酸
硼砂	$Na_2B_4O_7 \cdot 10H_2O$	放于装有 NaCl 和蔗糖饱和溶液的干燥器中	$Na_2B_4O_7 \cdot 10H_2O$	标定酸
草酸	$H_2C_2O_4 \cdot 2H_2O$	室温空气干燥	$H_2C_2O_4 \cdot 2H_2O$	标定碱或 $KMnO_4$
邻苯二甲酸氢钾	$KHC_8H_4O_4$	105～110℃	$KHC_8H_4O_4$	标定碱
重铬酸钾	$K_2Cr_2O_7$	(120±2)℃	$K_2Cr_2O_7$	标定还原剂
溴酸钾	K_2BrO_3	130℃	$KBrO_3$	标定还原剂
碘酸钾	KIO_3	105～110℃	KIO_3	标定还原剂
三氧化二砷	As_2O_3	室温,硫酸干燥器中保存	As_2O_3	标定还原剂
草酸钠	$Na_2C_2O_4$	(105±2)℃	$Na_2C_2O_4$	标定氧化剂
碳酸钙	$CaCO_3$	110℃	$CaCO_3$	标定 EDTA
锌	Zn	室温,干燥器中保存	Zn	标定 EDTA
氧化锌	ZnO	800℃	ZnO	标定 EDTA
氯化钠	$NaCl$	500～600℃	$NaCl$	标定 $AgNO_3$
氯化钾	KCl	500～600℃	KCl	标定 $AgNO_3$
硝酸银	$AgNO_3$	硫酸干燥器中保存	$AgNO_3$	标定氯化物

二、 标准滴定溶液的浓度

标准滴定溶液的浓度，通常用物质的量浓度或滴定度表示。

1. 物质的量浓度

国际单位制（SI）和我国法定计量单位制都把"物质的量"作为一个基本量，并规定以"摩尔"作为物质的量基本单位，以"mol"表示。

物质的量浓度，是指单位体积溶液中所含溶质 A 的物质的量，以符号 c_A 表示，即

$$c_A = \frac{n_A}{V} \tag{3-1}$$

式中　n_A——溶质 A 的物质的量，mol；

V——溶液的体积，L 或 mL。

物质的量这个概念我们在无机化学中已经学过，它是一系统的物质的量。该系统中所包含的基本单元数与 0.012kg 碳-12 的原子数目相等。如果系统中物质 A 的基本单元数目与 0.012kg 碳-12 的原子数目一样多，则物质 A 的物质的量 n_A 就是 1mol。基本单元可以是原子、分子、离子、电子及其他粒子，或者是这些例子的特定组合。因此，在使用物质的量时，基本单元应予指明。这就是说，物质的量 n_A 的数值取决于基本单元的选择。例如，98.08g 的硫酸，以 H_2SO_4 作为基本单元时，其 $n(H_2SO_4)$ 为 1mol；若以 $\frac{1}{2}H_2SO_4$

作为基本单元，则 $n\left(\frac{1}{2}H_2SO_4\right)$ 为 2mol。由此可见，同样质量的物质，其物质的量可因选用的基本单元不同而不同。同样，在使用物质的量的导出量如摩尔质量、物质的量浓度等，也必须指明基本单元。

摩尔质量是单位物质的量所具有的质量，以 M 表示，其 SI 单位是 $kg \cdot mol^{-1}$，分析常用 $g \cdot mol^{-1}$ 为单位。摩尔质量的数值与选定的基本单元有关。例如 $M(H_2SO_4)$ 为 $98.08g \cdot mol^{-1}$，$M\left(\frac{1}{2}H_2SO_4\right)$ 为 $49.04g \cdot mol^{-1}$。

物质 A 的物质的量 n_A 与物质 A 的质量 m_A 的关系为：

$$n_A = \frac{m_A}{M_A} \tag{3-2}$$

则物质的量浓度 c_A 为

$$c_A = \frac{m_A}{M_A V} \tag{3-3}$$

所有的定量分析有关计算都有可以由这三个基本公式解决。在运用等物质的量规则时，一定要采用物质的基本单元。

【例 3-1】 称取 Na_2CO_3 53.00g 配制成 200.0mL 溶液，分别以 Na_2CO_3 及 $\frac{1}{2}Na_2CO_3$ 作基本单元时，求 Na_2CO_3 溶液的物质的量浓度

【解】
$$M(Na_2CO_3) = 105.99g \cdot mol^{-1}$$

$$M\left(\frac{1}{2}Na_2CO_3\right) = 53.00g \cdot mol^{-1}$$

$$n(Na_2CO_3) = \frac{53.00}{105.99} = 0.5000(mol)$$

$$n\left(\frac{1}{2}Na_2CO_3\right) = \frac{53.00}{53.00} = 1.000(mol)$$

$$c(Na_2CO_3) = \frac{0.5000}{0.2000} = 2.500(mol \cdot L^{-1})$$

$$c\left(\frac{1}{2}Na_2CO_3\right) = \frac{1.000}{0.2000} = 5.000(mol \cdot L^{-1})$$

2. 滴定度

滴定度是指每毫升标准滴定溶液相当待测组分的质量（g 或 mg），用 $T_{B/A}$ 表示，A 是标准滴定溶液，B 是待测组分。例如 $T_{Na_2CO_3/HCl} = 0.005300g \cdot mL^{-1}$，表示 1mL HCl 标准滴定溶液相当于 $0.005300g\ Na_2CO_3$。

这种标准滴定溶液的浓度表示方法，在工矿企业的例行分析中尤其是中间控制分析（简称中控分析）使用最为方便。只需将滴定所用标准滴定溶液的体积乘以滴定度，即得到待测组分的质量。例如用上述标准滴定溶液滴定某纯碱试液 25.00mL，用去标准滴定溶液 21.00mL，则此纯碱试液中含 Na_2CO_3 为：

$$0.005300g \cdot mL^{-1} \times 21.00mL = 0.1113g$$

Na_2CO_3 的质量浓度为：
$$\frac{0.1113g}{25 \times 10^{-3}L} = 4.452g \cdot L^{-1}$$

有时滴定度也可以用每毫升标准滴定溶液所含溶质的质量表示，如 $T_{NaOH} = 0.003246g \cdot mL^{-1}$，即每毫升 NaOH 标准溶液中含有 NaOH 0.003246g。但这种表示方法不如前一种表示方法应用广泛。

三、 标准滴定溶液的配制

标准滴定溶液配制的方法一般有两种，即直接配制法和间接配制法（标定法）。

1. 直接配制法

准确称取一定量的基准物质，溶解后定量转移入容量瓶中，加蒸馏水稀释至一定刻度，充分摇匀。根据称取基准物质的质量和容量瓶的容积，即可计算出其准确度。

例如准确称取 4.9030g 基准 $K_2Cr_2O_7$，用蒸馏水溶解后，定量转移至 1L 容量瓶中，稀释至刻度，充分摇匀，即得到 $c\left(\dfrac{1}{6} K_2Cr_2O_7\right) = 0.1000 \ mol \cdot L^{-1}$ 的 $K_2Cr_2O_7$ 标准滴定溶液。直接配制法最大的优点是操作简便，配制好的溶液可直接用于滴定。

由于符合基准试剂的物质种类有限，同时不少标准滴定溶液不能用直接法配制。例如，NaOH 试剂易吸收水分和 CO_2，$KMnO_4$ 易分解等。因此可采用标定的方法来制备。

2. 间接配制法（标定法）

标定法是将一般试剂先配成所需的近似浓度溶液，制备标准滴定浓度值应在规定浓度值的 ±5% 的范围内。然后用基准物质或另一种标准滴定溶液来测定其准确的浓度，一般称这种测定操作过程为标定。

（1）用基准物质标定　称取一定质量的基准物质，溶解后用待标定的溶液进行滴定。然后根据基准物质的质量与消耗标准滴定溶液的体积，即可计算出待标定溶液的准确浓度。

$$c = \frac{m_{基} \times 1000}{M_{基} \times V_{标}} \tag{3-4}$$

式中　$m_{基}$——基准物质质量，g；

$V_{标}$——标定时，消耗待标定溶液的体积，mL；

$M_{基}$——基准物的摩尔质量，$g \cdot mol^{-1}$。

例如 NaOH 标准溶液的配制，一般是先配制成近似浓度的溶液，然后用基准物质邻苯二甲酸氢钾来标定 NaOH 溶液的准确浓度。

标定时，一般应平行测定 2~3 次，取算术平均值为测定结果，且滴定结果的相对偏差不得超过 0.2%。标定好的标准滴定溶液应妥善保存。标定时的实验条件应与此标准滴定溶液测定某组分时的条件尽量一致，以消除由于实验条件影响所造成的误差。

（2）用标准滴定溶液标定　有一部分标准滴定溶液，没有合适的用以标定的基准物质，只能用已知浓度的标准滴定溶液与被标定溶液互相滴定来进行标定。根据两种溶液所消耗的体积及标准滴定溶液的浓度，可计算出待标定溶液的准确浓度，这种方法也称为互标法或比较法。

$$c_1 V_1 = c_2 V_2 \tag{3-5}$$

$$c_2 = \frac{c_1 V_1}{V_2}$$

式中 c_1——已知浓度的标准溶液的物质的量浓度，$mol \cdot L^{-1}$；

　　V_1——已知浓度的标准溶液的体积，mL；

　　c_2——待标定溶液的物质的量浓度，$mol \cdot L^{-1}$；

　　V_2——待标定溶液的体积，mL。

此种方法的准确度较用基准试剂标定法低。

对于常用的标准滴定溶液的配制和标定应按国家标准方法进行。

在分析中为减少系统误差，要求保持标定过程中的反应条件和测定样品时的条件力求一致。

有些厂矿要求配备指定浓度的标准滴定溶液，如 $0.1000mol \cdot L^{-1}$、$0.05000mol \cdot L^{-1}$ 等。在配制时，溶液浓度一般略高或略低于指定浓度，可以用稀释或加浓溶液来进行调整。两种方法的计算如下。

① 当标定浓度较指定浓度略高时，需加水稀释。

设标定后浓度为 c_1，溶液体积为 V_1；欲配指定浓度为 c_2，加水体积为 V_2，加水后总体积为 (V_1+V_2)，由稀释定律得

$$c_1V_1 = c_2(V_1+V_2)$$

则
$$V_2 = \frac{c_1V_1 - c_2V_1}{c_2} = \frac{V_1(c_1-c_2)}{c_2} \qquad (3\text{-}6)$$

【例 3-2】 浓度为 $0.1034mol \cdot L^{-1}$ NaOH 标准溶液，体积为 10L。欲调整成 $0.1000mol \cdot L^{-1}$，求需加蒸馏水的体积。

【解】 已知条件：$c_1 = 0.1034mol \cdot L^{-1}$，$V_1 = 10L$

$$c_2 = 0.1000mol \cdot L^{-1}$$

$$V_2 = \frac{c_1V_1 - c_2V_1}{c_2} = \frac{0.1034 \times 10 - 0.1000 \times 10}{0.1000}$$

$$= 0.34(L) = 340(mL)$$

准确量取 340mL 蒸馏水，加入 10L 溶液中摇匀后，再进行标定。

② 当标定浓度较指定浓度略稀时，需加浓溶液进行调整。设标定浓度为 c_1；溶液体积为 V_1；欲配制指定浓度为 c_2；需加浓溶液 $c_浓$ 的体积为 $V_浓$；则溶液总体积应为 $(V_1+V_浓)$，由稀释定律得

$$c_1V_1 + c_浓V_浓 = c_2V_总 = c_2(V_1+V_浓)$$

$$V_浓 = \frac{c_2V_1 - c_1V_1}{c_浓 - c_2} = \frac{V_1(c_2-c_1)}{c_浓 - c_2} \qquad (3\text{-}7)$$

【例 3-3】 标定 HCl 溶液浓度为 $0.09902mol \cdot L^{-1}$，体积为 10L，欲配成 $0.1000mol \cdot L^{-1}$，求应加多少 $12.00mol \cdot L^{-1}$ 浓盐酸？

【解】 已知 $c_1 = 0.09902mol \cdot L^{-1}$，$V_1 = 10L$

$$c_2 = 0.1000mol \cdot L^{-1}，c_浓 = 12.00mol \cdot L^{-1}$$

则
$$V_浓 = \frac{0.1000 \times 10 - 0.09902 \times 10}{12.00 - 0.1000}$$

$$= 0.000824 \ (L) = 0.82 \ (mL)$$

取 0.82mL $12mol \cdot L^{-1}$ 的盐酸，加入 10L 溶液中，摇匀后进行再标定。

在实际操作时，方法①较为方便，即配制稍浓溶液需加少量水后进行再标定。若采用方法②，由于加浓溶液量很小，较难操作，易使标定出现反复。标定时，要求相对误差不大于 0.2%。

标准滴定溶液的贮存，应注意如下问题。

① 标准滴定溶液应密封保存，防止水分蒸发，器壁上如有水珠，在使用前应摇匀。

② 见光易分解、易挥发的溶液应贮存于棕色瓶中，如 $KMnO_4$、$Na_2S_2O_3$、$AgNO_3$、I_2 等。

③ 对玻璃有腐蚀的溶液，如 KOH、NaOH、EDTA 等，一般应贮于聚乙烯塑料瓶中为佳。短时间盛装稀 KOH、NaOH 的溶液时，也可用玻璃瓶，不过必须用橡皮塞塞住。对易吸收 CO_2 的溶液，可采用装有碱石灰干燥管的容器，以防止 CO_2 进入。

标准滴定溶液标定时的温度和使用时的温度最好接近。一般要求温差为：$0.1 mol \cdot L^{-1}$ 标准滴定溶液不大于 10℃，$0.5 mol \cdot L^{-1}$ 和 $1 mol \cdot L^{-1}$ 标准滴定溶液不大于 5℃。

由于实验条件不同，溶液的性质不同，浓度易变，应定期进行复标。按国家标准规定，标准滴定溶液在常温（15～25℃）下，保存时间一般不得超过两个月。对于不够稳定的溶液，应定期标定。

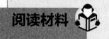 阅读材料

指示剂的发现

在 17 世纪以前，"化学" 还只是炼金术士们用来寻找点金石的一种方法，是药剂师用来制造药品的一种手艺。但是，1627 年英国诞生了一位名垂青史的科学家——罗伯特·波义耳，正是他奠定了近代化学研究的基础，使化学逐渐成为一门独立的科学。

出身贵族的波义耳，继承了祖上留下来的一座大庄园。1645 年，波义耳开始在庄园里研究物理学、化学和农业科学等。他坚信实验是知识的来源，是最好的老师。因此，他把部分庄园改建成实验室。对他而言，实验室里的研究工作是最重要的事情。

一天清晨，波义耳刚走进书房，一阵花香扑鼻而来，使人感到心旷神怡。原来，屋角处摆着一盆美丽的深紫色的紫罗兰。波义耳忍不住随手摘下一束花，然后不时地嗅着这沁人心脾的馨香，来到实验室。

实验室里，他的助手为了准备当天的实验正往烧瓶里倒盐酸，不小心使盐酸溅波在桌子上，一阵刺鼻的气体顿时弥漫在实验室里。

波义耳见状忙放下手中的紫罗兰，快步赶过去帮忙。当他转过身来时，发现那束放在桌上的紫罗兰已冒起了青烟。

"真可惜，这花也沾上盐酸了。" 波义耳说。他随手把花插在一旁，继续和助手一起准备实验室工作。

过了一会儿，波义耳像往常一样，要到别的实验室转转。临走前，他想起了那束紫罗兰。拿起花束时，波义耳顿时惊呆了：原先深紫色的紫罗兰，现在却变成红色了！

"奇怪！紫罗兰怎么眨眼之间就变了颜色呢？莫非是——"

"莫非是盐酸的缘故？"

想到这里，波义耳忙叫道："去把书房里那盆紫罗兰端过来，快点！"

急于找到答案的波义耳，立刻取出一只烧杯，倒入一些盐酸。不一会儿，助手就端来了那盆紫罗兰。波义耳摘下一朵花，浸入盐酸中。果然，花瓣渐渐地由深紫色变成淡红，最后完全变成红色了!

"太奇妙了！"助手说。

"我们再试试其他酸液。"波义耳兴犹未尽。他们取出几只烧杯，分别倒入不同的酸液，再往杯里各放进一朵紫罗兰花。实验结果表明，这些深紫色的花都在酸液中变成了红色。"这么说，酸液能使紫罗兰由紫色变成红色。也就是说，我们可以用紫罗兰的花瓣来判别一种溶液是不是酸液了！"波义耳为这个意外的发现兴奋不已，"那么，碱液是不是也能使紫罗兰改变颜色呢？"

波义耳又做了碱液实验，发现碱也能使紫罗兰改变颜色，只不过是由紫变蓝罢了。助手说："要是没有紫罗兰花开的季节，这种鉴别方法就不能使用了。"

"对。不过，我们可以想想别的办法。"波义耳赞许地说，"我们可以把它泡成浸液，这样就方便多了。"

他们不仅用紫罗兰花泡成浸液，还用蔷薇花瓣、药草、苔藓、五倍子、树皮和各种植物的根做实验，结果萃取了多种浸液。在这些浸液中，波义耳发现用石蕊苔藓提取的紫色浸液效果最好，它遇酸变红，遇碱变蓝。

波义耳是位不容易满足的科学家，他觉得用浸液来鉴别溶液的酸碱性还是不够方便。于是他又开动了脑筋。几番思考之后，他终于想出了一个最简单易行的办法：用这种溶液把纸浸透，再把纸烘干。这样，带着溶液成分的纸片，就成了最早的化学指示剂。

此后，要鉴别溶液的酸碱性质，可就容易多了。

第二节 滴定分析中的计算

一、滴定分析计算的依据——等物质的量反应规则

等物质的量反应规则是滴定分析计算中一种比较方便的方法，本法的关键是确定物质的基本单元。

在滴定分析中，滴定剂 A 与被滴定组分 B 之间的反应是按化学计量关系进行的。

$$a\text{A}+b\text{B}\longrightarrow c\text{C}+d\text{D}$$

在确定基本单元后，可根据被滴定组分物质的量 n_B 与滴定剂的物质的量 n_A 相等的原则（$n_A=n_B$）进行计算。在实际分析中，基本单元多以反应的具体情况来确定。例如酸碱反应以结合一个 H^+ 或相当滴定一个 H^+ 为依据，氧化还原反应则以给出或接受一个电子的特定组合为依据。按上式，

$$n\left(\frac{1}{b}\text{A}\right)=n\left(\frac{1}{a}\text{B}\right)$$

例如，在酸性溶液中，用 $H_2C_2O_4$ 作为基准物质标定 $KMnO_4$ 溶液的浓度，其反应为：

$$2MnO_4^- + 5C_2O_4^{2-} + 16H^+ \longrightarrow 2Mn^{2+} + 10CO_2 + 8H_2O$$

选择 $\frac{1}{5}KMnO_4$ 为 $KMnO_4$ 的基本单元，$\frac{1}{2}H_2C_2O_4$ 为 $H_2C_2O_4$ 的基本单元，在化学计量点时，

$$n\left(\frac{1}{5}KMnO_4\right) = n\left(\frac{1}{2}H_2C_2O_4\right)$$

在置换滴定法和间接滴定法中，涉及两个以上的反应时，也是用待测组分的物质的量与滴定剂的物质的量相等的关系计算。

二、计算示例

1. 两种溶液间的计算

当滴定剂 A 与待测物 B 两种溶液反应到达化学计量点时，两者物质的量相等，

$$n_A = n_B$$
$$c_A V_A = c_B V_B$$

这个关系式也适用于溶液浓度的调整。

【例 3-4】 $c(HCl) = 0.1217mol \cdot L^{-1}$ 的 HCl 溶液 20.00mL 恰与 21.03mL NaOH 溶液反应达化学计量点，求 $c(NaOH)$？

【解】 反应为 $HCl + NaOH \longrightarrow NaCl + H_2O$

达计量点时 $c(HCl)V(HCl) = c(NaOH)V(NaOH)$

$$c(NaOH) = \frac{c(HCl)V(HCl)}{V(NaOH)} = \frac{0.1217 \times 20.00}{21.03} = 0.1157(mol \cdot L^{-1})$$

【例 3-5】 $c(Na_2S_2O_3)$ 为 $0.2100mol \cdot L^{-1}$ 的 $Na_2S_2O_3$ 溶液 250.0mL 的溶液，欲稀释成 $0.1000mol \cdot L^{-1}$ 的溶液，需要加水多少毫升？

【解】 溶液稀释前后，溶质的质量不变，即溶质的物质的量不变，$n_前 = n_后$。
设加入水的量为 V。则

$$0.2100mol \cdot L^{-1} \times 250.0mL = 0.1000mol \cdot L^{-1} \times (250.0mL + V)$$
$$V = 275.0mL$$

2. 溶液与被滴定物质之间的计算

当被滴定物质 B 按物质的质量 m_B，与溶液 A 反应的关系式为

$$\frac{m_B}{M_B} = c_A V_A \times 10^{-3} \tag{3-8}$$

式中　m_B——被测组分质量，g；
M_B——被测组分摩尔质量，$g \cdot mol^{-1}$；
c_A——标准滴定溶液浓度，$mol \cdot L^{-1}$；
V_A——标准滴定溶液体积，mL。

利用此公式可进行滴定剂的浓度或待测组分质量的计算。若用于配制标准滴定溶液，则

$$\frac{m_A}{M_A} = c_A V_A \times 10^{-3} \tag{3-9}$$

【例 3-6】 称取硼砂 $Na_2B_4O_7 \cdot 10H_2O$ 0.4853g，用以标定 HCl 溶液，反应达化学计

量点时，消耗 HCl 溶液 24.75mL，求 c(HCl)。

【解】　滴定反应为：

$$Na_2B_4O_7 + 2HCl + 5H_2O \longrightarrow 2NaCl + 4H_3BO_3$$

硼砂基本单元为 $\frac{1}{2}Na_2B_4O_7 \cdot 10H_2O$，

$$M\left(\frac{1}{2}Na_2B_4O_7 \cdot 10H_2O\right) = 190.7\,g \cdot mol^{-1}$$

$$24.75mL \times c(HCl) = \frac{0.4853g}{190.7\,g \cdot mol^{-1}} \times 1000$$

$$c(HCl) = 0.1028\,mol \cdot L^{-1}$$

【例 3-7】　标定 c(NaOH) 为 $0.10\,mol \cdot L^{-1}$ 的 NaOH 溶液时，若消耗该溶液 30mL，应称取基准物质邻苯二甲酸氢钾（ ⌬COOH COOK ）多少克？若用草酸 $H_2C_2O_4 \cdot 2H_2O$ 作基准物，应称取多少克？

【解】　邻苯二甲酸氢钾与 NaOH 的反应是

⌬COOH COOK + NaOH ⟶ ⌬COONa COOK + H_2O

$$M(KHC_8H_8O_4) = 204.2\,g \cdot mol^{-1}$$

$$c(NaOH)V(NaOH) = \frac{m(KHC_8H_8O_4)}{M(KHC_8H_8O_4)} \times 1000$$

$$0.10\,mol \cdot L^{-1} \times 30mL = \frac{m(KHC_8H_8O_4)}{204.2\,g \cdot mol^{-1}} \times 1000$$

$$m(KHC_8H_8O_4) = 0.61g$$

$$2NaOH + H_2C_2O_4 \longrightarrow Na_2C_2O_4 + 2H_2O$$

$$M\left(\frac{1}{2}H_2C_2O_4 \cdot 2H_2O\right) = 63.03\,g \cdot mol^{-1}$$

$$0.10\,mol \cdot L^{-1} \times 30mL = \frac{m(H_2C_2O_4 \cdot 2H_2O)}{63.03\,g \cdot mol^{-1}} \times 1000$$

$$m(H_2C_2O_4 \cdot 2H_2O) = 0.19g$$

3. 求被测组分的质量分数

（1）被测组分 B 的质量分数 w_B

$$w_B = \frac{m_B}{m_s} \times 100\%$$

由此得

$$w_B = \frac{c_A V_A M_B \times 10^{-3}}{m_s} \times 100\% \tag{3-10}$$

式中　m_s——试样的质量，g；

　　　c_A——与试样中待组分 B 反应的标准滴定溶液浓度，$mol \cdot L^{-1}$；

　　　V_A——与试样中待组分 B 反应的标准滴定溶液体积，L。

（2）在返滴定法中，计算公式为

$$w_B = \frac{(c_{A1}V_{A1} - c_{A2}V_{A2})M_B \times 10^{-3}}{m_s} \times 100\% \tag{3-11}$$

式中　c_{A1}，V_{A1}——先加入的过量标准滴定溶液的浓度、体积；

c_{A2}，V_{A2}——返滴定所用标准滴定溶液的浓度、体积。

（3）在液体试样中，被测组分 B 的含量也常用质量浓度 ρ_B 表示

$$\rho_B=\frac{c_A V_A M_B}{V_s}(g\cdot L^{-1}) \tag{3-12}$$

在分析实践中，有时不是滴定全部试样溶液，而是取其中一部分进行滴定。这种情况应将 m_s 或 V_s 乘以适当的分数。如将质量为 m 的试样溶解后定容为 250.0mL，取出 25.00mL 进行滴定，则每份被滴定的试样质量应是 $m\times\dfrac{25}{250}$。如果滴定试液并做了空白试验，则式(3-10) 和式(3-12) 中的 V_A 应减去空白值。

【例 3-8】　硫酸试样 1.525g，于 250mL 容量瓶中稀释至刻度，摇匀。移取 25.00mL，用 $c(NaOH)$ 为 0.1044mol·L^{-1} 的 NaOH 标准滴定溶液滴定，消耗 25.43mL 达到化学计量点。求试样中 H_2SO_4 的含量。

【解】　　　　　　　　$M\left(\frac{1}{2}H_2SO_4\right)=49.04g\cdot mol^{-1}$

H_2SO_4 的含量为：

$$w(H_2SO_4)=\frac{0.1044\times25.43\times49.04\times10^{-3}}{1.525\times\dfrac{25}{250}}\times100\%=85.39\%$$

【例 3-9】　称取碳酸钙试样 0.1800g，加入 50.00mL $c(HCl)$ 为 0.1020mol·L^{-1} 的 HCl 溶液，反应完全后，用 $c(NaOH)$ 为 0.1002mol·L^{-1} 的 NaOH 溶液滴定剩余的 HCl，消耗 18.10mL。求 $CaCO_3$ 的含量？若以 CaO 计，含量为多少？

【解】　试样反应式及滴定反应式为

$$CaCO_3+2HCl\longrightarrow CaCl_2+H_2O+CO_2$$

$$HCl+NaOH\longrightarrow NaCl+H_2O$$

$$M\left(\frac{1}{2}CaCO_3\right)=50.04g\cdot mol^{-1}$$

$$n\left(\frac{1}{2}CaCO_3\right)=c(HCl)V(HCl)-c(NaOH)V(NaOH)$$

$$w(CaCO_3)=\frac{(0.1020\times50.00-0.1002\times18.10)\times50.04\times10^{-3}}{0.1800}\times100\%$$

$$=91.46\%$$

若以 CaO 计，$M\left(\frac{1}{2}CaO\right)=28.04g\cdot mol^{-1}$其含量为

$$w(CaO)=91.46\%\times\frac{28.04}{50.04}=51.25\%$$

4. 滴定度与物质的量浓度的换算

滴定度是溶液浓度的一种表示方法，它是指 1mL 标准滴定溶液（A）相当于待测物质（B）的质量（单位为 g）。用 $T_{B/A}$ 表示，单位为 g·mL^{-1}。

$$T_{B/A}=c_A M_B \cdot 10^{-3}$$

$$c_A=\frac{T_{B/A} \cdot 10^{-3}}{M_B} \qquad (3-13)$$

式中　$T_{B/A}$——滴定度 g·mL^{-1}；

　　　M_B——被测组分 B 的摩尔质量，g·mol^{-1}；

　　　c_A——标准滴定溶液浓度，mol·L^{-1}。

【例3-10】　计算 $c(HCl)=0.1000$mol·L^{-1} 溶液对 Na_2CO_3 的滴定度。已知其反应为

$$2HCl+Na_2CO_3 \longrightarrow 2NaCl+CO_2+H_2O$$

【解】　根据反应 $M\left(\frac{1}{2}Na_2CO_3\right)=53.00$g·mol^{-1}

$$T_{Na_2CO_3/HCl}=0.1000\times53.00\times10^{-3}\text{g}\cdot\text{mL}^{-1}=0.005300\text{g}\cdot\text{mL}^{-1}$$

如果分析的对象固定，用滴定度计算其含量时，只需将滴定度乘以所消耗标准滴定溶液的体积即可求得被测物的质量，计算十分简便，因此，在工矿企业的例行分析中会用到这种方法。例如用 $T_{Fe/K_2Cr_2O_7}=0.0034389$g·mL^{-1} 的 $K_2Cr_2O_7$ 溶液滴定 Fe^{2+}，若消耗的体积为 24.75mL，则该试样中 Fe 的质量为

$$M=TV=0.003489\text{g}\cdot\text{mL}^{-1}\times24.75\text{mL}=0.08635\text{g}$$

*第四节　滴定分析中的误差

滴定分析中的误差可分为测量误差、滴定误差及浓度误差。

一、测量误差

测量误差是由于测量仪器不准确或观察刻度不准确所造成的误差。测量仪器不准确是指刻度不准和仪器容积随温度而发生变化。只要将仪器校准，提高实验技能，加强责任心即可减少误差。

若在 t℃时使用标准温度（20℃）下校正过的测量仪器，其容积可按下式计算：

$$V_t=V_{20}+\beta V_{20}(t-20) \qquad (3-14)$$

式中　V_t——t℃时测量仪器的容积，mL；

　　　V_{20}——20℃时测量仪器的容积，mL；

　　　β——玻璃的膨胀系数，其值为 0.000025。

例如，标准温度数 20℃时的 250.00mL 容量瓶，在 26℃使用时，按上式计算其容积为 250.04mL。

除仪器容积随温度发生变化外，溶液的体积也随温度变化而改变，可利用附录表三的校正值进行校正。

例如，在于 27℃时滴定用去 1.000mol·L^{-1} 的 HCl 溶液 32.84mL，换算成 20℃时溶液的体积为：

$$V_{20}=32.84-\frac{32.84\times1.7}{1000}=32.78\text{（mL）}$$

温差不超过 5℃，水溶液的体积变化较小，一般测定可以忽略不计。

二、 滴定误差

滴定误差是指滴定过程中所产生的误差，主要有以下几种。

① 滴定终点与反应的化学计量点不吻合。正确选择指示剂可以减少这类误差。

② 指示剂消耗标准滴定溶液。例如酸碱滴定法中使用的指示剂本身就是弱酸或弱碱，也要消耗少量标准滴定溶液才能改变颜色。因此，应尽量控制指示剂的用量。必要时可用空白试验进行校正。

③ 标准滴定溶液用量的影响。滴定近终点时应半滴半滴地加入标准滴定溶液，以减少误差。若半滴（0.02mL）产生的误差按相对误差±0.1%计，滴定时标准滴定溶液的用量应为：

$$V = \frac{0.02\text{mL}}{0.1\%} \times 100\% = 20\text{mL}$$

在滴定分析中，一般消耗标准滴定溶液为 30mL 左右。

④ 杂质的影响。试液中有消耗标准滴定溶液的杂质时，应设法消除。

三、 浓度误差

浓度误差是指标准滴定溶液浓度不当或随温度变化而改变所带来的误差。

① 标准滴定溶液的浓度不能过浓或过稀。过浓时稍差一滴就会给结果造成较大的误差；而过稀时终点不灵敏。一般分析中，标准滴定溶液常用浓度以 $0.05 \sim 1.0\text{mol} \cdot \text{L}^{-1}$ 为宜。

② 标准滴定溶液的体积随温度变化而改变，其浓度也随之发生变化。

用直接法配制的溶液，其浓度应按校正后的容积计算。

滴定分析中的系统误差，主要是在标定溶液和用标准滴定溶液滴定待测组分含量的过程中引入的。当两者操作条件完全相同时，系统误差可互相抵消。

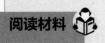 阅读材料

GB/T 601—2002 对标准滴定溶液制备的一般规定

1. 本标准除另有规定外，所用试剂的纯度应在分析纯以上，所用制剂及制品，应按 GB/T 601—2002 的规定制备，实验用水应符合 GB／T 6682—1992 中三级水的规格。

2. 本标准制备的标准滴定溶液的浓度，除高氯酸外，均指 20℃时的浓度。在标准滴定溶液标定、直接制备和使用时若温度有差异，应按附录 A 补正。标准滴定溶液标定、直接制备和使用时所用分析天平、砝码、滴定管、容量瓶、单标线吸管等均须定期校正。

3. 在标定和使用标准滴定溶液时，滴定速度一般应保持在6～8mL·min⁻¹。

4. 称量工作基准试剂的质量的数值小于等于 0.5g 时，按精确至 0.01mg 称量；数值大于 0.5g 时，按精确至 0.1mg 称量。

5. 制备标准滴定溶液的浓度值应在规定浓度值的 ±5% 范围以内。

6. 标定标准滴定溶液的浓度时，须两人进行实验，分别各做四平行，每人四

平行测定结果极差的相对值（指测定结果的极差值与浓度平均值的比值，以%表示）不得大于重复性临界极差［$CrR_{95}(4)$］的相对值（重复性临界极差与浓度平均值的比值，以%表示）0.15%，两人共八平行测定结果极差的相对值不得大于重复性临界极差［$CrR_{95}(8)$］的相对值0.18%。取两人平行测定结果的平均值为测定结果。在运算过程中保留五位有效数字，浓度值报出结果取四位有效数字。

7. 本标准中标准滴定溶液浓度平均值的扩展不确定度一般不应大于0.2%，可根据需要报出，其计算参见本标准附录B。

8. 本标准使用工作基准试剂标定标准滴定溶液的浓度。当对标准滴定溶液浓度值的准确度有更高要求时，可使用二级纯度标准物质或定值标准物质代替工作基准试剂进行标定或直接制备，并在计算标准滴定溶液浓度值时，将其质量分数代入计算式中。

9. 标准滴定溶液的浓度小于等于 $0.02mol·L^{-1}$ 时，应于临用前将浓度高的标准滴定溶液用煮沸并冷却的水稀释，必要时重新标定。

10. 除另有规定外，标准滴定溶液在常温（15～25℃）下保存时间一般不超过两个月，当溶液出现混浊、沉淀、颜色变化等现象时，应重新制备。

11. 贮存标准滴定溶液的容器，其材料不应与溶液起理化作用，壁厚最薄处不小于0.5mm。

12. 本标准中所用溶液以（%）表示的均为质量分数，只有乙醇（95%）为体积分数。

本章小结

一、滴定分析

滴定分析是通过下列程序来完成的：

$$试样(G) \xrightarrow{\text{溶解}} 试液 \xrightarrow[\text{指示剂}]{\text{标准滴定溶液}(c),\text{用量}(V)} 滴定终点$$

滴定分析所得结果的准确度和精密度，主要决定于滴定反应的性质和检测滴定终点的方法。如果滴定反应进行完全，标准滴定溶液的浓度足够准确，确定终点（指示剂的变色与标准滴定溶液的用量）则是滴定分析操作中的关键。

滴定终点和化学计量点是两个概念，在实际操作时很难达到完全一致。如果按分析允许误差0.1%，只要能在化学计量点前或后0.1%之间借助指示剂变色停止滴定，即可达到要求。

二、滴定分析法分类

名称	反应基础	反应实质
酸碱滴定法	酸碱反应	H^+ 与 OH^- 反应生成 H_2O
配位滴定法	配位反应	生成配位化合物
氧化还原滴定法	氧化还原反应	电子转移
沉淀滴定法	沉淀反应	生成沉淀

三、滴定分析的方法的方式

滴定方式	适用范围
直接滴定法	能满足滴定分析对化学反应要求的物质
返滴定法	反应进行较慢或反应物是固体,或没有合适的指示剂
置换滴定法	被测物质与标准滴定溶液不能定量反应,或伴随有副反应产生的物质
间接滴定法	不能与标准滴定溶液直接反应的物质

四、标准滴定溶液的配制

名称	适用范围	配制方法
直接配制法	基准物质	准确称量基准物质,溶解、定容根据 m 和 V 计算出其准确度
间接配制法	非基准物质	配制所需近似浓度的溶液,用基准物质"标定"或用另一标准滴定溶液"比较"

基准物质应具备的条件是:纯度高、组成固定、性质稳定、摩尔质量大。

五、溶液浓度表示方法

名称	符号	定义	单位
物质的量浓度	c_A	单位体积溶液所含溶质物质的量	$mol \cdot L^{-1}$
滴定度	$T_{B/A}$	1mL A 标准滴定溶液相当待测组分 B 的质量	$g \cdot mL^{-1}$,$mg \cdot mL^{-1}$

在确定摩尔质量、物质的量及溶液浓度时都应该标明所选用的基本单元。本书主要以结合一个 H^+ 或给出、接受一个电子的特定组合为基本单元。

二者关系 $T_{B/A} = c_A M_B \times 10^{-3}$

六、计算

1. 公式

$$c_A = \frac{n_A}{V}$$

$$n_A = \frac{m_A}{M_A}$$

物质的量浓度$(c) \underset{\div V}{\overset{\times V}{\rightleftharpoons}}$物质的量$(n) \underset{\div M}{\overset{\times M}{\rightleftharpoons}}$物质的质量$(m)$

溶液配制

$$c_A = \frac{n_A}{V} = \frac{m_A \times 1000}{M_A V}$$

$$n_A = \frac{m_A \times 1000}{M_A} = c_A V$$

浓度标定

$$c_A V_A = \frac{m_B \times 1000}{M_B}$$

$$c_A V_A = c_B V_B$$

2. 待测组分的含量

$$\omega_B = \frac{c_A V_A M_B \times 10^{-3}}{m_s} \times 100\%$$

返滴定 $\omega_B = \frac{(c_{A1}V_{A1} - c_{A2}V_{A2})M_B \times 10^{-3}}{m_s} \times 100\%$

$$\rho_B = \frac{c_A V_A M_B}{V_s} (\text{g} \cdot \text{L}^{-1})$$

3. $T_{B/A}$ 与 c_A 间的换算

$$T_{B/A} = c_A M_B \times 10^{-3}$$

七、滴定分析误差

如果标定标准滴定溶液与滴定待测组分条件相同，系统误差可以抵消。

从测定过程中分析产生误差的可能性及应采取的措施归纳如下。

（1）试样的称取量至少在 0.2g 以上，以减少称量误差。

（2）选择指示剂时，尽可能使其变色点在化学计量点前后 0.1% 范围之内。

有些指示剂在滴定反应中会消耗滴定剂（如酸碱滴定、沉淀滴定等），要注意指示剂用量不宜多。有的指示剂用量过多，还会影响观察终点变色的敏锐程度（如酸碱指示剂）。

对要求较高的滴定分析或有干扰情况时，可选用其他方法确定滴定终点。

3. 标准滴定溶液

（1）浓度一般用 0.05～1.0mol·L⁻¹。滴定时消耗标准滴定溶液为 30mL 左右。滴定近终点时应半滴半滴加入被测溶液中。

（2）因温度变化引起体积改变（标定使用时温度有差异），应按附录表三进行校正。

（3）因温度变化、体积变化而浓度改变时：以水为溶剂的，只进行体积校正，不进行浓度校正。

（4）用直接法配制的标准滴定溶液，在温度发生变化时，按容器容积校正后计算浓度。

$$V_t = V_{20} + \beta V_{20}(t - 20)$$

练　习

一、选择题

1. (1+3)HCl 溶液，相当于物质的量浓度 c(HCl) 为（　　）。

A. 1mol·L⁻¹　　　　B. 3mol·L⁻¹　　　　C. 4mol·L⁻¹　　　　D. 8mol·L⁻¹

2. 下列等式中，正确的是（　　）。

A. 1km³=1000m³　　B. 1km³=10⁶m³　　C. 1km³=10⁹m³　　D. 1km³=10¹²m³

3. 若 $c\left(\frac{1}{2}H_2SO_4\right) = 0.2000\text{mol} \cdot \text{L}^{-1}$ 则 $c(H_2SO_4)$ 为（　　）。

A. 0.1000mol·L⁻¹　　B. 0.2000mol·L⁻¹　　C. 0.4000mol·L⁻¹　　D. 0.5000mol·L⁻¹

4. 若 $n(KMnO_4) = 0.2000\text{mol}$，则 $n\left(\frac{1}{5}KMnO_4\right)$ 为（　　）。

A. 0.04000mol   B. 0.2000mol   C. 0.5000mol   D. 1.000mol

5. 对于反应 $PbO_2 + C_2O_4^{2-} + 4H^+ \longrightarrow Pb^{2+} + 2CO_2 + 2H_2O$，$PbO_2$ 的基本单元为（   ）。

A. $\frac{1}{4}PbO_2$ B. $\frac{1}{2}PbO_2$ C. PbO_2 D. $2PbO_2$

6. 摩尔质量的单位是（   ）。

A. $g \cdot mol^{-1}$ B. $g \cdot mol$ C. $mol \cdot g$ D. $mol \cdot g^{-1}$

7. 欲配制 1L 0.1mol·L^{-1} NaOH 溶液，应称取 NaOH（其摩尔质量为 40.01g·mol^{-1}）多少（   ）。

A. 0.4g   B. 1g   C. 4g   D. 10g

8. 标定盐酸标准滴定溶液常用的基准物质有（   ）。

A. 无水碳酸钠   B. 硼砂   C. 邻苯二甲酸氢钾   D. $CaCO_3$

9. 下列物质中可用于直接配制标准溶液的是（   ）（可查附录表十二）。

A. 固体 NaOH（G.R.）   B. 浓盐酸（G.R.）

C. 硫酸铜晶体（A.R.）   D. 固体 $K_2Cr_2O_7$（G.R.）

10. 已知邻苯二甲酸氢钾的摩尔质量是 204.2g·mol^{-1}，用它来标定 0.1mol·L^{-1} 的氢氧化钠溶液，宜称取邻苯二甲酸氢钾的质量为（   ）。

A. 0.25g 左右   B. 0.05g 左右   C. 1g 左右   D. 0.5g 左右

二、判断题

1. "HCl 的物质的量"也可以说成是 HCl 的量，因为 HCl 就是一物质。（   ）

2. 终点也就是化学计量点。（   ）

3. 基本单元可以是原子、分子、离子、电子及其他粒子和这些粒子的特定组合。（   ）

4. H_2SO_4 基本单元一定是 $\frac{1}{2}H_2SO_4$。（   ）

5. 根据等物质的量规则，只要两种物质完全反应，它们的物质的量就相等。（   ）

6. 基准物质量的纯度应高于 99.9%。（   ）

7. 对见光易分解的如 $KMnO_4$、$AgNO_3$、I_2 等溶液，要贮存于塑料瓶中。（   ）

8. 物质的量浓度会随基本单元的不同而变化。（   ）

9. 只有基准物质才能用直接法配制标准溶液。（   ）

10. 配制溶液时，所用试剂越纯越好。（   ）

11. 稀释浓硫酸时，应将水慢慢地倒入浓硫酸中。（   ）

12. 制备的标准溶液浓度与规定浓度相对误差一般不得大于 5%。（   ）

13. 滴定分析用标准滴定溶液浓度都要保留二位到三位有效数字。（   ）

14. 标准滴定溶液都有一定的有效日期。（   ）

15. 某些不稳定的试剂溶液如氯化亚锡等应在使用时现配。（   ）

三、简答题

1. 什么是滴定分析法？它的主要分析方法有哪些？

2. 能用于滴定分析的化学反应必须具备哪些条件？

3. 什么是化学反应计量点和滴定终点？二者有何区别？

4. 滴定分析的方式有哪些？各适合用于什么情况？

5. 制备标准滴定溶液有几种方法？各适用于什么情况？

6. 下列各试剂，可采用什么方法配制标准滴定溶液？

$KMnO_4$、$AgNO_3$、I_2、H_2SO_4、NaOH、$K_2Cr_2O_7$、$Na_2S_2O_3$、HCl

7. 什么是基准物质？它应具备哪些条件？它有什么用途？

8. 标定 NaOH 溶液时，邻苯二甲酸氢钾（$KHC_8H_4O_4$，$M=204.23g \cdot mol^{-1}$）和草酸（$H_2C_2O_4 \cdot 2H_2O$，$M=126.07g \cdot mol^{-1}$）都可以作基准物质，你认为选择哪种更好？为什么？

四、计算题

1. 1L 溶液中含纯 H_2SO_4 4.904g，则此溶液的物质的量浓度 $c(\frac{1}{2}H_2SO_4)$ 为多少？

2. 50g KNO_3 溶于水并稀释至 250mL，则此溶液的质量浓度为多少？

3. 将 $c(NaOH)=5mol \cdot L^{-1}$ NaOH 溶液 100mL，加水稀释至 500mL，则稀释后的溶液 $c(NaOH)$ 为多少？

4. $T_{NaOH/HCl}=0.003462g \cdot mL^{-1}$ HCl 溶液，相当于物质的量浓度 $c(HCl)$ 为多少？

5. 4.18g Na_2CO_3 溶于 75.0mL 水中，$c(Na_2CO_3)$ 为多少？

6. 称取基准物 Na_2CO_3 0.1580g 标定 HCl 溶液的浓度，消耗 HCl 溶液 24.80mL，计算此 HCl 溶液的浓度为多少？

7. 称取 0.3280g $H_2C_2O_4 \cdot 2H_2O$ 标定 NaOH 溶液，消耗 NaOH 溶液 25.78mL，求 $c(NaOH)$ 为多少？

8. 称取铁矿石试样 $m=0.2669g$，用 HCl 溶液溶解后，经预处理使铁呈 Fe^{2+} 状态，用（$\frac{1}{6}K_2Cr_2O_7$）标准滴定溶液浓度为 0.1000mol $\cdot L^{-1}$ 滴定消耗 28.62mL，计算以 Fe、Fe_2O_3 和 Fe_3O_4 表示的质量分数各为多少？

第四章
酸碱滴定法

学习目标

1) 学会常见物质水溶液 pH 的计算方法；
2) 掌握酸碱指示剂的变色原理、变色范围，能够正确地选择合适的指示剂；
3) 理解酸碱滴定的基本原理、准确进行酸碱滴定的条件；
4) 掌握酸碱滴定法的应用。

第一节 概述

酸碱滴定法是利用酸碱中和反应来进行滴定分析的方法，又称为中和滴定法。其反应实质是 H^+ 与 OH^- 中和生成难解离的水。

$$H^+ + OH^- \rightleftharpoons H_2O$$

酸碱中和反应的特点是：反应速率快，瞬时即可完成；反应过程简单；有很多指示剂可供选用以确定滴定终点。这些特点都符合滴定分析对反应的要求。一般的酸、碱以及能与酸、碱直接或间接发生反应的物质，几乎都能用酸碱滴定法进行测定。因此，许多化工产品检验包括生产中间控制分析，都广泛使用酸碱滴定法。

一、酸的浓度和酸度

酸的浓度和酸度在概念上是不相同的。酸的浓度又叫酸的分析浓度，它是指某种酸的物质的量浓度，即酸的总浓度，包括溶液中未解离酸的浓度和已解离酸的浓度。

酸度是指溶液中氢离子的浓度，由于 $[H^+]$（表示 H^+ 的平衡浓度）一般都比较小，通常用 pH 表示，即

$$pH = -lg[H^+]$$

在水溶液中，强酸和强碱可完全解离为相应的阳离子和阴离子。因此，由强酸或强碱溶液的浓度 c 即可直接得出 $[H^+]$ 或 $[OH^-]$（表示 OH^- 的平衡浓度）。

对于弱酸和弱碱，其浓度 c 是指溶液中已解离酸和未解离酸两部分溶液之和。例如，HAc 溶液的浓度为 c，在溶液中解离达到平衡时：

$$HAc \rightleftharpoons H^+ + Ac^-$$

平衡浓度：　　　$[HAc]$、$[H^+]$、$[Ac^-]$

溶液浓度（分析浓度）：c

$$c = [HAc] + [H^+] = [HAc] + [Ac^-]$$

HAc 溶液的酸度则为 HAc 解离平衡时的 $[H^+]$。

同样，碱的浓度和碱度在概念上也是不同的。碱度通常用 pOH 表示。对于水溶液（25℃），则

$$pH + pOH = 14.0$$

本书采用字母 c_a、c_b 表示酸或碱的分析浓度，c_s 表示盐的分析浓度，而用方括号 $[\ ]$ 表示解离后某种组分的平衡浓度。浓度的单位均为 $mol \cdot L^{-1}$，K_a、K_b 表示酸或碱的解离常数。一些常见弱酸、弱碱的解离常数见附录表一。

二、 水溶液中氢离子浓度的计算

1. 强酸、 强碱溶液

一元强酸，如 HCl　$pH = -\lg[H^+] = -\lg c_a$ 　　　　　　　　　　　　(4-1)

一元强碱，如 NaOH　$pOH = -\lg[OH^-] = -\lg c_b$ 　　　　　　　　(4-2)

2. 弱酸弱碱

一元弱酸，如 HAc，$c_a/K_a \geqslant 500$ 时

$$[H^+] = \sqrt{K_a c_a} \tag{4-3}$$

一元弱碱，如 NH_3，$c_b/K_b \geqslant 500$ 时

$$[OH^-] = \sqrt{K_b c_b} \tag{4-4}$$

二元弱酸，如 $H_2C_2O_4$，$c_a/K_{a1} \geqslant 500$ 时

$$[H^+] = \sqrt{K_{a1} c_a} \tag{4-5}$$

多元弱酸（碱）在水溶液中分步逐级解离，一般以第一级为主，H^+ 浓度或 OH^- 浓度可按一元弱酸（碱）来计算。

3. 水解性盐溶液

强碱弱酸盐，如 NaAc　$[OH^-] = \sqrt{\dfrac{K_w}{K_a} c_s}$ 　　　　　　　　　　(4-6)

强酸弱碱盐，如 NH_4Cl　$[H^+] = \sqrt{\dfrac{K_w}{K_b} c_s}$ 　　　　　　　　(4-7)

弱酸弱碱盐，如 NH_4Ac　$[H^+] = \sqrt{K_w \dfrac{K_a}{K_b}}$ 　　　　　　　(4-8)

二元弱酸强碱盐，如 Na_2CO_3　$[OH^-] = \sqrt{\dfrac{K_w}{K_{a2}} c_s}$ 　　　　(4-9)

酸式盐，如 $NaHCO_3$　$[H^+] = \sqrt{K_{a1} K_{a2}}$ 　　　　　　　　　(4-10)

$$NaH_2PO_4 \quad [H^+] = \sqrt{K_{a_1}K_{a_2}} \tag{4-11}$$

$$Na_2HPO_4 \quad [H^+] = \sqrt{K_{a_2}K_{a_3}} \tag{4-12}$$

阅读材料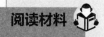

酸碱理论的演变

化学家对酸、碱的认识正如人们对物质的认识一样，是从直接的感觉开始。英文中的酸（acid）从拉丁文（acere）而来，原意就是有酸味的。草木灰有滑腻感，就被认为是碱。英文中的碱（alkal）来自阿拉伯文（alqaliy），就是指草木灰。

18世纪后半叶，法国化学家拉瓦锡把氧称为"产生酸的"，认为一切酸中皆含有氧。1811年英国化学家戴维从实验中明确盐酸组成中不含氧，于是认为氢是组成酸的基本元素。1884年瑞典化学家阿仑尼乌斯提出电离理论，1903年获诺贝尔奖，从电离理论出发，提出酸是在水溶液中解离产生氢离子（H^+）物质，碱是在水溶液中解离产生氢氧根离子（OH^-）的物质。这种理论简单而易理解，但只是把酸和碱限制在水溶液中，以水为介质，有一定的局限性。

1905年美国化学家富兰克林把酸碱的定义推广到其他溶剂，提出酸碱的溶剂理论，认为能解离产生溶剂正离子的物质是酸，能解离产生溶剂负离子的物质是碱。这种理论由于不完善，没有得到推广应用。

1923年丹麦化学家布朗特和英国化学家劳莱别独立提出了酸碱的质子理论。质子理论认为凡是能给出质子的物质为酸，接受质子的物质为碱，提出了共轭酸碱对概念；质子理论不仅适用于水溶液，也适用于非水溶液及无溶剂体系。但质子理论把许多早为人们熟知的酸性物质如 SO_3 等排除出酸的行列。

1923年美国创立共价键理论的化学家路易斯提出酸碱的电子论，认为凡给出电子对的物质为碱，接受电子对的物质为酸。由于电子论所定义的酸碱包罗的物质种类很广泛，因而又称为广义的酸和广义的碱。为了划清不同理论的酸碱，又称为路易斯酸或路易斯碱。

第二节 缓冲溶液

分析化学中，某些滴定反应要求在一定的酸度范围内才能定量进行。具有调节和控制溶液酸度作用的溶液，称为缓冲溶液。由于缓冲溶液的加入，在反应生成或外加少量的强酸或强碱或加水稀释后，也能保持溶液的 pH 基本不变。因此缓冲溶液起到稳定溶液酸度的作用。

缓冲溶液一般是由浓度较大的弱酸及其盐或弱碱及其盐组成，如 HAc-NaAc、NH_3-NH_4Cl 等。高浓度的强酸、强碱溶液，其 H^+ 浓度或 OH^- 浓度很大，对外来的少量酸或碱不会产生太大影响。在这种情况下，强酸（pH＜2）强碱（pH＞12）也可作为缓冲溶液。加入"强酸、强碱具有缓冲溶液的作用,但是加水稀释 pH 变化较大,所以不是标准意义上的缓冲溶液。"此外,有些酸式盐也可制成缓冲溶液如($Na_2HPO_4+NaH_2PO_4$)。

普通缓冲溶液,主要用于控制溶液酸度,这种缓冲溶液主要由浓度较大的弱酸及其共轭碱、弱碱及其共轭酸组成,有一定的 pH 缓冲范围。

标准缓冲溶液,主要用于作测量 pH 时用的参比标准缓冲溶液,由一些逐级解离常数相差较小的两性化合物组成,是一个相对固定的 pH。

一、 缓冲溶液作用原理

现以 HAc-NaAc 缓冲体系为例说明其作用原理。HAc-NaAc 在溶液中按下式解离:

$$HAc \rightleftharpoons H^+ + Ac^-$$

$$NaAc \longrightarrow Na^+ + Ac^-$$

当向此溶液中加入少量强酸时,其 H^+ 与 NaAc 解离出来的 Ac^- 结合成难解离的 HAc,平衡向左移动,溶液中 $[H^+]$ 增加不多,pH 变化很小。当向此溶液中加入少量强碱时,其 OH^- 与 HAc 解离出来的 H^+ 结合成 H_2O,使 HAc 继续解离,平衡向右移动,溶液中 $[H^+]$ 降低不多,pH 变化也很小。如果将溶液适当稀释,HAc 和 NaAc 的浓度都相应降低,使 HAc 的解离度也相应增大,$[H^+]$ 或 pH 变化仍然很小。

二、 缓冲溶液的 pH 计算

配制缓冲溶液时,可以查阅有关手册按配方配制,也可通过相关计算后进行配制。

以 HAc-NaAc 缓冲溶液为例,计算溶液的 pH。设 HAc 及 NaAc 的浓度分别为 c_a 及 c_s,两者在溶液中解离如下:

$$NaAc \longrightarrow Na^+ + Ac^-$$

$$HAc \rightleftharpoons H^+ + Ac^-$$

$$[H^+] = K_a \frac{[HAc]}{[Ac^-]}$$

由于 NaAc 的 Ac^- 同离子效应,使 HAc 的解离平衡向左移动,解离度更小,可以认为 $[HAc] \approx c_a$,$[Ac^-] \approx c_s$。因此:

$$[H^+] = K_a \frac{c_a}{c_s}$$

$$pH = pK_a - \lg \frac{c_a}{c_s} \tag{4-13}$$

对于弱碱及其盐组成的缓冲溶液,其 $[OH^-]$ 及 pH 计算公式如下:

$$[OH^-] = K_b \frac{c_b}{c_s}$$

$$pH = 14 - pK_b + \lg \frac{c_b}{c_s} \tag{4-14}$$

由两性化合物组成的缓冲溶液,其 H^+ 浓度由下式计算:

$$[H^+] = \sqrt{K_{a_1} K_{a_2}}$$

$$pH = \frac{1}{2} pK_{a_1} + \frac{1}{2} pK_{a_2} \tag{4-15}$$

【例 4-1】 计算由 $0.100 mol \cdot L^{-1}$ HAc 和 $0.100 mol \cdot L^{-1}$ NaAc 组成的缓冲溶液的

pH。若在此溶液中加入 HCl 或 NaOH 达 $0.001\text{mol}\cdot L^{-1}$ 时，溶液 pH 变化多少？

【解】　缓冲溶液的 pH

$$pH=-\lg(1.8\times10^{-5})-\lg\frac{0.100}{0.100}=4.74$$

若加入 HCl 达 $0.001\text{mol}\cdot L^{-1}$ 时，

$$c_a=0.100+0.001=0.101$$
$$c_s=0.100-0.001=0.099$$
$$pH=4.74-\lg\frac{0.101}{0.099}=4.73$$

若加入 NaOH 达 $0.001\text{mol}\cdot L^{-1}$ 时，

$$c_a=0.100-0.001=0.099$$
$$c_s=0.100+0.001=0.101$$
$$pH=4.74-\lg\frac{0.099}{0.101}=4.75$$

从计算式及实例可以看出：缓冲溶液的 pH 与组成缓冲溶液的弱酸或弱碱的解离常数（pK_a 或 pK_b）有关，也与弱酸及其盐或弱碱及其盐的浓度比（c_a/c_s 或 c_b/c_s）有关。当浓度比等于 1 时，缓冲能力最大，当浓度比小于等于 1/10 或大于等于 10 时，缓冲能力已经很小了。因此缓冲溶液的有效范围为 $pH=pK_a\pm1$ 或 $pOH=pK_b\pm1$。缓冲溶液的 pH 主要由 pK_a 或 pK_b 决定。

对于同一种缓冲溶液，pK_a 或 pK_b 为常数，溶液的 pH 则随溶液的浓度比而改变。因此适当地改变浓度比值，就可以在一定范围内配制不同 pH 的缓冲溶液。

*三、 缓冲容量和缓冲范围

1. 缓冲容量

缓冲溶液的缓冲作用是有一定限度的。对每一种缓冲溶液而言，只有在加入一定数量的酸或碱时，才能保持溶液 pH 基本不变；当加入酸或碱及溶剂超过了一定的限度时，缓冲溶液就失去缓冲能力，即溶液的 pH 会发生较大幅度的变化。由此可见，每一种缓冲溶液只是具有一定的缓冲能力。通常用缓冲容量来衡量缓冲溶液缓冲能力的大小。缓冲容量是使 1L 缓冲溶液的 pH 增加或减少一个单位时所需要加入强碱或强酸的物质的量。显然，所需加入量越大，溶液的缓冲能力越大。

缓冲容量的大小与缓冲溶液的总浓度及其组分比有关。缓冲溶液的浓度越大，其缓冲容量也越大。缓冲溶液的总浓度一定时，缓冲组分比等于 1 时，缓冲容量最大，缓冲能力最强。通常将两组分的浓度比控制在 0.1~10 之间比较合适。

2. 缓冲范围

任何缓冲溶液的缓冲作用都有一定的范围，缓冲溶液所能控制的 pH 范围称为该缓冲溶液的有效作用范围，简称缓冲范围。这个范围一般在 pK_a 值两侧各一个 pH 单位，即

$$pH=pK_a\pm1$$

对于碱式缓冲溶液，则为

$$pH=14-(pK_b\pm1)$$

例如 HAc-NaAc 缓冲溶液，$pK_a=4.74$，其缓冲范围为 $pH=4.74\pm1$，即 3.74~

5.74。NH_3-NH_4Cl 缓冲溶液，$pK_b=4.74$，其缓冲范围为 pH 8.26～10.26。

四、 缓冲溶液的选择和配制

1. 缓冲溶液的选择原则

在选用缓冲溶液时，应考虑以下几点：

① 缓冲溶液对分析过程没有干扰；

② 缓冲溶液的 pH 应在所要求控制的酸度范围内；

③ 缓冲溶液应有足够的缓冲容量。

为此，选择缓冲体系的酸（碱）的 pK_a（pK_b）应等于或接近所要求控制的 pH；缓冲组分的浓度要大一些（一般在 0.1～1mol·L^{-1} 之间）；实际应用中，使用的缓冲溶液在缓冲容量允许的情况下适当稀一点好，目的是既节省药品，又避免引入过多的杂质而影响测定。一般要求缓冲组分的浓度控制在 0.05～0.5mol·L^{-1} 之间即可，组分浓度比接近 1 较为合适。

例如，在需要 pH=5.0 左右的缓冲溶液时，选择 HAc-NaAc 缓冲体系，因为 HAc 的 $pK_a=4.74$，接近所需要 pH。若需要 pH=9.5 左右的缓冲溶液时，选择 NH_3-NH_4Cl 体系。对需要保持溶液 pH=0～2 或 pH=12～14 时，可用强酸或强碱控制溶液的酸度。

在上述类型的缓冲体系中，都只有一个 K_a（或 K_b）值在起作用，缓冲范围比较窄。由多元酸或多元碱组成的缓冲体系，其中有多个 K_a 或 K_b 值，可以在比较广泛 pH 范围内起作用。例如，柠檬酸（$pK_{a1}=3.13$，$pK_{a2}=4.76$，$pK_{a3}=6.40$）和磷酸氢二钠（H_3PO_4 的 $pK_{a1}=2.12$，$pK_{a2}=7.20$，$pK_{a3}=12.36$）两种溶液按不同比例混合，可得到 pH=2.0～8.0 的一系列缓冲溶液。

2. 缓冲溶液的配制

（1）一般缓冲溶液　一般情况下使用的缓冲溶液多由弱酸及其盐、弱碱及其盐或不同浓度的酸式盐组成。这类缓冲溶液的配制方法，可根据要求利用有关公式计算各组分的用量，也可在分析化学手册中直接查找配制方法。

几种常用缓冲溶液（表 4-1）的配制方法列于附录表四中，学生应重点掌握。

表 4-1　常用的缓冲溶液

缓冲溶液	酸的存在形式	碱的存在形式	pK_a
氨基乙酸-HCl	$^+NH_3CH_2COOH$	$^+NH_3CH_2COO^-$	2.35
苯二甲酸氢钾-HCl	⬡—COOH —COOH	⬡—COO⁻ —COOH	2.95
HAc-NaAc	HAc	Ac^-	4.74
六亚甲基四胺-HCl	$(CH_2)_6N_4H^+$	$(CH_2)_6N_4$	5.15
NaH_2PO_4-Na_2HPO_4	$H_2PO_4^-$	HPO_4^{2-}	7.21
$Na_2B_4O_7$-HCl	H_3BO_3	$H_2BO_3^-$	9.24
NH_3-NH_4Cl	NH_4^+	NH_3	9.25
$NaHCO_3$-Na_2CO_3	HCO_3^-	CO_3^{2-}	10.32

（2）标准缓冲溶液　标准缓冲溶液的 pH 是在一定温度下经过实验测得的 H^+ 活度❶的负对数。标准缓冲溶液可在用酸度计测量某溶液的 pH 时作参照标准。几种常用的标准缓冲溶液列于表 4-2 中。

表 4-2　几种标准缓冲溶液

标准缓冲溶液	pH（25℃实验值）①
饱和酒石酸氢钾（0.034mol·L^{-1}）	3.56
0.05mol·L^{-1}邻苯二甲酸氢钾	4.01
0.025mol·$L^{-1}KH_2PO_4$-0.025mol·$L^{-1}Na_2HPO_4$	6.86
0.01mol·L^{-1}硼砂	9.18

① 用活度计算时可得此值。

标准缓冲溶液一般有配好的小包装购买，需要时只要将其溶解、稀释、定容就可以，简单、方便、适用。

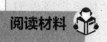
阅读材料

人体有哪些缓冲体系

人体组织细胞内进行的各种生物化学过程，都是要在合适的 pH 范围内，才能完成它们的正常生理活动，而且这些生理活动受到氢离子浓度的严格调控，能够做到这一点是因为人体内有完善的天然缓冲体系。下表列出某些人体体液的 pH：

人体体液与 pH 的关系

体液	血清	大肠液	成人胃液	泪	唾液	尿	胰液	脑脊液
pH	7.35～7.45	8.3～8.4	0.9～1.5	6.6～6.9	6.3～7.1	4.8～7.5	7.5～8.0	7.35～7.45

人的血液呈微碱性，pH 为 7.35～7.45。pH 大于 7.45 会出现碱中毒，pH 小于 7.35 会出现酸中毒，人体血液 pH 改变 0.1，发病率提高 30%，任何微小的偏离都会对细胞膜的稳定性、蛋白质的活性、酶的稳定性造成破坏性影响。生物体内细胞的生长和活动需要一定的 pH，体内 pH 环境的任何改变都将引起与代谢有关的酸碱解离平衡移动，从而影响生物体内细胞的活性。

血液是一种缓冲溶液，含有多种缓冲体系，介绍如下。

血浆中：$H_2CO_3-NaHCO_3$，NaH_2PO_4-Na_2HPO_4，HHb-NaHb（血浆蛋白及其钠盐），HA-NaA（有机酸及其钠盐）。

红细胞中：H_2CO_3-$KHCO_3$，KH_2PO_4-K_2HPO_4，HHb-KHb，HA-KA，$HHbO_2$-$KHbO_2$（氧合血红蛋白及其他钾盐）。

体液中存在多种酸碱缓冲体系，并且组织间液和细胞内液中的缓冲体系与血浆中的缓冲体系种类相似。但是，由于组织间液和细胞内液缓冲体系的缓冲作用较小，因此，体液

❶　离子的活度：溶液中离子的有效浓度。

的缓冲作用以血液（血液是由液态的血浆和具有细胞形态的成分——红细胞、白细胞和血小板组成）缓冲体系的缓冲作用最为重要。

第二节　酸碱指示剂

一、指示剂的作用原理

酸碱滴定一般是借助酸碱指示剂的颜色变化来指示反应的化学计量点。变色内因：酸碱指示剂大多是结构复杂的有机弱酸或弱碱，其酸式和碱式结构不同，颜色也不同。变色外因：当溶液的 pH 改变时，指示剂由酸式结构变为碱式结构，或由碱式结构变为酸式结构，从而引起溶液的颜色发生变化。

例如，酚酞指示剂是有机弱酸（$K_a=6\times10^{-10}$），在水溶液中发生如下的解离作用和颜色变化：

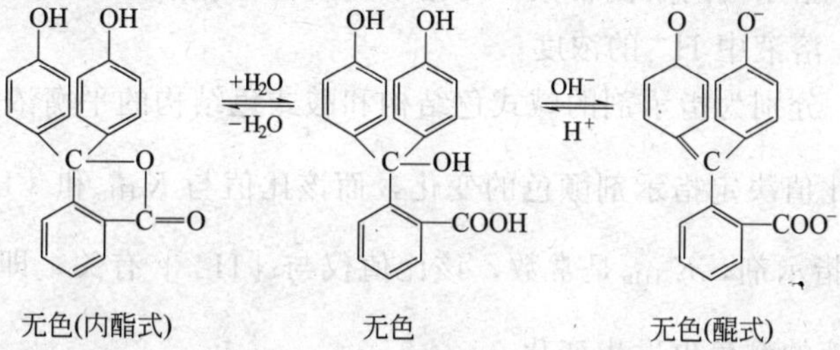
+H₂O
−H₂O
OH⁻
H⁺
无色(内酯式)
无色
无色(醌式)

酚酞在酸性溶液中无色，在碱性溶液中平衡向右移动，溶液由无色变为红色；反之，则溶液由红色变为无色。酚酞的醌式结构在浓碱溶液中会转变为无色的羧酸盐结构。

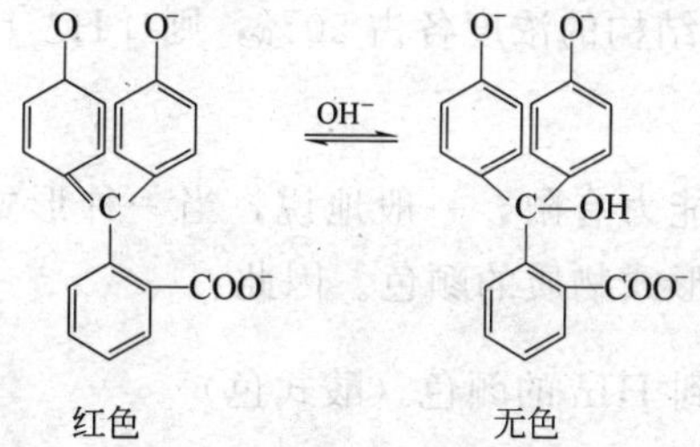
OH⁻
红色
无色

又如，甲基橙是一种双色指示剂，其解离作用与颜色变化如下：

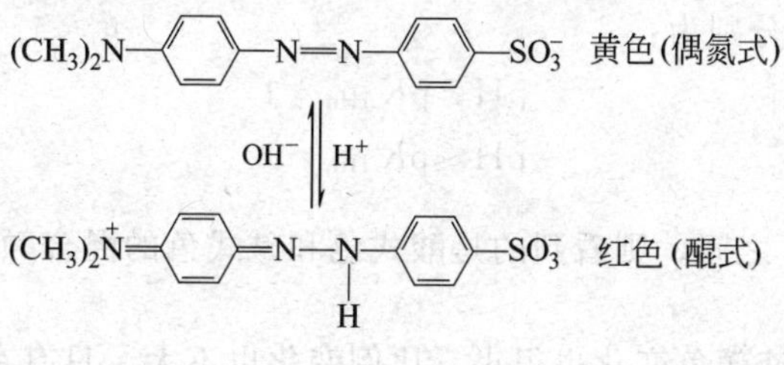
黄色(偶氮式)
OH⁻
H⁺
红色(醌式)

增大溶液酸度，甲基橙主要以醌式结构存在，溶液呈红色；反之，溶液由红色变为黄色。

因此，酸碱指示剂颜色的改变是由于溶液 pH 的变化而引起指示剂结构发生变化。

二、 指示剂的变色范围

1. 指示剂的颜色变化与溶液 pH 的关系

以弱酸型指示剂 HIn 为例说明指示剂的颜色变化与溶液 pH 的关系。

以 HIn 代表酸式（其颜色称为指示剂的酸式色），其解离产物 In⁻ 代表碱式（其颜色称为指示剂的碱式色），则解离平衡如下：

$$HIn \rightleftharpoons H^+ + In^-$$
$$（酸式色）\qquad（碱式色）$$

当达平衡时：

$$\frac{[H^+][In^-]}{[HIn]} = K_{HIn}$$

则

$$\frac{[In^-]}{[HIn]} = \frac{K_{HIn}}{[H^+]}$$

或

$$pH = pK_{HIn} + lg\frac{[In^-]}{[HIn]}$$

式中　　K_{HIn}——指示剂的解离常数，与指示剂的性质和溶液的温度有关；

　　　　$[H^+]$——溶液中 H^+ 的浓度；

$[In^-]$，$[HIn]$——分别为指示剂的碱式色结构和酸式色结构的平衡浓度。

显然 $\dfrac{[In^-]}{[HIn]}$ 的比值决定指示剂颜色的变化，而该比值与 K_{HIn} 和 $[H^+]$ 有关。在一定温度下，对于某种指示剂，K_{HIn} 是常数，该比值仅与 $[H^+]$ 有关，即随 $[H^+]$ 的变化，$\dfrac{[In^-]}{[HIn]}$ 值变化，溶液的颜色也发生变化。

2. 指示剂的变色范围及其产生原因

当 $\dfrac{[In^-]}{[HIn]} = 1$，即这两种结构的浓度各占 50%，则 $[H^+] = K_{HIn}$，$pH = pK_{HIn}$，这一点称为指示剂的理论变色点。

由于人眼对颜色的辨别能力有限，一般地说，当一种形式的浓度是另一种浓度的 10 倍时，人眼通常只看到较浓形式物质的颜色。因此：

当 $\dfrac{[In^-]}{[HIn]} \leqslant \dfrac{1}{10}$　只能看到 HIn 的颜色（酸式色）

当 $\dfrac{[In^-]}{[HIn]} \geqslant 10$　只能看到 In⁻ 的颜色（碱式色）

它们所对应的 pH 分别为：

$$pH \geqslant pK_{HIn} + 1$$
$$pH \leqslant pK_{HIn} - 1$$

当 $\dfrac{[In^-]}{[HIn]}$ 在 $\dfrac{1}{10} \sim 10$ 之间，则看到的是酸式色和碱式色的混合颜色。

pH 变化不大，溶液颜色变化也很小，比例变化也不大。只有在超越 $\dfrac{1}{10} \sim 10$ 之外，才有明显颜色变化，所以 $pH = pK_{HIn} \pm 1$ 就是指示剂的变色范围。不同的指示剂，其解离常数不同，变色范围也各不相同。

3. 变色范围——理论值与实际值的差异

由于人眼对各种颜色的敏感程度不同，实际变色范围与上述 $pK_{HIn}\pm1$ 变色范围并不是完全一致。例如，甲基橙的 $pK_{HIn}=3.4$，$pK_{HIn}\pm1$ 变色范围为 $2.4\sim4.4$，而实测变色范围为 $3.1\sim4.4$，这是由于人眼对红色较之对黄色更为敏感，酸式结构的浓度只需超过碱式结构浓度的二倍，就能观察出红色，所以甲基橙的变色范围在 pH 小的一端就窄些。

变色范围大，pH 变化大，化学计量点前后所加的标准溶液就要多些，否则变色不明显，误差大，所以变色范围大是不好的，不够灵敏的，酸碱标准溶液浓度一般为 $0.1mol \cdot L^{-1}$，$0.5mol \cdot L^{-1}$。

由此可见，指示剂的变色范围越窄越好，pH 稍有变化，就可观察出溶液颜色的改变，这将有利于提高测定结果的准确度。

常用酸碱指示剂及其变色范围列于表 4-3 中。

表 4-3　常用酸碱指示剂

指示剂	变色范围 pH	颜色		pK_{HIn}	浓　度	用量 /(滴·10mL^{-1}试液)
		酸色	碱色			
百里酚蓝（第一次变色）	$1.2\sim2.8$	红色	黄色	1.65	$1g \cdot L^{-1}$酒精溶液	$1\sim2$
甲基黄	$2.9\sim4.0$	红色	黄色	3.25	$1g \cdot L^{-1}$的90%酒精溶液	1
甲基橙	$3.1\sim4.4$	红色	黄色	3.45	$1g \cdot L^{-1}$水溶液	1
溴酚蓝	$3.0\sim4.6$	黄色	紫色	4.1	$0.41g \cdot L^{-1}$酒精溶液或其钠盐的水溶液	1
溴甲酚绿	$3.8\sim5.4$	黄色	蓝色	4.9	$1g \cdot L^{-1}$酒精溶液或 $1g \cdot L^{-1}$水溶液加 $0.05mol \cdot L^{-1}$ NaOH2.9mL	$1\sim3$
甲基红	$4.4\sim6.2$	红色	黄色	5.0	$1g \cdot L^{-1}$酒精溶液其钠盐的水溶液	1
溴百里酚蓝	$6.2\sim7.6$	黄色	蓝色	7.3	$1g \cdot L^{-1}$的20%酒精溶液或其钠盐的水溶液	1
中性红	$6.8\sim8.0$	红色	黄橙色	7.4	$1g \cdot L^{-1}$的60%酒精溶液	1
酚红	$6.8\sim8.0$	黄色	红色	8.0	$1g \cdot L^{-1}$的60%酒精溶液或其钠盐的水溶液	$1\sim3$
酚酞	$8.0\sim10.0$	无色	红色	9.1	$10g \cdot L^{-1}$酒精溶液	$1\sim3$
百里酚酞	$9.4\sim10.6$	无色	蓝色	10.0	$1g \cdot L^{-1}$酒精溶液	$1\sim2$

分析表 4-3，请思考：

（1）为什么不同的指示剂有不同的变色范围？（因为 K_a 不同）

（2）为什么有些相同的指示剂有 2 个以上变色范围？（因为有 K_{a1}、K_{a2}）

（3）为什么理论变色范围与实际范围不同？（因为人眼对颜色的敏感程度不同，变色范围越窄越好。）

（4）为什么每个指示剂的浓度和配制溶剂不同？（由指示剂本身的性质所决定。）

（5）一般使用指示剂应注意什么问题？（影响因素）

三、 影响指示剂变色范围的因素

影响指示剂变色范围的因素是多方面的，其中主要有滴定温度、指示剂的用量、溶剂及滴定顺序等。

1. 温度

温度的变化会引起指示剂解离常数的改变，指示剂的变色范围也随之变动。一般来说，温度升高，在酸性范围内变色的指示剂，变色范围移向更酸性。例如，18℃时，甲基橙的变色范围为 3.1～4.4；100℃时则为 2.5～3.7。

2. 指示剂的用量

指示剂用量过多（或浓度过高），对双色指示剂和单色指示剂都会使终点变色不明显，而且指示剂本身也会多消耗标准滴定溶液。因此在不影响指示剂变色敏锐的前提下，以用量少一些为佳。对单色指示剂来说，用量过多还会引起指示剂变色范围移动。例如：50～100mL 溶液中，加 2～3 滴 0.1％酚酞，$pH \approx 9$ 时出现红色；若加 10～15 滴酚酞，则在 $pH = 8$ 时就出现红色。

3. 溶剂

指示剂在不同溶剂中其 pK_{HIn} 值是不同的，指示剂的变色范围也会不同，例如甲基橙在水溶液中 $pK_{HIn} = 3.4$，在甲醇中则为 $pK_{HIn} = 3.8$。

4. 滴定顺序

滴定顺序是使指示剂的颜色变化由浅到深，或由无色变有色为宜。这样有利于人们对颜色的观察。例如，HCl 滴定 NaOH，用甲基橙作指示剂，终点由黄色到橙色颜色变化明显；NaOH 滴定 HCl 用酚酞作指示剂，终点由无色到浅粉红色，易于辨别，反之则变色不敏锐，容易使滴定剂过量。

如果终点颜色变化不明显，难观察怎么办？可用混合指示剂。

四、 混合指示剂

混合指示剂是用一种酸碱指示剂和另一种不随 pH 变化而改变颜色的染料，或者用两种指示剂混合配制而成；混合指示剂的原理是利用互补色进行调色，掩盖过渡色；其目的是使指示剂的颜色变化敏锐，减少误差，提高准确度；混合指示剂的特点是变色范围窄，变色明显。

例如：甲基橙和靛蓝二磺酸钠组成的混合指示剂，靛蓝二磺酸钠为蓝色染料，对甲基橙颜色起衬托作用。该混合指示剂与甲基橙比较，颜色变化如下：

溶液酸度	甲基橙＋靛蓝二磺酸钠	甲基橙色
$pH \geqslant 4.4$	绿色	黄色
$pH = 4.0$	浅灰色	橙色
$pH \leqslant 3.1$	紫色	红色

可见，混合指示剂由绿（或紫）变到紫（或绿），中间为近乎无色的浅灰色，颜色变化明显，变化范围窄。

又如，常用的溴甲酚绿与甲基红组成的混合指示剂较两种单一指示剂变色敏锐，由绿

（或酒红）变化为酒红（或绿），中间为灰色（pH＝5.1），变色范围比单一指示剂窄得多。

在配制混合指示剂时，应严格控制两种组分的比例，否则颜色变化将不显著。

常用混合指示剂列于表 4-4 中。

表 4-4　常用混合指示剂

指示剂组成	配制比例	变色点	颜色		备　注
			酸色	碱色	
1g·L⁻¹甲基黄溶液 1g·L⁻¹亚甲基蓝酒精溶液	1+1	3.25	蓝紫色	绿色	pH＝3.4绿色 pH＝3.2蓝紫色
1g·L⁻¹甲基橙水溶液 2.51g·L⁻¹靛蓝二磺酸水溶液	1+1	4.1	紫色	黄绿色	
1g·L⁻¹溴甲酚绿酒精溶液 21g·L⁻¹甲基红酒精溶液	3+1	5.1	酒红色	绿色	
1g·L⁻¹甲基红酒精溶液 1g·L⁻¹亚甲基蓝酒精溶液	2+1	5.4	红紫色	绿色	pH＝5.2红紫色 pH＝5.4暗蓝色 pH＝5.6绿色
1g·L⁻¹溴甲酚绿钠盐水溶液 1g·L⁻¹氯酚红钠盐水溶液	1+1	6.1	黄绿色	蓝绿色	pH＝5.4蓝绿色 pH＝5.8蓝 pH＝6.0蓝带紫色 pH＝6.2蓝紫色
1g·L⁻¹中性红酒精溶液 1g·L⁻¹亚甲基蓝酒精溶液	1+1	7.0	蓝紫色	绿色	pH＝7.0紫蓝色
1g·L⁻¹甲酚红钠盐水溶液 1g·L⁻¹百里酚蓝钠盐水溶液	1+3	8.3	黄色	紫色	pH＝8.2玫瑰色 pH＝8.4紫
1g·L⁻¹百里酚蓝50%酒精溶液 1g·L⁻¹酚酞50%酒精	1+3	9.0	黄色	紫色	从黄色到绿色再到紫色
1g·L⁻¹百里酚酞酒精溶液 1g·L⁻¹茜素黄酒精溶液	2+1	10.2	黄色	紫色	

阅读材料

化学与"特异功能"

　　现实生活或影视剧中我们常常会看到这样的情节，街头卖艺人用刀拍打手臂或大腿，然后在刀口上喷水，用刀在臂或腿上割一下，立刻冒出鲜血，此时卖艺人取出一条黑色（或其他颜色）纸贴在伤口上，过一会儿再揭下纸来请观众看，鲜血和伤口消失了，连刀痕也看不见了。然后卖艺人就开始向观众推销这种金创纸，说是家庭必备，包治百病。

　　难道真有这样包治百病的金创纸吗？原来，卖艺人的手臂或大腿预先用酚酞（酚酞在 pH 大于 9.1 时显红色，小于 9.1 时为无色）溶液涂过，刀口上喷过碱水后砍在腿上就像真的一样冒出鲜血来，纸是预先用明矾水（硫酸钾铝，呈酸性）浸过的，贴上去发生中和反应，红色就会立刻消失。这个就是酸碱指示剂在中和反应中的应用。

第四节 酸碱滴定曲线及指示剂的选择

酸碱滴定中，最重要的是待测物质能否被准确滴定，这就要求选择好合适的指示剂来指示化学计量点。从指示剂的变色范围可知，不同的指示剂有不同的变色范围。因此必须了解滴定过程中，尤其是在化学计量点前后一定的准确度范围（±0.1％的相对误差）内溶液的 pH 变化情况，因为，只有在此 pH 范围内发生颜色变化的指示剂，才能用来准确地指示滴定终点。表示滴定过程中溶液 pH 随标准溶液用量变化而改变的曲线称为滴定曲线。

由于酸碱有强弱之分，在各种不同类型的酸碱滴定过程中，溶液 pH 的变化情况是不同的。下面讨论最常见的强酸强碱的滴定曲线以及指示剂的选择问题。

一、 强酸强碱的滴定

1. 滴定曲线

现以浓度为 $0.1000 mol \cdot L^{-1}$ 的 NaOH 标准滴定溶液滴定 20.00mL 浓度为 $0.1000 mol \cdot L^{-1}$ 的 HCl 溶液为例，讨论强碱强酸滴定曲线及指示剂的选择。

（1）滴定前　溶液的 pH 即为 HCl 溶液的酸度。即

$$[H^+] = 0.1000 mol \cdot L^{-1} \qquad pH = 1.00$$

（2）滴定开始至化学计量点前　随着 NaOH 标准滴定溶液的加入，溶液中 H^+ 浓度减小，溶液的 pH 取决于剩余 HCl 的酸度。即

$$[H^+] = \frac{c(HCl)V(HCl) - c(NaOH)V(NaOH)}{V(HCl) + V(NaOH)}$$

例如，当滴入 NaOH 溶液 18.00mL 时，

$$[H^+] = \frac{0.1000 \times 20.00 - 0.1000 \times 18.00}{20.00 + 18.00} = 5.26 \times 10^{-3} \ (mol \cdot L^{-1})$$

$$pH = 2.28$$

依此方法计算，当加入 NaOH 标准滴定溶液为 19.80mL 及 19.98mL 时，其 $[H^+]$ 分别为 $5.02 \times 10^{-4} mol \cdot L^{-1}$ 和 $5.00 \times 10^{-5} mol \cdot L^{-1}$；pH 则为 3.30 和 4.30。

（3）化学计量点时　已滴入 20.00mL NaOH 标准滴定溶液，即溶液中的 HCl 完全被中和，此时溶液组成为 NaCl，溶液呈中性。

$$[H^+] = [OH^-] = \sqrt{K_w} = \sqrt{1.00 \times 10^{-14}} = 1.00 \times 10^{-7} (mol \cdot L^{-1})$$

$$pH = 7.00$$

（4）化学计量点后　溶液组成为 NaCl 和过量的 NaOH，溶液呈碱性，其 pH 取决于过量 NaOH 的浓度，OH^- 浓度可按下式计算：

$$[OH^-] = \frac{c(NaOH)V(NaOH) - c(HCl)V(HCl)}{V(HCl) + V(NaOH)}$$

例如当加入 NaOH 为 20.02mL 时，已有 0.02mL 过量，此时溶液中 $[OH^-]$ 为

$$[OH^-]=\frac{0.1000\times20.02-0.1000\times20.00}{20.02+20.00}$$

$$=5.00\times10^{-5}(mol\cdot L^{-1})$$

$$pOH=4.30;\ pH=9.70$$

用上述方法可计算出其他各点 pH，将计算结果列于表 4-5 中。

表 4-5 0.1000mol·L⁻¹ NaOH 滴定 0.1000mol·L⁻¹
HCl 溶液 pH 变化

加入 NaOH 量		过量 NaOH	$[H^+]$	pH
%	mL	/mL	/mol·L⁻¹	
0.00	0.00		1.00×10^{-1}	1.00
90.00	18.00		5.26×10^{-3}	2.28
99.00	19.80		5.02×10^{-4}	3.30
99.80	19.96		1.00×10^{-4}	4.00
99.90	19.98		5.00×10^{-5}	4.30
100.0	20.00		1.00×10^{-7}	7.00
100.1	20.02	0.02	2.00×10^{-10}	9.70
100.2	20.04	0.04	1.00×10^{-10}	10.00
101.0	20.20	0.20	2.00×10^{-11}	10.70
110.0	22.00	2.00	2.10×10^{-12}	11.70
200.0	40.00	20.00	3.00×10^{-13}	12.50

以溶液的 pH 为纵坐标，以加入 NaOH 标准滴定溶液的体积（mL）为横坐标，可描绘出滴定曲线，如图 4-1 所示。

由表 4-5 数据和图 4-1 滴定曲线可以看出：从滴定开始到滴入 NaOH 溶液 19.98mL，即 99.90％的 HCl 被滴定时，溶液的 pH 仅变化 3.30 个 pH 单位，从 1.00 升至 4.30，这段滴定曲线较为平坦。但当滴入的 NaOH 溶液从 19.98mL 增加到 20.02mL 时，共滴入 0.04mL（约 1 滴），即化学计量点前后相对误差为 ±0.1％范围内（±半滴），溶液的 pH 由 4.30 急剧上升到 9.70，变化了 5.40 个 pH 单位，溶液由酸性突变为碱性，在滴定曲线上出现了近似于垂直的一段。这种在化学量点前后 ±0.1％相对误差范围内溶液 pH 的突变，称为滴定突跃。突跃所在的 pH 范围称为滴定突跃范围。突跃后继续滴入 NaOH，溶液的 pH 变化比较缓慢，滴定曲线又较为平坦。如果用强酸滴定强碱，则滴定曲线恰与图 4-1 对称，pH 变化方向相反。

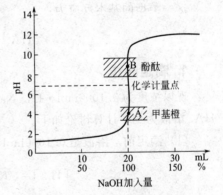

图 4-1 0.1000mol·L⁻¹ NaOH
滴定 20.00mL 0.1000mol·L⁻¹
HCl 溶液的滴定曲线

2. 指示剂的选择

滴定突跃是判断酸碱滴定能否进行的依据；滴定突跃范围则是选择指示剂的依据。选择指示剂的原则：一是凡在突跃范围内能发生颜色改变的指示剂（即指示剂的变色范围全部或大部分落在滴定突跃范围内），都可用来指示滴定终点。强碱滴定强酸可选用酚酞、甲基红、甲基橙等作指示剂；二是指示剂的变色点尽量靠近化学计量点。

3. 突跃范围与浓度的关系

对于强碱与强酸的滴定，其突跃范围的大小随标准溶液和被测溶液浓度的变化而改变。例如：用 $1.000\text{mol} \cdot \text{L}^{-1}$、$0.100\text{mol} \cdot \text{L}^{-1}$、$0.0100\text{mol} \cdot \text{L}^{-1}$ 三种浓度的 NaOH 标准滴定溶液分别滴定相同浓度的 HCl 溶液各 20.00mL，它们的突跃范围分别是 $3.30 \sim 10.70$、$4.30 \sim 9.70$、$5.30 \sim 8.70$。见图 4-2。

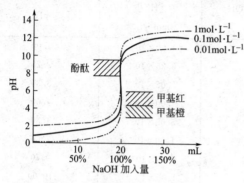

图 4-2　不同浓度 NaOH 滴定
不同浓度 HCl 的滴定曲线

从图 4-2 可以看出，溶液浓度越大，突跃范围越大，可供选择的指示剂越多；溶液浓度越小，突跃范围越小，可供选择的指示剂越少。如果用 $1.000\text{mol} \cdot \text{L}^{-1}$ 或 $0.1000\text{mol} \cdot \text{L}^{-1}$ NaOH 溶液分别滴定相同浓度的 HCl 溶液，均可用甲基橙作指示剂，但当 NaOH 和 HCl 的浓度都是 $0.01000\text{mol} \cdot \text{L}^{-1}$ 时，其滴定的突跃范围是 $5.30 \sim 8.70$，而甲基橙的变色范围是 $3.1 \sim 4.4$，误差将在 1% 以上，故甲基橙就不能用来指示滴定终点了，最好使用甲基红或酚酞。

*二、　强碱滴定一元弱酸

这一类型的基本反应为：

$$HA + OH^- \rightleftharpoons A^- + H_2O$$

1. 滴定曲线

现以浓度为 $0.1000\text{mol} \cdot \text{L}^{-1}$ NaOH 标准滴定溶液滴定 20.00mL 的 $0.1000\text{mol} \cdot \text{L}^{-1}$ HAc 溶液为例，计算讨论如下。

（1）滴定前　溶液是 $0.1000\text{mol} \cdot \text{L}^{-1}$ HAc，其 H^+ 浓度及 pH 为：

$$[H^+] = \sqrt{K_a c} = \sqrt{1.8 \times 10^{-5} \times 0.1000}$$

$$= 1.34 \times 10^{-5} (\text{mol} \cdot \text{L}^{-1})$$

$$pH = 2.87$$

（2）滴定开始至化学计量点前　由于 NaOH 的滴入，溶液中未反应的 HAc 和反应生成的 NaAc 形成缓冲体系，其 pH 可按式（4-13）进行计算。

$$pH = pK_a - \lg \frac{c_a}{c_s}$$

当加入 19.80mL 的 NaOH 溶液时

$$c_a = \frac{0.1000 \times 20.00 - 0.1000 \times 19.80}{20.00 + 19.80}$$

$$= 5.03 \times 10^{-4} \ (mol \cdot L^{-1})$$

$$c_s = \frac{0.1000 \times 19.80}{20.00 + 19.80} = 4.97 \times 10^{-2} \ (mol \cdot L^{-1})$$

$$pH = -lg1.8 \times 10^{-5} - lg\frac{5.03 \times 10^{-4}}{4.97 \times 10^{-2}} = 6.73$$

（3）化学计量点时 HAc 和 NaOH 全部生成 NaAc，按强碱弱酸盐式（4-6）计算。此时 NaAc 的浓度为 0.05000mol·L⁻¹。

$$pH = 7 - \frac{1}{2}lgK_a + \frac{1}{2}lgc_s$$

$$= 7 - \frac{1}{2}lg(1.8 \times 10^{-5}) + \frac{1}{2}lg0.05000$$

$$= 8.72$$

（4）化学计量点后 溶液中有过量的 NaOH，抑制了 NaAc 的水解，溶液的 pH 取决于过量的 NaOH 浓度，其计算方法与强碱滴定强酸相同。例如，加入 NaOH 溶液 20.02mL，溶液的 pH 为 9.70。

将滴定过程中 pH 变化数据列于表 4-6 中，并绘出滴定曲线图 4-3。

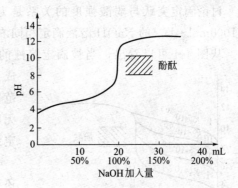

图 4-3 0.1000mol·L⁻¹ NaOH 滴定 20.00mL 0.1000mol·L⁻¹ HAc 的滴定曲线

2. 滴定曲线的特点与指示剂的选择

与 NaOH 滴定 HCl 相比较，NaOH 滴定 HAc 的滴定曲线具有如下特点：

（1）滴定曲线的起点高 由于醋酸是弱酸，滴定前，溶液中的 H⁺ 浓度不等于醋酸的

表 4-6 0.1000mol·L⁻¹ NaOH 滴定

20.00mL 0.1000mol·L⁻¹ HAc 的 pH

加入 NaOH 量		过量 NaOH/mL	pH	计 算 式
%	mL			
0	0.00		2.87	$[H^+] = \sqrt{K_a c_{HAc}}$
90	18.00		5.70	$[H^+] = K_a \frac{c_{HAc}}{c_{NaAc}}$
99	19.80		6.73	
99.9	19.98		7.74	$[OH^-] = \sqrt{\frac{K_w}{K_a} c_{NaAc}}$
100.0	20.00		8.72	
100.1	20.02	0.02	9.70	$[OH^-] = \frac{V_{过量}}{V_{总量}} c_{NaOH}$
101	20.20	0.20	10.70	
110	22.00	2.00	11.70	
200	40.00	20.00	12.50	

原始浓度，而是根据 HAc 在水中的解离常数计算，pH＝2.87，而不是等于 1，其滴定曲线起点比强碱滴定强酸的滴定曲线起点高 1.87 个 pH 单位。

（2）滴定过程中溶液的 pH 变化情况不同于强碱滴定强酸

① 滴定开始就有 Ac^- 生成，由于 Ac^- 的同离子效应，抑制了 HAc 的解离，H^+ 浓度迅速下降，溶液的 pH 随 NaOH 的滴入上升较快，这段滴定曲线的斜率较大；继续滴定，由于生成 Ac^- 的量增多，形成 HAc-Ac^- 缓冲体系，导致溶液的 pH 变化较慢，滴定曲线在这一段较为平坦；接近化学计量点时，由于 HAc 浓度迅速减少，缓冲作用减弱，溶液 pH 增加较快，滴定曲线的斜率又迅速增大。

② 化学计量点时，由于 NaAc 的水解作用，溶液显碱性，pH 为 8.72。

③ 化学计量点后，过量的 NaOH 抑制了 NaAc 的水解，溶液的 pH 由过量的 NaOH 决定，其 pH 的计算同强碱滴定强酸。滴定曲线的变化趋势同强碱滴定强酸。

（3）滴定曲线的突跃范围小　突跃范围的 pH 为 7.74～9.70，处于碱性区域。因此，只能选择在碱性区域内变色的指示剂，如酚酞、百里酚蓝等。

3. 滴定突跃与弱酸强度的关系

讨论滴定突跃与弱酸强度的关系是为了判断弱酸能否被强碱准确滴定。图 4-4 是 $0.1000mol \cdot L^{-1}$ 的 NaOH 溶液滴定相同浓度不同强度一元弱酸的滴定曲线。

从图 4-4 可以看出，当被滴定溶液的浓度一定时，突跃范围的大小与弱酸的强度成正比。被滴定的酸越弱（K_a 值越小），突跃范围越小，当 $K_a \leqslant 10^{-9}$ 时，在滴定曲线上已无明显的滴定突跃，因此，无法选择指示剂确定终点。

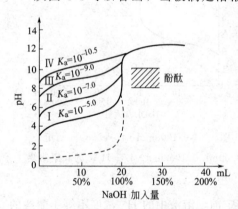

图 4-4　$0.1000mol \cdot L^{-1}$ NaOH 滴定 $0.1000mol \cdot L^{-1}$ 不同强度一元弱酸的滴定曲线

突跃范围的大小，不仅取决于弱酸的强度，还与弱酸的浓度成正比。因此，弱酸的浓度和 K_a 越大，突跃范围越大。若要求滴定误差在 0.2％以下，滴定终点与化学计量点相差应有 0.3pH 单位（滴定突跃为 0.6pH 单位），人眼才能借助指示剂判断终点。只有当 $cK_a \geqslant 10^{-8}$ 时，才能满足这个要求。因此，$cK_a \geqslant 10^{-8}$ 就作为判断能否直接滴定弱酸的依据。

例如，H_3BO_3 的 $K_a＝5.7 \times 10^{-10}$，不能用碱直接滴定。硼酸可与甘油（或甘露醇）生成配合物甘油硼酸（$K_a＝3.0 \times 10^{-7}$），其酸性比硼酸强，这样就可以用碱标准滴定溶液直接滴定。

和强碱滴定一元弱酸一样，强酸滴定一元弱碱时，当弱碱 $cK_b \geqslant 10^{-8}$，可以用指示剂判断终点直接滴定。

不能满足以上条件的酸、碱和两性物质就很难采用指示剂法确定滴定终点。此时可以根据实际情况考虑采用其他方法进行测定，例如用仪器来检测滴定终点；利用适当的化学反应使弱酸或弱碱强化，也可在酸性比水更弱的非水介质中进行滴定等，从而扩大酸碱滴定的应用范围。

＊三、　多元弱酸和多元弱碱的滴定

由于存在分步解离，因而滴定中可形成多个滴定突跃，而能否分步滴定，则涉及各滴定突跃是否明显，本书不予阐述。

第五节　酸碱滴定法的应用

酸碱滴定法中常用的酸标准滴定溶液有 HCl 和 H_2SO_4。H_2SO_4 标准滴定溶液稳定性较好，但它的第二级解离常数较小，因而滴定突跃相应也小些；在需要较浓的溶液和分析过程中需要加热时使用 H_2SO_4 溶液。HNO_3 具有氧化性，本身稳定性也较差，所以应用很少。

碱标准滴定溶液多用 NaOH，有时也用 KOH。

酸、碱标准滴定溶液的浓度一般配成 $0.1mol \cdot L^{-1}$，有时也需要 $1mol \cdot L^{-1}$、$0.5mol \cdot L^{-1}$ 和 $0.01mol \cdot L^{-1}$。

一、　NaOH 标准滴定溶液的配制和标定

1. 配制

固体 NaOH 具有很强的吸湿性，也容易吸收空气中的 CO_2，因此常含有 Na_2CO_3。此外，还含有少量的杂质如硅酸盐、氯化物等。

由于 NaOH 中 Na_2CO_3 的存在，影响酸碱滴定的准确度。

制备不含 Na_2CO_3 的 NaOH 溶液可以采用下列任一方法。

① 将氢氧化钠制成（1+1）饱和溶液（约50%），此溶液 $c(NaOH)$ 约为 $20mol \cdot L^{-1}$。在这种浓碱溶液中，Na_2CO_3 几乎不溶解而沉降下来。吸取上层澄清液，用无 CO_2 的蒸馏水按表 4-7 稀释至所需要的浓度。

表 4-7　NaOH 溶液配制

配制浓度/$mol \cdot L^{-1}$	量取饱和浓液体积/mL	蒸馏水量/mL
1	52	1000
0.5	26	1000
0.1	5	1000

② 预先配制一种较浓的 NaOH 溶液（如 $1mol \cdot L^{-1}$），加入 $Ba(OH)_2$ 或 $BaCl_2$ 使 Na_2CO_3 生成 $BaCO_3$ 沉淀。取出上面澄清溶液，用无 CO_2 蒸馏水稀释。

如果分析测定要求不是很高，极少量 Na_2CO_3 的存在对测定影响不大时，可以用比较简便的方法配制。称取比需要量稍多的氢氧化钠，用少量水迅速清洗 2～3 次除去固体表面形成的碳酸盐，然后溶解在无 CO_2 蒸馏水中。

2. 标定

（1）用基准物质邻苯二甲酸氢钾标定　准确称取于 105～110℃ 电烘箱中干燥至恒重的基准试剂邻苯二甲酸氢钾，加无二氧化碳的水溶解，加 2 滴酚酞指示液，用配制好的氢氧化钠溶液滴定至溶液呈粉红色，并保持 30s。同时做空白试验。

邻苯二甲酸氢钾 $KHC_8H_4O_4$ 与 NaOH 反应式如下

$$\overset{COOH}{\underset{COOK}{\bigcirc}} + NaOH \longrightarrow \overset{COONa}{\underset{COOK}{\bigcirc}} + H_2O$$

$$c(NaOH) = \frac{m \times 10^3}{(V-V_0)M(KHC_8H_4O_4)}$$

式中　m——邻苯二甲酸氢钾的质量，g；

　　　V——氢氧化钠溶液的体积，mL；

　　　V_0——空白试验氢氧化钠溶液的体积，mL；

　　　M——邻苯二甲酸氢钾的摩尔质量，其值为 $204.22g \cdot mol^{-1}$。

化学计量点 pH＝9.1，可用酚酞作指示剂。邻苯二甲酸氢钾的优点是容易提纯，无吸湿性，性质稳定，摩尔质量较大。

（2）用基准物草酸标定　草酸 $H_2C_2O_4 \cdot 2H_2O$ 也易提纯，稳定性也较好，其基准物也可用来标定 NaOH 溶液。

$$H_2C_2O_4 + 2NaOH \longrightarrow Na_2C_2O_4 + 2H_2O$$

草酸是弱酸，$K_{a_1} = 5.9 \times 10^{-2}$，$K_{a_2} = 6.4 \times 10^{-5}$，两个 K 值相差不够大，且其 cK 值均大于 10^{-8}，用 NaOH 滴定时，两个 H^+ 都被中和，只出现一个突跃。化学计量点 pH 为 8.4，可用酚酞作指示剂。

草酸溶液不稳定，能自行分解，见光也易分解。所以，在制成溶液后，应立即用 NaOH 溶液滴定。

$$c(NaOH) = \frac{m \times 10^3}{(V-V_0)M\left(\frac{1}{2}H_2C_2O_4\right)}$$

式中　m——草酸的质量，g；

　　　V——氢氧化钠溶液的体积，mL；

　　　V_0——空白试验氢氧化钠溶液的体积，mL；

　　　M——草酸的摩尔质量，其值为 $126.07g \cdot mol^{-1}$。

（3）与已知浓度的 HCl 标准溶液比较

$$c(NaOH) = \frac{c(HCl)V(HCl)}{V(NaOH)}$$

式中　$c(HCl)$——HCl 标准溶液的浓度，$mol \cdot L^{-1}$；

　　　$V(HCl)$——HCl 标准溶液的体积，mL；

　　$V(NaOH)$——氢氧化钠溶液的体积，mL。

配制好的 NaOH 标准溶液应盛装在附有碱石灰干燥管及有引出导管的试剂瓶中（见图 4-5）。

二、 HCl 标准滴定溶液的配制和标定

1. 配制

市售盐酸的密度为 $\rho = 1.19g \cdot mL^{-1}$，HCl 的质量的分数 $w(HCl)$ 约为 0.37，其物质

的量浓度约为 $12mol \cdot L^{-1}$。配制时先用浓 HCl 配成所需近似浓度，然后用基准物质进行标定，以获得准确浓度。由于浓盐酸具有挥发性，配制时所取 HCl 的量适当多些。

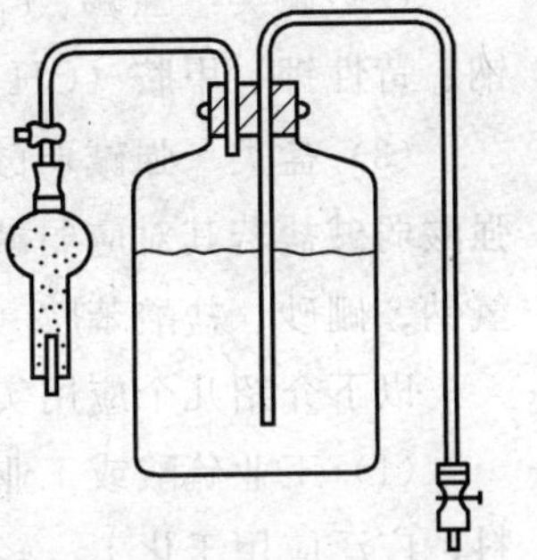

2. 标定

（1）用基准物质无水碳酸钠标定　准确称取于 270～300℃灼烧至恒重的基准物质无水碳酸钠进行标定，标定反应为

图 4-5　盛放 NaOH 标准溶液试剂瓶

$$Na_2CO_3 + 2HCl \longrightarrow 2NaCl + H_2O + CO_2$$

化学计量点时 pH＝3.9，用甲基红-溴甲酚绿混合指示液，溶液由绿色变为暗红色时为终点，近终点时要煮沸 2min 赶除 CO_2，冷却后继续滴定至溶液再变为暗红色，以避免由于溶液中 CO_2 过饱和而造成假终点。同时做空白试验。

$$c(HCl) = \frac{m \times 10^3}{(V - V_0)M\left(\frac{1}{2}Na_2CO_3\right)}$$

式中　　　　m——碳酸钠的质量，g；

V——盐酸标准滴定溶液的体积，mL；

V_0——空白试验盐酸标准滴定溶液的体积，mL；

$M\left(\frac{1}{2}Na_2CO_3\right)$——碳酸钠的摩尔质量（以 $\frac{1}{2}Na_2CO_3$ 为基本单元），其值为 $\frac{105.99}{2}$ $g \cdot mol^{-1}$。

硼砂不易吸潮，容易精制，但湿度低于 39％时能风化失去部分结晶水，所以，作为标定用的硼砂应保存在有 NaCl 和蔗糖的饱和溶液保持相对湿度为 60％～70％的恒湿容器中。硼砂的摩尔质量较大，称量误差小，此点优于 Na_2CO_3。

（2）与已知浓度的 NaOH 标准滴定溶液进行比较　以酚酞为指示剂，用 NaOH 标准滴定溶液滴定一定体积的 HCl 溶液至呈粉红色为终点。

不论用何种方法标定溶液的浓度，平行试验不得少于四次，测定结果的极差与平均值之比应小于 0.1％。

凡规定用两种方法标定 HCl 浓度时，要求两种方法测定的浓度值之差不得大于 0.2％，并以基准物质标定的结果为准。

三、 滴定方式和应用

酸碱滴定法能测定一般的酸、碱以及能与酸、碱起作用的物质，也能间接的测定一些既非酸又非碱的物质，应用范围非常广泛。按滴定方式的不同，分别叙述如下。

1. 直接滴定

（1）酸类　强酸、$c_aK_a \geq 10^{-8}$ 的弱酸、混合酸都可用标准碱溶液直接滴定，如盐酸、硫酸、硝酸、乙酸、酒石酸、苯甲酸等。

（2）碱类　强碱、$c_b K_b \geqslant 10^{-8}$ 的弱碱、混合碱都可用标准酸溶液直接滴定，如苛性钠、苛性钾、甲胺（$CH_3 NH_2$）等。

（3）盐类　强碱弱酸盐若其对应弱酸的 $cK_a \leqslant 10^{-8}$，则可用标准酸溶液直接滴定；强酸弱碱盐若其对应弱碱的 $cK_b \leqslant 10^{-8}$，则可用标准碱溶液直接滴定。如碳酸钠、碳酸氢钠、硼砂、盐酸苯胺（$C_6 H_5 NH_2 \cdot HCl$）等。

以下介绍几个应用实例。

（1）工业硫酸或工业醋酸纯度的测定　硫酸是化学工业的重要产品，是工业的基本原料，广泛应用于化工、轻工、制药、国防及科研等。

硫酸是强酸，可用 NaOH 标准滴定溶液滴定，其反应为：

$$H_2 SO_4 + 2NaOH \longrightarrow Na_2 SO_4 + 2H_2 O$$

可选用甲基橙、甲基红或甲基红-亚甲基蓝混合指示剂（pH 5.2 红紫色～pH 5.6 绿色）指示终点。

硫酸具有腐蚀性，而且能够灼伤皮肤。取用和称量试样时，严禁溅出。还应注意，应将称得的试样注入水中，冷却后进行滴定。

对不同浓度的工业硫酸进行测定时，其样品采取量应不同，一般分析所采用的配制浓度和 NaOH 标准溶液浓度相近，则取样质量 m 应为

$$m = \frac{c(NaOH)V(NaOH) \times 10^{-3} \times M\left(\frac{1}{2}H_2 SO_4\right)}{w(H_2 SO_4)}$$

式中　c（NaOH）——NaOH 标准滴定溶液的物质的量浓度，$mol \cdot L^{-1}$；

V（NaOH）——滴定时消耗 NaOH 的体积，mL；

w（$H_2 SO_4$）——硫酸的质量分数，一般通过测定相对密度后，在附录表二中查得质量分数。

醋酸是有机化工产品，也是基本有机化工的重要原料，主要用于合成树脂、醋酸纤维、合成药物等，又可作有机溶剂。

醋酸为弱酸，以 NaOH 标准滴定溶液滴定，选酚酞作指示剂。其含量可以用质量分数表示，也可以用每升溶液含 HAc 的克数（$g \cdot L^{-1}$）表示。

（2）混合碱分析　混合碱是指 NaOH 与 $Na_2 CO_3$ 或 $Na_2 CO_3$ 与 $NaHCO_3$ 的混合物。分析方法有氯化钡法和双指示剂法。

① 烧碱中 NaOH 与 $Na_2 CO_3$ 含量的测定　氢氧化钠俗称烧碱，在生产和贮存过程中，常因吸收空气中的 CO_2 而含有少量 $Na_2 CO_3$。用酸碱滴定法测定 NaOH 含量的同时，$Na_2 CO_3$ 也参与反应，因而称为混合碱分析。测定方法有两种。采用 $BaCl_2$ 沉淀碳酸钠的方法；当 $Na_2 CO_3$ 含量较低时，也可采用双指示剂法。

氯化钡法是利用生成 $BaCO_3$ 沉淀的反应，使 CO_3^{2-} 生成 $BaCO_3$ 沉淀，以酚酞为指示剂，用 HCl 标准溶液滴定，NaOH 与它反应到达终点后，此时消耗体积 V_1，再用甲基橙为指示剂，继续滴定至终点，消耗体积 V_2，则 $BaCO_3$ 参加反应，其反应过程为

$$Na_2 CO_3 + BaCl_2 \longrightarrow BaCO_3 \downarrow + 2NaCl$$

$$NaOH + HCl \longrightarrow NaCl + H_2 O（酚酞为指示剂）$$

$$BaCO_3 + 2HCl \longrightarrow BaCl_2 + H_2O + CO_2 \text{（甲基橙为指示剂）}$$

由两次滴定消耗之 HCl 量，NaOH 消耗 HCl 体积为 V_1；Na_2CO_3 消耗 HCl 体积为 V_2。由此可计算烧碱中 NaOH 和 Na_2CO_3 的含量。

双指示剂法是利用两种指示剂进行连续滴定，根据两个终点所消耗酸标准滴定溶液的体积，计算各组分的含量。

在烧碱试液中，先以酚酞为指示剂，用 HCl 标准滴定溶液滴定至终点（近于无色），消耗 V_1。这时溶液中 NaOH 全部被中和，Na_2CO_3 被中和至 $NaHCO_3$。

$$NaOH + HCl \longrightarrow NaCl + H_2O$$
$$Na_2CO_3 + HCl \longrightarrow NaHCO_3 + NaCl$$

再以甲基橙为指示剂，继续用 HCl 标准滴定溶液滴定，消耗 V_2，溶液中 $NaHCO_3$ 被中和。

$$NaHCO_3 + HCl \longrightarrow NaCl + CO_2 + H_2O$$

滴定过程和 HCl 标准滴定溶液用量可图解如下。

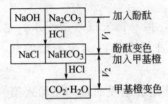

因此，中和 NaOH，用 HCl 溶液为 $(V_1 - V_2)$ mL，中和 Na_2CO_3 用 HCl 溶液为 $2V_2$ mL。

双指示剂法操作简便，但滴定至第一化学计量点时，终点不明显，约有 1% 的误差。工业分析中多用此法进行测定。

② 纯碱中 Na_2CO_3 和 $NaHCO_3$ 含量的测定 纯碱俗称苏打，是由 $NaHCO_3$ 转化而得，所以 Na_2CO_3 中往往含有少量 $NaHCO_3$。用双指示剂法测定与烧碱方法相同，纯碱分析连续滴定与标准滴定溶液体积可图解如下。

用于 Na_2CO_3：$2V_1$ mL

用于 $NaHCO_3$：$(V_2 - V_1)$ mL

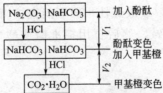

上述混合碱分析，由 V_1 与 V_2 的关系可知：当溶液中只有 NaOH 时，$V_1 > 0$，$V_2 = 0$；当溶液中只有 Na_2CO_3 时，$V_1 = V_2 > 0$；当溶液中只有 $NaHCO_3$ 时，$V_1 = 0$，$V_2 > 0$；当溶液中有 $NaOH + Na_2CO_3$ 时，$V_1 > V_2$；当溶液中有 $NaHCO_3 + Na_2CO_3$ 时，$V_1 < V_2$。

由于 NaOH 与 $NaHCO_3$ 不能共存，所以 V_1 与 V_2 的关系就只有以上 5 种情况。

由滴定所消耗的 V_1、V_2 就可以分别求出各组分的含量。因此，在烧碱分析中，中和 NaOH 消耗 HCl 溶液为 $(V_1 - V_2)$ mL；中和 Na_2CO_3 消耗 HCl 溶液为 $2V_2$ mL。

计算混合碱公式为：

$$w(\text{NaOH}) = \frac{c(\text{HCl})(V_1-V_2)M(\text{NaOH})}{m_s} \times 100\%$$

$$w(\text{Na}_2\text{CO}_3) = \frac{c(\text{HCl})2V_2M\left(\frac{1}{2}\text{Na}_2\text{CO}_3\right)}{m_s} \times 100\%$$

在纯碱中，中和 Na_2CO_3 消耗 HCl 为 $2V_1\,\text{mL}$，中和 NaHCO_3 消耗 HCl 为 $(V_2-V_1)\,\text{mL}$。计算纯碱公式为：

$$w(\text{Na}_2\text{CO}_3) = \frac{c(\text{HCl})2V_1M\left(\frac{1}{2}\text{Na}_2\text{CO}_3\right)}{m_s} \times 100\%$$

$$w(\text{NaHCO}_3) = \frac{c(\text{HCl})(V_2-V_1)M(\text{NaHCO}_3)}{m_s} \times 100\%$$

2. 返滴定

有些物质具有酸性或碱性，但易挥发或难溶于水。这时可先加入一种过量的标准溶液，待反应完全后，再用另一种标准溶液滴定剩余的前一种标准溶液，这种滴定方式称为返滴定或剩余滴定。

采用返滴定时，试样中被测组分物质的量等于加入第一种标准溶液物质的量（c_1V_1）与返滴定所用第二种标准溶液物质的量（c_2V_2）之差值。

氨水是 NH_3 的水溶液，主要用作氮肥或化工原料。氨水易挥发，测定氨水中氨含量时，应将试样注入已称量好的盛有部分水的具塞轻体锥形瓶中，再进行称量。以甲基红-次甲基蓝作指示剂，用 HCl 标准滴定溶液滴定至溶液呈红色，此法误差较大，结果偏低。

如无合适具塞轻体锥形瓶，可以用已称量好的安瓿球吸入试样，封口后再称量。此时也可用返滴定法测定，即将过量 H_2SO_4 标准滴定溶液中和试样中的 NH_3，剩余的酸用碱标准滴定溶液回滴，这个过程虽然是强碱滴定强酸，但由于溶液中存在有 NH_4Cl，化学计量点 pH 为 5.3 左右，而不是 7，故应选用甲基红或甲基红-亚甲基蓝作指示剂。

3. 间接滴定

有些物质本身没有酸碱性，或酸碱性很弱不能直接滴定，但是可以利用某些化学反应使它们转化为相当量的酸或碱，然后再用标准碱或酸进行滴定，这种滴定方式称为置换滴定或间接滴定。

以下介绍几个应用实例

（1）硼酸纯度的测定　硼酸是极弱的酸，$K_{a_1} = 5.8 \times 10^{-10}$，不能用碱直接滴定。但硼酸能与某些多羟基化合物如甘油、甘露醇等反应生成配合酸，其反应为：

甘油硼酸（$K_a = 8.4 \times 10^{-6}$）

化学计量点 pH 为 9 左右，以酚酞为指示剂，用 NaOH 标准滴定溶液滴定。

$$H\begin{bmatrix} H_2C-O & & O-CH_2 \\ | & B & | \\ HC-O & & O-CH \\ | & & | \\ H_2C-OH & HO-CH_2 \end{bmatrix} + NaOH \longrightarrow Na \begin{bmatrix} H_2C-O & & O-CH_2 \\ | & B & | \\ HC-O & & O-CH \\ | & & | \\ H_2C-OH & HO-CH_2 \end{bmatrix} + H_2O$$

若用甘露醇与 H_3BO_3 配位，生成甘露醇硼酸的酸性更强些，$K_a = 1.5 \times 10^{-4}$，滴定时仍可用酚酞作指示剂。

(2) 铵盐的测定 常见的铵盐有硫酸铵、氯化铵，硝酸铵和碳酸氢铵等。这些铵盐中 NH_4HCO_3 可以用酸标准滴定溶液直接滴定。其他铵盐是强酸弱碱盐，其对应的弱碱 NH_3 的解离常数 $K_b = 1.8 \times 10^{-5}$ 还比较大，不能用酸直接滴定，可用蒸馏法或甲醛法进行测定。

① 蒸馏法

将铵盐试样置于蒸馏瓶中，加入过量浓碱溶液，加热将释放出来的 NH_3 用 H_3BO_3 溶液吸收。然后用酸标准溶液滴定硼酸吸收液。其反应为：

$$NH_4^+ + OH^- \xrightarrow{\triangle} NH_3\uparrow + H_2O$$

$$NH_3 + H_3BO_3 + H_2O \longrightarrow H_2BO_3^- + NH_4^+$$

$$H_2BO_3^- + H^+ \longrightarrow H_3BO_3$$

H_3BO_3 是极弱的酸（$K_{a1} = 5.8 \times 10^{-10}$），不影响滴定，因此，作为吸收剂只要保证过量即可，选用甲基红色-溴甲酚绿混合指示剂，终点为粉红色（绿-蓝灰-粉红色，终点控制到蓝灰色更好）。此方法的优点是只需要一种标准滴定溶液，而且不需要特殊的仪器。

除用硼酸吸收外，还可用过量的酸标准滴定溶液吸收 NH_3，然后以甲基红或甲基橙作指示剂，用碱标准滴定溶液回滴。

土壤和有机化合物中氮，常用此方法测定。试样在催化剂（如 $CuSO_4$ 或 HgO）存在下，经浓 H_2SO_4 消化分解使试样中氮转化为 NH_4^+，然后按上述方法测定。这种方法称为凯氏定氮法。

蒸馏法操作较费时，仪器装置也较复杂，不如下述甲醛法简便。

② 甲醛法

甲醛与铵盐反应，生成质子化六亚甲基四胺和酸，用碱标准滴定溶液滴定，反应为：

$$4NH_4^+ + 6HCHO \longrightarrow (CH_2)_6N_4H^+ + 3H^+ + 6H_2O$$

$$(CH_2)_6N_4H^+ + 3H^+ + 4OH^- \longrightarrow (CH_2)_6N_4 + 4H_2O$$

六亚甲基四胺为弱碱，$K_b = 1.4 \times 10^{-9}$，应选酚酞作指示剂。

市售 40% 甲醛常含有微量酸，必须预先用碱中和至酚酞指示剂呈现微红色，再用它与铵盐试样作用，否则结果偏高。

甲醛法简便快速，多用于工农业中氮或铵盐的测定。

利用这种方法也可测定尿素，但需要先在酸性条件下加热，使尿素发生水解反应：

$$CO(NH_2)_2 + H_2O \longrightarrow CO_2 + 2NH_3$$

产生的氨与硫酸作用生成硫酸铵，用碱中和多余的硫酸，然后再用上述方法测定铵盐。

四、 计算示例

【例 4-2】 将 0.5000g 纯 Na_2CO_3 溶于 100mL 容量瓶中，取出 25.00mL，以甲基橙为指示剂，用 H_2SO_4 溶液滴定，计用去 24.00mL。计算 H_2SO_4 溶液的浓度 $c\left(\frac{1}{2}H_2SO_4\right)$。

【解】 Na_2CO_3 的摩尔质量

$$M\left(\frac{1}{2}Na_2CO_3\right) = 53.00\text{g} \cdot \text{mol}^{-1}$$

H_2SO_4 的物质的量 $n\left(\frac{1}{2}H_2SO_4\right) = 24.00 \times c\left(\frac{1}{2}H_2SO_4\right)$ 与 H_2SO_4 反应的 Na_2CO_3 物质的量

$$n\left(\frac{1}{2}Na_2CO_3\right) = \frac{0.5000 \times \frac{25}{100}}{53.00} \times 1000$$

因此

$$\frac{0.5000 \times \frac{25}{100}}{53.00} \times 1000 = 24.00 \times c\left(\frac{1}{2}H_2SO_4\right)$$

$$c\left(\frac{1}{2}H_2SO_4\right) = 0.09827\text{mol} \cdot \text{L}^{-1}$$

【例 4-3】 将 2.500g 大理石试样溶于 50.00mL 的 $c(HCl) = 1.000\text{mol} \cdot \text{L}^{-1}$ 溶液中，在滴定剩余的酸时用去 $c(NaOH) = 0.1000\text{mol} \cdot \text{L}^{-1}$ NaOH 溶液 30.00mL。计算试样中 $CaCO_3$ 的含量。

【解】
$$M\left(\frac{1}{2}CaCO_3\right) = 50.04\text{g} \cdot \text{mol}^{-1}$$

$$n\left(\frac{1}{2}CaCO_3\right) = 1.000 \times 50.00 - 0.1000 \times 30.00$$

$$w(CaCO_3) = \frac{(1.000 \times 50.00 - 0.1000 \times 30.00) \times 50.04 \times 10^{-3}}{2.500} \times 100\%$$

$$= 94.08\%$$

【例 4-4】 称取混合碱试样 1.200g 溶于水，用 0.5000mol·L⁻¹ HCl 溶液 15.00mL 滴定至酚酞恰褪色。继续加甲基橙指示剂，又用 HCl 标准滴定溶液 22.00mL 滴定至橙色。判断混合碱中的组分是什么，并计算各组分含量。

【解】 根据两种指示剂用 HCl 溶液体积不同，又不相等，碱试样含有两种成分；而 $V_1 < V_2$，只能是 Na_2CO_3 与 $NaHCO_3$ 的混合物。

$$M\left(\frac{1}{2}Na_2CO_3\right) = 53.00\text{g} \cdot \text{mol}^{-1} \quad M(NaHCO_3) = 84.01\text{g} \cdot \text{mol}^{-1}$$

Na_2CO_3 消耗 HCl 量为 $2 \times 15.00mL$

$NaHCO_3$ 消耗 HCl 体积为 $22.00mL - 15.00mL$

$$w(Na_2CO_3) = \frac{0.5000 \times 2 \times 15.00 \times 53.00 \times 10^{-3}}{1.200} \times 100\%$$

$$= 66.25\%$$

$$w(NaHCO_3) = \frac{0.5000 \times (22.00 - 15.00) \times 84.01 \times 10^{-3}}{1.200} \times 100\%$$

$$= 24.50\%$$

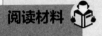 阅读材料

血浆中 HCO_3^- 浓度的测定

血液是一种缓冲溶液，含有多种缓冲体系，以碳酸缓冲体系的缓冲能力最强，人体血浆中约 95% 以上的 CO_2 是以 HCO_3^- 形式存在的，临床上测定 HCO_3^- 的含量可帮助诊断血液中的酸碱指标，严重的酸碱中毒，pH 小于 6.9 或大于 7.8，都会危及生命。

在血浆中加入过量 HCl 的标准滴定溶液，使其与 HCO_3^- 反应生成 CO_2，并使 CO_2 逸出，然后用酚红为指示剂，用 NaOH 标准滴定溶液滴定剩余的 HCl，根据 HCl 和 NaOH 标准滴定溶液的用量，即可按下式计算血浆中 HCO_3^- 的溶液（以 mmol/L 表示）：

$$c(HCO_3^-) = \frac{c(HCl) \cdot V(HCl) - c(NaOH) \cdot V(NaOH)}{V_{样}}$$

正常血浆中 HCO_3^- 浓度为 22~28mmol·L^{-1}。

 ## 本章小结

一、酸碱平衡中有关浓度的计算

欲计算一种溶液的酸度，首先要弄清所讨论的组分是强酸（碱）还是弱酸（碱）？是否为水解性盐？是否为具有缓冲作用的弱酸（碱）及其盐的混合物？现将几种常见情况下计算水溶液酸度的简化公式归纳表。

计算溶液酸度的简化公式如下：

溶液类型	简化公式	举例
强酸	$[H^+] = c_a$	如 HCl
强碱	$[OH^-] = c_b$	如 NaOH
一元弱酸	$[H^+] = \sqrt{K_a c_a}$ $(c/K_a \geqslant 500)$	如 HAc
一元弱碱	$[OH^-] = \sqrt{K_b c_b}$ $(c/K_b \geqslant 500)$	如 NH_3
强酸弱碱盐	$[H^+] = \sqrt{\dfrac{K_w}{K_b} c_s}$	如 NH_4Cl
强碱弱酸盐	$[OH^-] = \sqrt{\dfrac{K_w}{K_a} c_s}$	如 NaAc

溶液类型	简化公式	举例
弱酸-弱酸盐缓冲溶液	$[H^+] = K_a \dfrac{c_a}{c_s}$	如 HAc+NaAc
弱碱-弱碱盐缓冲溶液	$[OH^-] = K_b \dfrac{c_b}{c_s}$	如 NH$_3$+NH$_4$Cl
弱酸弱碱盐	$[H^+] = \sqrt{K_w \dfrac{K_a}{K_b}}$	如 NH$_4$Ac
二元弱酸强碱盐	$[OH^-] = \sqrt{\dfrac{K_w}{K_{a_2}} c_s}$	如 Na$_2$CO$_3$
酸式盐	$[H^+] = \sqrt{K_1 K_2}$	如 NaHCO$_3$
	$[H^+] = \sqrt{K_{a_1} K_{a_2}}$	NaH$_2$PO$_4$
	$[H^+] = \sqrt{K_{a_2} K_{a_3}}$	Na$_2$HPO$_4$

二、缓冲溶液

缓冲溶液调节和控制溶液酸度。可作缓冲溶液的有强碱、强酸，酸式盐，弱酸及其盐，弱碱及其盐等。现以后两种类型为例。

① 缓冲溶液的酸度 pH 取决于缓冲体系中弱酸的 K_a 或弱碱的 K_b，它所能控制的 pH 范围为 $pK_a \pm 1$ 或者说 $14-(pK_b \pm 1)$，此范围称该缓冲溶液的缓冲范围。

② 缓冲溶液的缓冲作用有一定限度，可以用缓冲容量来衡量。缓冲容量与缓冲体系中两组分总浓度及二者浓度比 c_a/c_s 或 c_b/c_s 有关。总浓度越大，浓度比越接近 1，缓冲容量越大。

三、酸碱滴定终点的控制——指示剂法

1. 酸碱指示剂的变色原理

内因——酸碱指示剂是一种有机弱酸或弱碱，结构不同，颜色不同；

外因——当溶液的 pH 改变时，由于指示剂的分子结构变化而引起颜色的改变。

2. 变色范围

能明显地观察到指示剂颜色变化的 pH 范围，称为指示剂的变色范围。不同的指示剂有不同的变色范围，$pH = pK_{HIn} \pm 1$。

3. 指示剂选择的依据

指示选择的依据为滴定的突跃范围。

4. 指示剂的选择原则

指示剂的变色范围应全部或大部分落在滴定突跃范围之内。指示剂的变色范围越窄越好。

为了使指示剂的颜色变化更敏锐，减小滴定误差，日常工作中常用混合指示剂来指示滴定终点。

四、滴定曲线及突跃范围

表示滴定过程中溶液 pH 随滴定剂加入量变化而改变的曲线，叫滴定曲线。在化学计量点附近溶液 pH 变化的突跃范围称为滴定的突跃范围 ΔpH。滴定突跃范围的大小与溶液的浓度和酸碱的强度有关，浓度越大，突跃范围越大；强度 K_a（K_b）越大，突跃范围越大。

不同类型的酸碱滴定，化学计量点各不相同，所用的指示剂也不相同：

1. 强酸滴定强碱

化学计量点时溶液呈中性 pH＝7；常用酚酞或甲基橙作指示剂。

2. 强碱滴定弱酸

化学计量点时溶液呈碱性 pH＞7；常用酚酞作指示剂。

3. 强酸滴定弱碱

化学计量点时溶液呈酸性 pH＜7；常用甲基红或甲基橙作指示剂。

五、酸碱滴定的条件

强酸滴定强碱或强碱滴定强酸：都可滴定；

强碱滴定一元弱酸：$cK_a \geq 10^{-8}$；

强酸滴定一元弱碱：$cK_b \geq 10^{-8}$。

六、酸碱标准滴定溶液的制备

酸碱标准溶液一般不用直接配制法，而是先配成近似浓度的溶液，然后用基准物质标定其准确浓度。

七、应用

1. 直接滴定

酸碱性物质，其 $cK_a \geq 10^{-8}$、$cK_b \geq 10^{-8}$，可以直接滴定，如硫酸、醋酸、氨水、混合碱（双指示剂法）的分析。

2. 返滴定

用于难溶于水的酸碱性物质，如 $CaCO_3$ 的测定，$BaCl_2$ 法进行混合碱（Na_2CO_3、$NaHCO_3$）的分析等。

3. 置换滴定

对酸碱性极弱的有些物质可转化为酸碱性较强的物质，再被滴定，如硼酸分析。

4. 间接滴定

将待测物质经化学反应后生成相应量的酸或碱，然后滴定此酸或碱的量，如甲醛的测定。

练 习

一、选择题

1. 物质的量浓度相同的下列物质的水溶液，其 pH 最高的是 （　　）。

    A. NaCl   B. NH_4Cl C. NH_4Ac D. Na_2CO_3

2. 用纯水将下列溶液稀释 10 倍时，其中 pH 变化最小的是 （　　）。

    A. $c(HCl)＝0.1mol \cdot L^{-1} HCl$ 溶液

    B. $c(NH_3)＝0.1mol \cdot L^{-1} NH_3 \cdot H_2O$ 溶液

    C. $c(HAc)＝0.1mol \cdot L^{-1} HAc$ 溶液

    D. $c(HAc)＝0.1mol \cdot L^{-1} HAc$ 溶液＋$c(NaAc)＝0.1mol \cdot L^{-1} NaAc$ 溶液

3. 酸碱滴定中选择指示剂的原则是 （　　）。

    A. 指示剂应在 pH＝7.0 时变色

    B. 指示剂的变色范围一定要包括计量点在内

    C. 指示剂的变色范围全部落在滴定的 pH 突跃范围之内

D. 指示剂的变色范围全部或大部分落在滴定的 pH 突跃范围之内

4. 用 $c(HCl)=0.1mol \cdot L^{-1}$ HCl 溶液滴定 $c(NH_3)=0.1mol \cdot L^{-1}$ 氨水溶液化学计量点时，溶液的 pH 为（　　）。

    A. 等于 7.0　　B. 大于 7.0　　C. 小于 7.0　　D. 等于 8.0

5. 用 $c(HCl)=0.1mol \cdot L^{-1}$ HCl 溶液滴定 Na_2CO_3 至第一化学计量点时，可选用的指示剂为（　　）。

    A. 甲基橙　　B. 酚酞　　C. 甲基红　　D. 中性红

6. 标定 NaOH 溶液常用的基准物质是（　　）。

    A. 无水碳酸钠　　B. 硼砂　　C. 邻苯二甲酸氢钾　　D. 碳酸钙

7. 用 HCl 滴定 Na_2CO_3 溶液的第一、第二个化学计量点可以分别用（　　）作为指示剂。

    A. 甲基红和甲基橙　　B. 酚酞和甲基橙　　C. 甲基橙和酚酞　　D. 酚酞和甲基红

8. 用同一瓶 NaOH 标准滴定溶液，分别滴定体积相等的 H_2SO_4 和 HAc 溶液，若消耗 NaOH 的体积相等，则说明 H_2SO_4 和 HAc 两溶液中的（　　）。

    A. 氢离子浓度相等　　　　　　B. H_2SO_4 的浓度为 HAc 浓度的 1/2

    C. H_2SO_4 和 HAc 溶液的浓度相等

    D. H_2SO_4 和 HAc 溶液的解离度相等

9. 硫酸含量的测定方式是（　　）。

    A. 直接滴定法　　　　　　B. 返滴定法

    C. 置换滴定法　　　　　　D. 间接滴定法

10. 测定硫酸含量所用的指示液是（　　）。

    A. 酚酞指示液　　　　　　B. 甲基橙指示液

    C. 甲基红-亚甲基蓝指示液　　　　D. 甲基红指示液

11. 指示剂的适宜用量一般是 20～30mL 试液中加入（　　）。

    A. 8～10 滴　　B. 1～4 滴　　C. 10 滴以上　　D. 5～6 滴

12. 下列混合物属于混合指示液的是（　　）。

    A. 溴甲酚绿+甲基红　　B. 甲基红+硼砂

    C. 百里酚蓝+NaCl　　D. 甲基黄+淀粉

13. 测定硫酸含量指示液用量过多，则滴定终点呈现的颜色为（　　）。

    A. 紫色　　B. 灰绿色　　C. 红色　　D. 绿色

14. 采用双指示剂法测定混合碱试样。若试样由 NaOH 和 Na_2CO_3 所组成，则在两计量点消耗的 HCl 体积 V_1 和 V_2 的关系为（　　）。

    A. $V_1=V_2>0$　　B. $V_1>V_2$　　C. $V_1<V_2$　　D. $V_1=0$

15. 以 HCl 滴定 Na_2CO_3 时，如用酚酞指示液只能指示（　　）。

    A. 第一计量点　　B. 第二计量点　　C. 第一计量点和第二计量点

16. 某碱性试液，以酚酞为指示液滴定。用去 HCl 标准滴定溶液的体积为 V_1；继续以甲基橙为指示液滴定，用去同一 HCl 标准滴定溶液的体积为 V_2，如 $V_2<V_1$，则该试液的组成为（　　）。

    A. CO_3^{2-}　　B. HCO_3^-　　C. OH^-　　D. $CO_3^{2-}+OH^-$

17. 用 HCl 滴定 Na_2CO_3 达第二计量点时，为防止终点提前，可采用（　　）的方法。

    A. 采用混合指示液　　　　　　B. 加入水溶性有机溶剂

    C. 在近终点时煮沸溶液，冷却后继续滴定　　D. 在近终点时缓缓滴定

二、判断题

1. 滴定分析中一般利用指示剂颜色的突变来判断化学计量点的达到，在指示剂变色时停止滴定，这一点称为化学计量点。（　　）

2. 在纯水中加入一些酸，则溶液中的 $[H^+]$ 与 $[OH^-]$ 的乘积增大了。（　　）

3. 强酸强碱滴定化学计量点时 pH 等于7。（　　）

4. 将 pH＝3 和 pH＝5 的两种溶液等体积混合后，其 pH 变为4。（　　）

5. $NaHCO_3$ 和 Na_2HPO_4 两种物质均含有氢，这两种物质的水溶液都呈酸性。（　　）

6. $c(H_2C_2O_4)＝1.0mol \cdot L^{-1} H_2C_2O_4$ 溶液，其 H^+ 浓度为 $2.0mol \cdot L^{-1}$。（　　）

7. $c(HAc)＝0.1mol \cdot L^{-1} HAc$ 溶液的 pH＝2.87。（　　）

8. 强碱滴定弱酸常用的指示剂为酚酞。（　　）

9. 强酸滴定弱碱常用的指示剂为酚酞。（　　）

10. NaOH 标准滴定溶液可以用直接配制法配制。（　　）

11. HCl 标准滴定溶液的准确浓度可用基准无水 Na_2CO_3 标定。（　　）

三、简答题

1. 溶液的 pH 和 pOH 之间有什么关系？

2. 酸度和酸的浓度是不是同一概念？为什么？

3. 什么叫做缓冲溶液？举例说明缓冲溶液的组成。

4. 缓冲溶液的 pH 决定于哪些因素？

5. 酸碱滴定法的实质是什么？酸碱滴定有哪些类型？

6. 酸碱指示剂为什么能变色？什么叫指示剂的变色范围？

7. 酸碱滴定曲线说明什么问题？什么叫 pH 突跃范围？在各不同类型的滴定中为什么突跃范围不同？

8. 选择酸碱指示剂的原则是什么？

9. 什么叫混合指示剂？举例说明用混合指示剂有什么优点？

10. 溶液滴入酚酞为无色，滴入甲基橙为黄色，指出此溶液的 pH 范围？

11. 判断在下列 pH 溶液中，指示剂显什么颜色？

（1）pH＝3.5 溶液中滴入甲基橙指示液

（2）pH＝7.0 溶液中滴入溴甲酚绿指示液

（3）pH＝4.0 溶液中滴入酚酞指示液

（4）pH＝10.0 溶液中滴入甲基红指示液

（5）pH＝6.0 溶液中滴入甲基红和溴甲酚绿指示液

12. 为什么 NaOH 可以滴定 HAc，但不能直接滴定 H_3BO_3？

13. 什么叫双指示剂法？

14. 为什么烧碱中常含有 Na_2CO_3？怎样才能分别测出 Na_2CO_3 和 NaOH 的含量？

15. 用基准 Na_2CO_3 标定 HCl 溶液时，为什么不选用酚酞指示剂而用甲基橙作指示剂？为什么要在近终点时加热赶去 CO_2？

16. 酸碱滴定法测定物质含量的计算依据是什么？

四、计算题

1. 求下列溶液的 pH：

（1）$c(HCl)＝0.001mol \cdot L^{-1} HCl$ 溶液；

（2）$c(NaOH)＝0.001mol \cdot L^{-1} NaOH$ 溶液；

（3）$c(HAc)＝0.001mol \cdot L^{-1} HAc$ 溶液；（$K_a＝1.8 \times 10^{-5}$）

(4) $c(NH_3) = 0.001mol \cdot L^{-1}$ 氨水溶液；（$K_b = 1.8 \times 10^{-5}$）

(5) $c(HAc) = 0.01mol \cdot L^{-1}$ HAc 和 $c(NaOH) = 0.01mol \cdot L^{-1}$ NaOH 等体积混合溶液；

(6) $c(NH_3) = 0.01mol \cdot L^{-1}$ 氨水和 $c(HCl) = 0.01mol \cdot L^{-1}$ HCl 等体积混合溶液；

(7) $c(HAc) = 0.1mol \cdot L^{-1}$ HAc 和 $c(NaAc) = 0.1mol \cdot L^{-1}$ NaAc 等体积混合溶液；

(8) $c(NaHCO_3) = 0.1mol \cdot L^{-1}$ NaHCO$_3$ 溶液。（H_2CO_3：$K_{a1} = 4.2 \times 10^{-7}$、$K_{a2} = 5.6 \times 10^{-11}$）

2. 配制 pH = 6.0 的 HAc-NaAc 缓冲溶液 1000mL，已称取 NaAc·3H$_2$O 100g，问需加浓度为 $15mol \cdot L^{-1}$ 的冰醋酸多少毫升？

3. 用 0.2369g 无水碳酸钠标定 HCl 标准溶液的浓度，消耗 22.35mL HCl 溶液，计算该 HCl 溶液的物质的量浓度？

4. 中和 30.00mL NaOH 溶液，用去 38.40mL $c\left(\dfrac{1}{2}H_2SO_4\right) = 0.1000mol \cdot L^{-1}$ 的硫酸溶液，求 NaOH 溶液的物质的量浓度？

5. 称取 0.8206g 邻苯二甲酸氢钾（KHC$_8$H$_4$O$_4$），溶于水后用 $c(NaOH) = 0.2000mol \cdot L^{-1}$ NaOH 标准溶液滴定，问需消耗 NaOH 溶液多少毫升？

6. 称取 1.5312g 纯 Na$_2$CO$_3$ 配成 250.0mL 溶液，计算此溶液的物质的量浓度？若取此溶液 20.00mL，用 HCl 溶液滴定用去 34.20mL，计算 HCl 溶液的物质的量浓度？

7. 用基准无水 Na$_2$CO$_3$ 标定 $c(HCl) = 0.1mol \cdot L^{-1}$ HCl 标准溶液，应取无水 Na$_2$CO$_3$ 多少克？

8. 有 7.6521g 硫酸试样，在容量瓶中稀释成 250mL。吸取 25.00mL，滴定时用去 $0.7500mol \cdot L^{-1}$ NaOH 溶液 20.00mL。计算试样中 H$_2$SO$_4$ 的含量？

9. 称取 0.2815g 石灰石，加入 $0.1175mol \cdot L^{-1}$ 的 HCl 溶液 20.00mL，滴定过量的酸时用去 5.60mL NaOH 溶液，而 HCl 溶液对 NaOH 溶液的体积比为 0.975。计算石灰石中 CO$_2$ 的含量。

10. 有含 NaOH 和 Na$_2$CO$_3$ 的试样 1.179g，溶解后用酚酞作指示剂，滴加 $0.3000mol \cdot L^{-1}$ HCl 溶液 38.16mL，溶液变为无色。再加甲基橙作指示剂，再继续用该酸滴定，则需 24.04mL。计算试样中 NaOH 和 Na$_2$CO$_3$ 的含量。

第五章
配位滴定法

💡 学习目标

1) 了解 EDTA 的性质及金属离子与 EDTA 形成配合物的特点;
2) 了解配位平衡及配合物稳定常数;
3) 理解金属指示剂的作用原理及选择条件;
4) 了解配位滴定法的条件;
5) 了解提高配位滴定选择性的方法。

第一节 概　述

一、配位滴定法

配位滴定法是以生成配位化合物反应为基础的滴定分析方法。

能够生成无机配位化合物的反应很多，如 Cu^{2+} 与 NH_3 生成 $Cu(NH_3)_4^{2+}$ 溶液、Ag^+ 与 NH_3 生成 $Ag(NH_3)_2^+$ 溶液，但能用于配位滴定的却很少，为什么呢? 主要是由于许多无机配合物不够稳定（配合物稳定常数较小），在配位反应过程中有逐级配位现象产生，分步形成，很难确定反应中的计量关系以及滴定终点。因此，应用于配位滴定的反应必须具备下述条件。

① 配位反应生成的配位化合物必须足够稳定 $K_稳 \geqslant 10^8$（以保证反应进行完全），而且生成的配合物是可溶的;

② 配位反应必须按一定的反应计量关系进行（配位数固定），这是定量计算的基础;

③ 配位反应速率必须足够快;

④ 有适当的方法指示化学计量点（确定滴定终点）。

许多有机配位剂与金属离子形成组成一定的配合物，且具有一定的稳定性，能符合滴定分析的要求，因此在分析化学中得到了广泛的应用。目前使用最多的是氨羧配位剂。

二、氨羧配位剂

有机配位剂，特别是氨羧配位剂〔以氨基二乙酸 $[-N(CH_2COOH)_2]$ 为基体的一类有机配位剂的总称），其中含有配位能力很强的氨氮（:N⟨—）和羧氧（—C⟨$_{O'}^{O}$）两种配位原子，它们能与多数金属离子形成稳定的可溶性配合物。由于这类有机配位剂的出现，克服了无机配位剂的缺点，使配位滴定法得到迅速的发展。

利用氨羧配位剂与金属离子的配位反应来进行的滴定分析方法称为氨羧配位滴定，目前最常用的配位滴定剂是乙二胺四乙酸（EDTA），氨三乙酸（NTA），环己烷二胺基四乙酸（DCTA 或 C_YDTA），乙二醇二乙醚二胺四乙酸（EGTA），乙二胺四丙酸（EDTP），三乙基四胺六乙酸（TTHA）等。在这些氨羧配位剂中，应用最多的是乙二胺四乙酸（EDTA），因此通常指的"配位滴定"即指乙二胺四乙酸配位滴定法，简称EDTA 滴定法。

三、 EDTA 及其配合物

1. 乙二胺四乙酸的结构与性质

EDTA 是一个四元有机弱酸，其结构式为：

$$HOOC—CH_2 \quad\quad\quad\quad\quad CH_2—COO^-$$
$$^-OOC—CH_2 \overset{+}{\underset{H}{N}}—CH_2—CH_2—\overset{+}{\underset{H}{N}} CH_2—COOH$$

为书写方便，用 H_4Y 表示其分子式。EDTA 为白色粉末状结晶，熔点 241.5℃，微溶于水，22℃时每 100mL 水中仅溶解 0.02g，饱和水溶液的浓度约为 $7×10^{-4}\,mol·L^{-1}$，不宜作配位滴定剂，不溶于酸，能溶于碱和氨水中，形成相应的盐。在分析工作中多用其钠盐作滴定剂。乙二胺四乙酸二钠也是白色结晶粉末，无臭，无味，易精制，且稳定。用 $Na_2H_2Y·2H_2O$ 表示，也称EDTA，室温时 100g 水中可溶解约 11g，此溶液浓度约为 $0.3mol·L^{-1}$，pH 约为 4.4，适合配制标准滴定溶液。

2. EDTA 在水溶液中的解离平衡

当 EDTA 溶于水，如果溶液的酸度很高，它的两个羧基可再接受 H^+ 形成 H_6Y^{2+}，这样，EDTA 就相当于六元酸，有七种存在形式，如表 5-1 所示。

表 5-1 不同 pH 时，EDTA 主要存在形式

pH	<0.9	0.9~1.6	1.6~2.0	2.0~2.67	2.67~6.16	6.16~10.26	>10.26
主要存在型体	H_6Y^{2+}	H_5Y^+	H_4Y	H_3Y^-	H_2Y^{2-}	HY^{3-}	Y^{4-}

在不同 pH 时，EDTA 的主要存在形式不同，浓度也不同。在这七种形式中，只有 Y^{4-} 能与金属离子直接配位，形成稳定的配合物。因此，溶液的酸度越低（pH 越大），Y^{4-} 存在形式越多，EDTA 的配位能力越强。由此可见，溶液的酸度成为影响 EDTA 金属离子配合物稳定性的重要因素。

3. EDTA 配位特点

螯合物是一类具有环状结构的配合物，螯合即指成环，只有当一个配位体至少含有两个可配对的原子时，才能与中心原子形成环状结构，能与金属离子形成螯合物的试剂称为螯合剂，EDTA 就是最常用的一种螯合剂。

由于 EDTA 阴离子 Y^{4-} 的结构具有两个氨基和四个羧基，其氮、氧原子都有孤对电子，能与金属离子形成配位键，可作为六基配位体，形成具有五元环的螯合物（这类螯合物都很稳定）。图 5-1 为 Ca^{2+} 与 EDTA 所形成螯合物的立体结构示意图。EDTA 可以和绝大多数金属离子形成稳定的配合物。

EDTA 与金属离子配位反应具有以下特点。

① 除一价碱金属离子外，几乎所有的金属离子与 EDTA 形成稳定的配合物。

② 配位比简单；一般情况下 EDTA 与多数金属离子形成配合物的配位比为 1∶1，与金属离子的价态无关，$n_{EDTA} = n_M$，化学计量关系简单。如以 M^{n+} 代表金属离子，H_2Y^{2-} 代表 EDTA，其反应式为

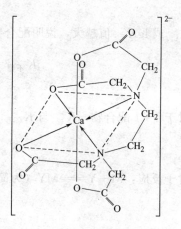

图 5-1 CaY^{2-} 配合物的立体结构

$$M^{n+} + H_2Y^{2-} \Longrightarrow MY^{(n-4)} + 2H^+,$$

略去电荷，简写为 $M + Y \Longrightarrow MY$。

③ 反应速率快。大多数金属离子与 EDTA 形成配合物的反应速率很快（瞬间生成），符合滴定要求。EDTA 与金属离子形成的配合物易溶于水。

④ EDTA 与无色金属离子所形成的配合物都是无色的，有利于用指示剂确定滴定终点。有色金属离子与 EDTA 配位时，一般形成颜色更深的配合物。例如：

$$NiY^{2-} \quad CuY^{2-} \quad CoY^{2-} \quad MnY^{2-} \quad CrY^- \quad FeY^-$$

蓝绿色　深蓝色　紫红色　紫红色　深紫色　黄色

滴定这些离子时，试液浓度应稀一些，以免在用指示剂确定终点时带来困难。

⑤ 溶液的酸度或碱度高时，一些金属离子和 EDTA 还可形成酸式配合物 MHY 或碱式配合物 MOHY。这些配合物大多不稳定，不影响金属离子与 EDTA 之间 1∶1 的计量关系，可以忽略不计。

上述特点说明 EDTA 与金属离子的配合反应符合滴定分析的要求，因此，EDTA 是一种较好的配位滴定剂。

第二节 配位平衡及影响因素

一、 配合物的稳定常数

在配位反应中，配合物的形成和解离同处于相对平衡的状态中，其平衡常数可用稳定常数（形成常数）或不稳定常数（解离常数）表示。

如 Ca^{2+} 与 EDTA 的配位反应为：

$$Ca^{2+} + Y^{4-} \Longrightarrow CaY^{2-}$$

$$K_{稳} = \frac{[CaY^{2-}]}{[Ca^{2+}][Y^{4-}]} = 4.9 \times 10^{10}$$

$$\lg K_{稳} = 10.69$$

$K_{稳}$ 或 $\lg K_{稳}$ 值越大，说明配合物越稳定。如果用 $K_{不稳}$ 表示，则为

$$K_{不稳} = \frac{[Ca^{2+}][Y^{4-}]}{[CaY^{2-}]} = 2.04 \times 10^{-11}$$

$$pK_{不稳} = 10.69$$

对于 1:1 配合物，$K_{稳}$ 与 $K_{不稳}$ 的关系是互为倒数。

$$K_{稳} = \frac{1}{K_{不稳}} \qquad \lg K_{稳} = pK_{不稳}$$

对于反应：$M + Y \Longrightarrow MY$（为简便起见，略去电荷）

$$K_{MY} = \frac{[MY]}{[M][Y]} \tag{5-1}$$

EDTA 与部分金属离子形成配合物的 $\lg K_{稳}$ 值列于表 5-2 中。

表 5-2　常见金属离子与 EDTA 所形成配合物的 $\lg K_{MY}$ 值

（25℃，0.1KNO₃ 溶液）

金属离子	$\lg K_{MY}$	金属离子	$\lg K_{MY}$	金属离子	$\lg K_{MY}$
Ag⁺	7.32	Mg²⁺	8.7	Cu²⁺	18.80
Al³⁺	16.30	Mn²⁺	13.87	Fe²⁺	14.32
Ba²⁺	7.86	Na⁺	1.66	Fe³⁺	25.10
Be²⁺	9.20	Pb²⁺	18.04	Pt³⁺	16.4
Bi³⁺	27.94	Ce³⁺	16.0	Sn²⁺	22.11
Ca²⁺	10.69	Co²⁺	16.31	Sn⁴⁺	7.23
Cd²⁺	16.46	Co³⁺	36.0	Sr²⁺	8.73
Li⁺	2.79	Cr³⁺	23.4	Zn²⁺	16.50

由表中数据可知，大多数金属离子与 EDTA 形成的配合物都相当稳定。

表 5-2 中所列的 EDTA 与金属离子形成配合物的稳定常数（又称绝对稳定常数）可用来衡量在不发生副反应的情况下，配合物的稳定程度。

二、影响配位平衡的主要因素

1. 主反应和副反应

在配位滴定中，被测金属离子 M 与 EDTA 配位生成 MY 是滴定的主反应。反应物 M 和 Y 及反应产物 MY 都可能因溶液的酸度、试样中共存的其他金属离子、为掩蔽干扰组分加入的掩蔽剂或其他辅助配位剂的存在发生副反应，而影响主反应的进行。如下式所示：

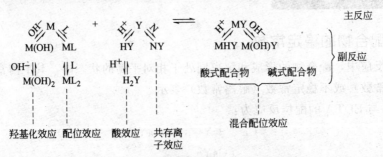

式中 L 为辅助配位剂，N 为干扰离子。除主反应以外，其他反应一律称为副反应。反应

物 M、Y 的各种副反应不利于主反应的进行，而生成物 MY 的各种副反应则有利于主反应的进行。由于副反应的存在，使主反应的化学平衡发生移动，主反应产物 MY 的稳定性发生变化，因而对配位滴定的准确度会有较大影响，其中介质酸度的影响最为重要，成为 EDTA 滴定中首先要考虑的问题，也是影响配位平衡的主要因素。

2. 酸效应和酸效应系数

酸度对 EDTA 配合物 MY 稳定性的影响，可用下式表示：

$$
\begin{array}{c}
M + Y \rightleftharpoons MY \\
H^+ \big\updownarrow \\
HY \\
H^+ \big\updownarrow \\
H_2Y
\end{array}
$$

显然溶液的酸度会影响 Y 与 M 的配位能力，酸度越大，Y 的浓度越小，越不利于 MY 的形成。这种由于 H^+ 的存在，使配位剂 Y 参加主反应能力降低的现象称为酸效应，也叫质子化效应。由 H^+ 引起副反应时的副反应系数称酸效应系数。

配位平衡中酸效应系数 $\alpha_{Y(H)}$ 为 EDTA 总浓度与能起配位作用的 Y 的平衡浓度的比值。

$$
\alpha_{Y(H)} = \frac{c_Y}{[Y]} \tag{5-2}
$$

式中，c_Y 为 EDTA 的总浓度。

EDTA 在不同 pH 下的 $\lg\alpha_{Y(H)}$ 列于表 5-3。

表 5-3　EDTA 的酸效应系数 $[\lg\alpha_{Y(H)}]$

pH	$\lg\alpha_{Y(H)}$	pH	$\lg\alpha_{Y(H)}$	pH	$\lg\alpha_{Y(H)}$
0.0	21.18	3.4	9.71	6.8	3.55
0.4	19.59	3.8	8.86	7.0	3.32
0.8	18.01	4.0	8.04	7.5	2.78
1.0	17.20	4.4	7.64	8.0	2.26
1.4	15.68	4.8	6.84	8.5	1.77
1.8	14.21	5.0	6.45	9.0	1.29
2.0	13.52	5.4	5.69	9.5	0.83
2.4	12.24	5.8	4.98	10.0	0.45
2.8	11.13	6.0	4.65	11.0	0.07
3.0	10.63	6.4	4.06	12.0	0.00

由表 5-3 可知，随溶液的酸度增大，pH 减小，$\lg\alpha_{Y(H)}$ 值增大。即酸效应显著，显然，[Y] 一定时，溶液的酸度越大，$\lg\alpha_{Y(H)}$ 越大，[Y] 则越小，也就是 EDTA 参与配位反应的能力显著降低。而在 pH 大于 12 时，[Y] 等于 c_Y，可忽略 EDTA 酸效应的影响，EDTA 配位能力最强。

值得注意的是，酸效应在 EDTA 滴定中不完全是不利的，因为提高酸度能使干扰离子与 Y 的配位能力降至很小，则可消除干扰离子的影响，从而转化为有利因素，起到提高滴定选择性的作用。

从以上讨论可知，对 Y 而言，pH 越大，酸效应越小，反应越完全，但许多金属离子将水解生成氢氧化物沉淀，羟基化效应使金属离子浓度降低，导致配位反应不完全，所以要两者同时考虑，选择适当的酸度是进行 EDTA 配位滴定的重要条件。

三、 表观稳定常数

表观稳定常数又称条件稳定常数，它是将各种副反应如酸效应、配位效应、共存离子效应、羟基化效应等因素考虑进去以后的实际稳定常数。前面已说过，MY 的混合配位效应（形成 MHY 和 MOHY）可以忽略。若溶液中没有干扰离子（共存离子效应），没有其他配位剂存在或其他配位剂 L 不与被测金属离子反应，溶液酸度又高于金属离子的羟基化酸度时，只考虑 Y 的酸效应来讨论表观稳定常数。由 H^+ 引起的酸效应，使 $[Y]$ 降低，因此反应达平衡时，溶液中未形成 MY 配合物的 EDTA 的总浓度 c'_Y 为：

$$c'_Y = [H_6Y] + [H_5Y] + [H_4Y] + [H_3Y] + [H_2Y] + [HY] + [Y]$$

表观稳定常数 K'_{MY} 为

$$K'_{MY} = \frac{[MY]}{[M] \cdot c'_Y} \tag{5-3}$$

根据酸效应系数

$$\alpha_{Y(H)} = \frac{c'_Y}{[Y]}$$

$$K'_Y = \frac{[MY]}{[M] \cdot [Y] \alpha_{Y(H)}} = \frac{K_{MY}}{\alpha_{Y(H)}}$$

若用对数式表示

$$\lg K'_{MY} = \lg K_{MY} - \lg \alpha_{Y(H)} \tag{5-4}$$

此式是处理配位平衡的重要公式。

表观稳定常数的大小，说明配合物 MY 在一定条件下的实际稳定程度，也是判断滴定可能性的重要依据。

【例 5-1】 计算 pH=2.0 和 pH=5.0 时，ZnY 的表观稳定常数。

【解】 已知 $\lg K_{ZnY} = 16.50$

查表 5-3 pH=2.0 时，$\lg \alpha_{Y(H)} = 13.52$

   $\lg K'_{ZnY} = 16.50 - 13.52 = 2.98$

   pH=5.0 时，$\lg \alpha_{Y(H)} = 6.46$

   $\lg K'_{ZnY} = 16.50 - 6.46 = 10.05$

此例题说明，在 pH=2.0 时，生成的 ZnY 很不稳定；pH=5.0 时，生成的 ZnY 较稳定。

由此可见，溶液的 pH 越大，$\lg \alpha_{Y(H)}$ 越小，$\lg K'_{MY}$ 就越大，配位反应就越完全，对配位滴定越有利。

必须指出，在配位滴定中，要全面考虑酸度对配位滴定的影响。过高的 pH 会使某些金属离子水解生成氢氧化物沉淀而降低金属离子的浓度。例如滴定 Mg^{2+} 时要求溶液的 pH<12，否则会产生 $Mg(OH)_2$ 沉淀。任何金属离子的配位滴定都要求控制在一定酸度范围内进行。此外，配位反应本身会释放出 H^+，使溶液的酸度升高，为此在配位滴定时，总要加入一定量 pH 缓冲溶液，以保持溶液的酸度基本稳定不变。

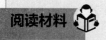

阅读材料

许伐辰巴赫与配位滴定

配位滴定已有 100 多年的历史。 最早的配位滴定是 V. Liebig 推荐的 Ag^+ 与 CN^- 的配位反应， 用于测定银或氰化物。

1942～1943 年 Brintyinger 及 Pteiffer 研究了一些氨羧配位剂与一些金属的配合物的性质； 1945 年瑞士化学家许伐辰巴赫 （ G. Schwayzenbach ） 与其同事用物理化学方法对氨三乙酸和乙二胺四乙酸以及它们的配合物进行了广泛的研究， 测定了它们的解离常数和它们的金属配合物以后， 才确定了利用它们的配位反应进行滴定分析的可靠的理论基础。 同年， 许伐辰巴赫等在瑞士化学学会中宣读了一篇题为《酸、 碱及配位剂》 的文章， 首先用氨羧本位剂作滴定剂测定了 Ca^{2+} 和 Mg^{2+}， 引起了分析化学家们很大的兴趣。 1946～1948 年许伐辰巴赫和贝德曼（ Biedeymonn ） 相继发现紫脲酸胺和铬黑 T 可作为滴定钙和镁的指示剂， 并提出金属指示剂的概念。 此后， 有许多分析化学家从事研究工作， 创立了现代滴定分析的一个分支——配位滴定。

* 第 三 节　提高配位滴定选择性的方法

由于 EDTA 具有相当强的配位能力，能与许多金属离子形成配合物，在实际工作中遇到的分析试液常存在几种金属离子，用 EDTA 滴定时可能相互干扰。因此，提高配位滴定的选择性，就成为配位滴定中要解决的重要问题。提高配位滴定选择性，就是要设法消除共存离子（N）的干扰，以便准确的滴定待测金属离子（M）。

一、 选择滴定的条件——8、 5、 3 规则

前面在配位滴定的反应必须具备的条件中提出，要使反应进行完全，必须满足 $K_稳 \geq 10^8$，即 $\lg K_稳 \geq 8$，$T \cdot E < \pm 0.1\%$，才能准确滴定，这是理论值。对于具体的 MY 来说，当滴定一种 M 时，则应该是 $\lg K'_{MY} \geq 8$，所以我们就有了以下结论"8、5、3"规则。

1. 准确滴定 M 的条件——$\lg K_{MY} \geq 8$

由于 $\lg K'_{MY}$ 的大小与 pH 有关，要满足

$$\lg K'_{MY} = \lg K_{MY} - \lg \alpha_{Y(H)} \geq 8$$

$$(5-5)$$

则 $\lg\alpha_{Y(H)} \leqslant \lg K_{MY} - 8$，此时对应的 pH 就是滴定允许的最低 pH。

以 EDTA 滴定 Ca^{2+} 为例，已知 $\lg K_{CaY} = 10.69$，由式 (5-5) 可得

$$\lg\alpha_{Y(H)} = 10.69 - 8 = 2.69$$

查表 5-3 得允许最低 pH 为 7.5 左右，此时滴定完全。

讨论：如果 pH = 7.0，$\lg\alpha_{Y(H)} = 3.32$，$\lg K'_{CaY} = 7.37 < 8$，反应不完全。如果 pH = 8.0，$\lg\alpha_{Y(H)} = 2.26$，$\lg K'_{CaY} = 8.7 > 8$，反应更完全。

用上述方法可以计算出滴定各种金属离子时的最低 pH，列于表 5-4。

表 5-4　部分金属离子被 EDTA 溶液滴定的最低 pH

金属离子	$\lg K_{MY}$	最低 pH	金属离子	$\lg K_{MY}$	最低 pH
Mg^{2+}	8.7	约 9.7	Pb^{2+}	18.04	约 3.2
Ca^{2+}	10.96	约 7.5	Ni^{2+}	18.62	约 3.0
Mn^{2+}	13.87	约 5.2	Cu^{2+}	18.80	约 2.9
Fe^{2+}	14.32	约 5.0	Hg^{2+}	21.80	约 1.9
Al^{3+}	16.30	约 4.2	Sn^{2+}	22.12	约 1.7
Co^{3+}	16.31	约 4.0	Cr^{3+}	23.40	约 1.4
Cd^{2+}	16.46	约 3.9	Fe^{3+}	25.10	约 1.0
Zn^{2+}	16.50	约 3.9	ZrO^{2+}	29.50	约 0.4

滴定不同的金属离子有不同的最低 pH。若以金属离子 K_{MY} 的对数为横坐标，pH 为纵坐标，绘制 pH-$\lg K_{MY}$ 曲线，此曲线称为酸效应曲线，如图 5-2 所示。

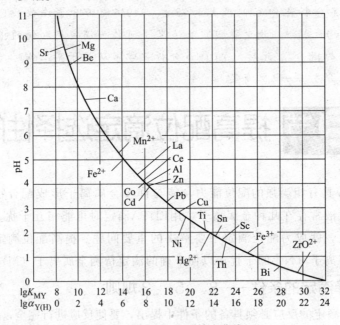

图 5-2　EDTA 的酸效应曲线

利用酸效应曲线，可以解决以下几个问题。

（1）选择滴定的酸度条件　从图 5-2 曲线上可以找出滴定各金属离子时所能允许的最低 pH。如果小于该 pH，就不能配位或配位不完全。例如，滴定 Fe^{3+}，pH 必须大于 1；滴定 Zn^{2+}，pH 必须大于 4。

实际滴定时所采用的 pH 要比允许的最低 pH 高一些，这样可以保证被滴定的金属离子配

位更完全。但要注意，过高的 pH 会引起金属离子的羟基化形成羟基化合物。例如，滴定 Mg^{2+} 时，pH 应大于 9.6，若 pH>12，Mg^{2+} 形成 $Mg(OH)_2$ 沉淀而不与 EDTA 配位。

（2）判断干扰情况 从图 5-2 曲线上可以判断在一定 pH 滴定某金属离子时，哪些离子有干扰。一般而言，酸效应曲线上被测金属离子 M 以下的离子都干扰测定。例如在 pH=4 时滴定 Zn^{2+}，若溶液中存在 Pb^{2+}、Cu^{2+}、Fe^{3+}，都能与 EDTA 配位而干扰 Zn^{2+} 的测定。至于曲线上被测离子 M 以上的离子 N，在两者浓度相近时，$\lg K_{MY} - \lg K_{NY} > 5$，则 N 不干扰 M 的测定。

【例 5-2】 在 pH=4 的条件下，用 EDTA 滴定 Zn^{2+} 时，试液中共存的 Cu^{2+}、Mn^{2+}、Ca^{2+} 是否有干扰？

【解】 由图 5-2，Cu^{2+} 位于 Zn^{2+} 的下方，明显干扰，Mn^{2+}、Ca^{2+} 位于 Zn^{2+} 的上方，则

$$\lg K_{ZnY} - \lg K_{MnY} = 16.5 - 14.0 = 2.5 < 5，Mn^{2+} \text{有干扰；}$$
$$\lg K_{ZnY} - \lg K_{CaY} = 16.5 - 10.7 = 5.8 > 5，Ca^{2+} \text{不干扰。}$$

（3）兼作 pH-$\lg \alpha_{Y(H)}$ 表用 图 5-2 中横坐标第二行是用 $\lg \alpha_{Y(H)}$ 表示的，它与 $\lg K_{MY}$ 之间相差 8 个单位，可代替表 5-3 使用。

2. 干扰离子 N 不反应（无干扰）的条件——$\lg K'_{NY} \leqslant 3$

同理，

$$\lg K'_{NY} = \lg K_{NY} - \lg \alpha_{Y(H)} \leqslant 3 \tag{5-6}$$

$\lg \alpha_{Y(H)} \geqslant \lg K'_{NY} - 3$，此时对应的 pH 称为最高 pH。

我们仍以 Ca^{2+} 为例，由式(5-6) 可得 $\lg \alpha_{Y(H)} \geqslant 10.69 - 3 = 7.69$

查表 5-3 或图 5-2 得 pH=4.4，此时 Ca^{2+} 不与 EDTA 反应，即无干扰。如果 pH= 4.0，$\lg \alpha_{Y(H)} = 8.44$，$\lg K'_{CaY} = 2.25 < 3$，更不反应，无干扰。如果 pH=5.0，$\lg \alpha_{Y(H)} = 6.45$，$\lg K'_{CaY} = 4.24 > 3$，部分 Ca^{2+} 与 EDTA 反应，有干扰。

3. 两种离子 M、N 共存时的滴定条件——$\lg K'_{MY} - \lg K'_{NY} \geqslant 5$

要准确滴定 M，而 N 不干扰，必须同时满足 $\lg K'_{MY} \geqslant 8$，$\lg K'_{NY} \leqslant 3$，则

$$\lg K'_{MY} - \lg K'_{NY} \geqslant 5，\text{或} \lg K_{MY} - \lg K_{NY} \geqslant 5 \tag{5-7}$$

因在同一溶液中，$\lg \alpha_{Y(H)}$ 相同。

例如：溶液中有 Fe^{3+}、Ca^{2+} 共存，$\lg K_{FeY} = 25.10$，$\lg K_{CaY} = 10.69$，$\lg K_{FeY} - \lg K_{CaY} = 25.10 - 10.69 = 14.41 > 5$，故 Ca^{2+} 不干扰 Fe^{3+} 的测定。

查图 5-2 可知，测 Fe^{3+} 的最低 pH=1，$\lg \alpha_{Y(H)} = 17.20$，此时 $\lg K'_{CaY} = 10.69 - 17.20 = -6.51 < 3$，$Ca^{2+}$ 根本不与 EDTA 反应，也就无干扰了。

由此条件可以看出，提高配位滴定选择性的途径主要是降低干扰离子的浓度或 NY 的稳定性。

二、 消除干扰的方法

1. 控制溶液酸度

根据滴定条件"8、5、3"规则，利用酸效应曲线，可以找出滴定金属离子时允许最低 pH 及共存离子 N 存在下滴定金属离子的最高 pH，从而确定滴定金属离子的 pH 范围。

【例 5-3】 溶液中 Bi^{3+}、Pb^{2+} 同时存在，其浓度 $c_{Bi}^{3+} = c_{Pb}^{2+} = 0.01mol \cdot L^{-1}$，要选择滴定 Bi^{3+}，Pb^{2+} 不干扰，溶液的酸度 pH 应控制在什么范围？分别测定含量如何进行？

【解】 从酸效应曲线图查得滴定 Bi^{3+} 的允许最低 pH 为 0.7，Pb^{2+} 允许最低 pH = 3.2。若要使 Pb^{2+} 完全不与 EDTA 配位的条件是 $lgK'_{PbY} \leqslant 3$，又

$$lgK'_{PbY} = lgK_{PbY} - lg\alpha_{Y(H)}$$

$$lgK_{PbY} - lg\alpha_{Y(H)} \leqslant 3$$

$$lg\alpha_{Y(H)} \geqslant lgK_{PbY} - 3$$

$lgK_{PbY} = 18.04$，则 $lg\alpha_{Y(H)} \geqslant 15.04$。查酸效应曲线得 pH 为 1.6，即 pH<1.6 时，Pb^{2+} 不与 EDTA 配位。所以在 Pb^{2+} 存在下滴定 Bi^{3+} 的酸度范围为 pH = 0.7～1.6。实际测定中一般控制溶液酸度 pH=1，先将溶液的 pH 调至 1，用 EDTA 滴定 Bi^{3+}，Pb^{2+} 不干扰。到达终点后加六次甲基四胺缓冲溶液调节 pH 为 5～6，可滴定 Pb^{2+}，根据两步滴定所耗标准滴定溶液体积，可求出各自含量。

2. 利用掩蔽和解蔽

若待测金属离子的配合物与干扰离子配合物的稳定常数相差不大，$\Delta lgcK' < 5$，就不能用控制酸度的方法进行选择滴定。此时可以利用掩蔽剂来降低干扰离子的浓度以消除干扰。

常用的掩蔽方法有配位掩蔽法、沉淀掩蔽法和氧化还原掩蔽法。

(1) 配位掩蔽法　这种方法是利用掩蔽剂与干扰离子形成稳定配合物以消除干扰的方法，是滴定分析中应用最多的一种方法。

例如，测定水中的 Ca^{2+}、Mg^{2+} 时，Fe^{3+}、Al^{3+} 对测定有干扰，若先加入三乙醇胺与 Fe^{3+}、Al^{3+} 生成更稳定的配合物，就可在 pH=10 时直接滴定 Ca^{2+} 与 Mg^{2+}。

(2) 沉淀掩蔽法　这种方法是利用干扰离子与掩蔽剂形成沉淀以消除干扰的方法。

例如，在 Ca^{2+}、Mg^{2+} 共存的溶液中，加入 NaOH 溶液，使 pH>12，则 Mg^{2+} 生成 $Mg(OH)_2$ 沉淀，不与 EDTA 反应，也无干扰，可直接滴定 Ca^{2+}。

沉淀掩蔽法要求生成的沉淀溶解度要小，使沉淀完全；生成的沉淀是无色或浅色的，且吸附作用小，以免影响终点的观察。这种掩蔽法在实际应用中有一定的局限性。

(3) 氧化还原掩蔽法　这是利用氧化还原反应改变干扰离子价态以消除干扰的方法。

例如，在滴定 Bi^{3+}、Zr^{4+} 时，Fe^{3+} 有干扰。若在溶液中加入还原剂如盐酸羟胺或抗坏血酸（即维生素 C），将 Fe^{3+} 还原成 Fe^{2+}，因 $lgK_{FeY^{2-}}$ 比 lgK_{FeY^-} 要小得多（$lgK_{FeY^{2-}} = 14.3$，$lgK_{FeY^-} = 25.1$），所以能消除干扰。

有的氧化还原掩蔽剂既具有氧化或还原能力，同时又是配位剂，能与干扰离子生成配合物。例如抗坏血酸对 Fe^{3+}，$Na_2S_2O_3$ 对 Cu^{2+}，既是还原剂又是配位剂。

配位滴定中常用的配位掩蔽剂及沉淀掩蔽剂分列于表 5-5 及表 5-6 中。

表 5-5　常用的配位掩蔽剂

掩蔽剂	pH 范围	被掩蔽的离子	备注
KCN	>8	Cu^{2+}、Ni^{2+}、Co^{2+}、Zn^{2+}、Hg^{2+}、Cd^{2+}、Ag^{2+}	
NH_4F	4～6	Al^{3+}、$Ti(Ⅳ)$、Sn^{4+}、Zr^{4+}、$W(Ⅵ)$	
	10	Al^{3+}、Mg^{2+}、Ca^{2+}、Sr^{2+}、Ba^{2+}	

续表

掩蔽剂	pH 范围	被掩蔽的离子	备注
三乙醇胺	10	Al^{3+}、Sn^{4+}、$Ti(Ⅳ)$、Fe^{3+}	与 KCN 并用,可提高掩蔽效果
	11~12	Fe^{3+}、Al^{3+}、少量 Mn^{2+}	
二巯基丙醇	10	Hg^{2+}、Cd^{2+}、Zn^{2+}、Pb^{2+}、Bi^{3+}、Ag^+、As^{3+}、Sn^{4+} 及少量 Cu^{2+}、Co^{2+}、Ni^{2+}、Fe^{3+}	
铜试剂(DDTC)	10	与 Cu^{2+}、Hg^{2+}、Pb^{2+}、Cd^{2+}、Bi^{3+} 生成沉淀	
邻二氮菲	5~6	Cu^{2+}、Ni^{2+}、Co^{2+}、Zn^{2+}、Cd^{2+}、Hg^{2+}、Mn^{2+}	
硫脲	5~6	Cu^{2+}、Hg^{2+}、Tl^+	
酒石酸	1.5~2	Sb^{3+}、Sn^{4+}	在抗坏血酸存在下
	5.5	Fe^{3+}、Al^{3+}、Sn^{4+}、Ca^{2+}	
	6~7.5	Fe^{3+}、Al^{3+}、Mg^{2+}、Cu^{2+}、Mo^{4+}	
	10	Al^{3+}、Sn^{4+}、Fe^{3+}	
乙酰丙酮	5~6	Fe^{3+}、Al^{3+}、Be^{2+}	

表 5-6　常用的沉淀掩蔽剂

掩蔽剂	被掩蔽离子	被滴定离子	pH 范围	指示剂
NH_4F	Ca^{2+}、Sr^{2+}、Ba^{2+}、Mg^{2+}、Ti^{4+}、稀土金属离子	Zn^{2+}、Cd^{2+}、Mn^{2+} 在还原剂存在下	10	铬黑 T
		Cu^{2+}、Ni^{2+}、Co^{2+}	10	紫脲酸铵
K_2CrO_4	Ba^{2+}	Sr^{2+}	10	Mg-EDTA＋铬黑 T
Na_2S 或铜试剂	微量重金属	Ca^{2+}、Mg^{2+}	10	铬黑 T
H_2SO_4	Pb^{2+}	Bi^{3+}	1	二甲酚橙
$K_4[Fe(CN)_6]$	微量 Zn^{2+}	Pb^{2+}	5~6	二甲酚橙
KI	Cu^{2+}	Zn^{2+}	5~6	PAN

（4）利用选择性的解蔽剂　将一些离子掩蔽,对某种离子进行滴定之后,利用解蔽剂使已被掩蔽的金属离子释放出来,这种方法称为解蔽。

例如,用配合滴定法测定 Zn^{2+} 和 Pb^{2+},可在氨性溶液中加 KCN 掩蔽 Zn^{2+},以铬黑 T 为指示剂,$pH=10$ 时,用 EDTA 滴定 Pb^{2+},然后加入甲醛或三氯乙醛破坏 $[Zn(CN)_4]^{2-}$,再用 EDTA 滴定 Zn^{2+}。甲醛,三氯乙醛即为解蔽剂。

$$4HCHO+[Zn(CN)_4]^{2-}+4H_2O \longrightarrow Zn^{2+}+4H_2C(OH)CN+4OH^-$$

3. 预先分离

如果用控制溶液的酸度和使用掩蔽剂等方法都不能消除共存离子的干扰,就只有预先将干扰离子分离出来,然后再滴定被测离子。

分离的方法很多,可根据干扰离子和被测离子的性质进行选择。例如,磷矿石溶解后的溶液中,一般含 Fe^{3+}、Al^{3+}、Ca^{2+}、Mg^{2+}、PO_4^{3-} 和 F^- 等。如果要用 EDTA 溶液滴定其中的金属离子,则 F^- 会有严重的干扰。因为它能与 Fe^{3+}、Al^{3+} 生成稳定的配合物,酸度小时又能与 Ca^{2+} 生成 CaF_2 沉淀。因此。在滴定前必须先加酸并加热,使 F^- 生成 HF 而挥发除去。

如果在测定中必须进行沉淀分离，应注意由于分离而使待测组分损失的问题。对于含量少的待测组分，不应该先沉淀分离大量的干扰组分后，再进行测定，否则待则组分损失引起的误差更大。此外，还应尽可能选用能同时沉淀多种干扰组分的沉淀剂来进行分离，以简化分离操作手续。

4. 选用其他滴定剂

除 EDTA 外，其他氨羧配位剂与金属离子形成配合物的稳定性各有特点，可以选择不同的配位剂进行滴定，以提高滴定的选择性。

例如，EGTA 与 Ca^{2+}、Mg^{2+} 形成配合物的稳定性相差较大，（lgK 分别为 10.97 和 5.21），可以在 Ca^{2+}、Mg^{2+} 共存时直接滴定 Ca^{2+}；而 EDTA 必须在 Mg^{2+} 沉淀成 $Mg(OH)_2$ 后才能滴定 Ca^{2+}。又如，用 C_YDTA 滴定 Al^{3+} 时，配位速率快，可省去 EDTA 滴定 Al^{3+} 的加热手续。

三、 配位滴定的方式

在配位滴定中，采用不同的滴定方式，不但可以扩大配位滴定的应用范围，而且可以提高配位滴定的选择性。

1. 直接滴定法

直接滴定法是配位滴定中的基本方法。这种方法是将待测组分的溶液调节至所需要的酸度，加入必要的试剂（如掩蔽剂）和指示剂，直接用 EDTA 标准滴定溶液滴定。

采用直接滴定法，必须符合下列条件。

① 待测离子与 EDTA 的配位速率应该很快，其配合物应满足 $\lg c_M \cdot K'_{MY} \geqslant 6$ 的要求。一般 $c_M = 0.01 \ mol \cdot L^{-1}$，则 $\lg K'_{MY} \geqslant 8$。

② 在选定的滴定条件下，有变色敏锐的指示剂，且没有封闭现象。

③ 在选定的滴定条件下，待测离子不发生水解、沉淀等其他反应。

许多金属离子如 Ca^{2+}、Mg^{2+}、Co^{2+}、Ni^{2+}、Zn^{2+}、Cd^{2+}、Pb^{2+}、Cu^{2+}、Fe^{3+}、Bi^{3+} 等在一定酸度的溶液中，可用 EDTA 直接滴定。

适用范围：

pH＝1	Zr^{4+}、Bi^{3+}
pH＝2～3	Fe^{3+}、Th^{4+}、Hg^{2+}
pH＝5～6	Zn^{2+}、Pb^{2+}、Cd^{2+}、Cu^{2+}、稀土
pH＝10	Mg^{2+}、Co^{2+}、Ni^{2+}、Zn^{2+}、Cd^{2+}
pH＝12	Ca^{2+}

直接滴定法操作简单，准确度较高。

2. 返滴定法

返滴定法是在试液中加入一定过量的 EDTA 标准滴定溶液，待测组分反应完全后，再用另一种金属离子的标准滴定溶液滴定剩余的 EDTA。

返滴定剂与 EDTA 形成的配合物应有足够的稳定性，但不宜超过待测离子形成配合物的稳定性太多，否则在滴定过程中，返滴定剂会置换出待测离子而引起误差。

返滴定法主要适用于下列情况。

① 采用直接滴定法时，缺乏符合要求的指示剂，或者待测离子对指示剂有封闭作用。

② 待测离子与 EDTA 的配位速率较慢。

③ 待测离子发生副反应，影响测定。

例如，Al^{3+} 与 EDTA 的配位速率很慢；Al^{3+} 对二甲酚橙指示剂有封闭作用；在酸度不高甚至 $pH=4$ 时，Al^{3+} 易生成一系列多核羟基化合物。因此不能采用直接滴定法测 Al^{3+}。返滴定法测定 Al^{3+} 是在试液中加入过量 EDTA，在 $pH=3.5$ 时加热煮沸使 Al^{3+} 与 EDTA 配位完全，调节溶液 $pH=5\sim6$，以二甲酚橙为指示剂，用 Zn^{2+} 标准滴定溶液返滴定。

适应于返滴定法的金属离子：Mn^{2+}、Pb^{2+}、Al^{3+}、Hg^{2+}、Ti（Ⅳ）、Co^{2+}、Ni^{2+}。

3. 置换滴定法

利用置换反应置换出等物质的量的金属离子或 EDTA，然后进行滴定的方法为置换滴定法。

置换滴定法主要适用于下列情况：①待测离子与 EDTA 的配位速率较慢；②杂质离子的存在严重干扰测定结果；③在选定的滴定条件下，没有变色敏锐的指示剂；④在选定的滴定条件下，生成的配合物 MY 不稳定。

（1）置换出金属离子

待测离子 M 与 EDTA 反应不完全或形成的配合物不稳定时，可让 M 置换出另一配合物 NL 中的 N，用 EDTA 滴定 N 即可求得 M 的含量。

$$M+NL \Longrightarrow ML+N$$

例如，Ag^+ 与 EDTA 的配合物不稳定（$\lg K_{AgY}=7.32$），不能用 EDTA 直接滴定，若将 Ag 加入到 $Ni(CN)_4^{2-}$ 溶液中，则发生如下反应

$$2Ag^+ + Ni(CN)_4^{2-} \Longrightarrow 2Ag(CN)_2^- + Ni^{2+}$$

在 $pH=10$ 的氨性溶液中，用 EDTA 滴定 Ni^{2+}，即可求出 Ag^+ 的含量。

（2）置换出 EDTA

用一种配位剂 L 置换待测离子 M 与 EDTA 配合物中的 EDTA，然后用另一金属离子标准滴定溶液滴定释放出来的 EDTA，从而求得 M 的含量。

$$MY+L \Longrightarrow ML+Y$$

例如，测定锡青铜的锡时，在试液中加入过量的 EDTA 将 Sn^{4+} 与可能存在 Pb^{2+}、Zn^{2+}、Cd^{2+}、Bi^{3+} 等一并配位，再用 Zn^{2+} 标准滴定溶液滴定剩余的 EDTA。然后加入 NH_4F 将 SnY 中的 EDTA 释放出来，再用 Zn^{2+} 标准滴定溶液滴定释放出来的 EDTA，从而求得锡的含量。

利用置换滴定法的原理，还可以改善指示剂滴定终点的敏锐性。例如，铬黑 T 对 Ca^{2+} 显色的灵敏性较差，但与 Mg^{2+} 显色很灵敏；在 $pH=10$ 铬黑 T 作指示剂，用 EDTA 滴定时，可先加入少量 MgY，这时 Ca^{2+} 与 MgY 发生置换反应。

$$MgY+Ca^{2+} \Longrightarrow CaY+Mg^{2+}$$

Mg^{2+} 与指示剂结合成 MgIn。滴定时，EDTA 与溶液中 Ca^{2+} 反应，滴定终点时，

EDTA 夺取 MgIn 中 Mg^{2+} 的形成 MgY，指示剂游离出来显蓝色。用 CuY 与 PAN 形成的 Cu-PAN 作指示剂，测定金属离子也是利用置换滴定的原理。

4. 间接滴定法

有些金属离子（如 Li^+、Na^+、K^+、Rb^+、Cs^+ 等）和非金属离子（SO_4^{2-}、PO_4^{3-} 等）与 EDTA 形成的配合物不稳定或不与 EDTA 配位，可以采用间接滴定法进行测定。

例如，测定 PO_4^{3-} 时，可将 PO_4^{3-} 沉淀为 $MgNH_4PO_4 \cdot 6H_2O$，经过滤洗净后，将沉淀溶于酸，调节溶液 pH＝10，用 EDTA 标准滴定溶液滴定 Mg^{2+}，从而求得 PO_4^{3-} 的含量。又如测定 Na^+ 时，可加醋酸铀酰锌使 Na^+ 生成 $NaZn(UO_2)_3 (Ac)_9 \cdot xH_2O$ 沉淀，将沉淀分离、洗净、溶解后，用 EDTA 滴定 Zn^{2+}，求得 Na^+ 的含量。再如测定 SO_4^{2-} 时，可在试液中加入已知过量的 $BaCl_2$ 标准溶液，使其生成 $BaSO_4$ 沉淀，过量的 Ba^{2+} 再用 EDTA 滴定。加入 $BaCl_2$ 物质的量与滴定所用 EDTA 物质的量之差，即为试液中 SO_4^{2-} 物质的量。

间接滴定法操作较繁，引入误差的机会也较多，不是很理想的方法。

* 第四节 金属离子指示剂

在配位滴定中，利用一种能与金属离子生成有色配合物的显色剂，在滴定过程中根据金属离子浓度的变化来确定滴定终点，这种显色剂称为金属离子指示剂，简称金属指示剂。

一、 金属指示剂的变色原理

金属指示剂本身是一种配位剂，它与待测定金属离子反应，形成一种与指示剂自身颜色不同的配合物。

$$M+ \underset{\text{甲色}}{In} \Longrightarrow \underset{\text{乙色}}{MIn}$$

当滴入 EDTA，溶液中游离的金属离子逐步被配位，由于 MY 比 MIn 更稳定（$\lg K'_{MY} \geqslant \lg K'_{MIn}$），因此，达化学计量点时，已与指示剂配位的金属离子被 EDTA 夺取，释放出指示剂而引起溶液颜色发生变化，呈现指示剂本身颜色。

$$\underset{\text{乙色}}{MIn}+Y \Longrightarrow MY+ \underset{\text{甲色}}{In}$$

许多金属指示剂不仅具有配位剂的性质，而且又是多元弱酸或弱碱，能随溶液 pH 的变化而显示出不同的颜色。

例如，铬黑 T 是一个二元弱酸，以 H_2In^- 表示，随溶液 pH 不同，分两步解离，呈现三种颜色。

$$\underset{\substack{pH<6.3 \\ \text{紫红色}}}{H_2In^-} \underset{H^+}{\overset{pK_1=6.3}{\rightleftharpoons}} \underset{\substack{pH=8\sim10 \\ \text{蓝色}}}{HIn^{2-}} \underset{H^+}{\overset{pK_2=11.6}{\rightleftharpoons}} \underset{\substack{pH>11.6 \\ \text{橙色}}}{In^{3-}}$$

铬黑 T 与金属离子形成的配合物显红色。由于指示剂在 pH<6.3 和 pH>11.6 的溶液中呈现的颜色与 M-EDTA 颜色相近，滴定终点颜色变化不明显，所以选用铬黑 T 作指示剂的最适宜的酸度为 pH＝8～10，指示剂溶液呈蓝色，滴定到终点时，溶液颜色由红色变为蓝色，变色明显。在 pH＝10 的缓冲溶液中常用于滴定 Mg^{2+}、Zn^{2+}、Cd^{2+}、Pb^{2+}、Hg^{2+} 等。对滴定 Ca^{2+} 不够灵敏，在有 Mg^{2+} 存在时可改善滴定终点。因此，使用金属指示剂时必须选择合适的 pH 范围。

二、 金属指示剂应具备的条件

由于指示剂与金属离子所形成配合物的有关常数不齐全，所以多数都采用实验的方法来选择指示剂，即先试验滴定终点时颜色变化是否敏锐，再检查滴定结果是否准确，这样就可以确定该指示剂是否符合要求。

配位滴定中选用的金属指示剂必须具备下列条件。

① 在滴定的 pH 范围内，指示剂本身的颜色与它和金属离子形成配合物的颜色应有显著区别。

② 显色反应灵敏、迅速，且有良好的可逆性，有一定的选择性。

③ 指示剂与金属离子形成配合物的稳定性要适当，具体要求是：

a. 要有足够的稳定性。如果稳定性太低，就会使终点提前，而且变色不敏锐；如果稳定性太高，就会使终点拖后，而且有可能使 EDTA 不能夺取 MIn 中的 M，得不到终点。通常要求 $\lg K'_{MIn} \geqslant 5$。

b. 指示剂配合物 MIn 的稳定性应小于 EDTA 配合物 MY 的稳定性，二者之差为：

$$\lg K'_{MY} - \lg K'_{MIn} \geqslant 2$$

这样在滴定至化学计量点时，指示剂才能被 EDTA 置换出来显现出指示剂本身颜色。

④ 与金属离子形成的配合物易溶于水。如果生成胶体溶液或沉淀，指示剂 EDTA 的置换作用缓慢以致终点会拖后。

⑤ 指示剂应稳定，便于贮藏和使用。

指示剂在化学计量点附近应该有敏锐的颜色变化，但是在实际工作中，有时会达不到要求，出现下列情况。

*三、 指示剂的封闭、 僵化及消除

1. 封闭现象

有时指示剂与金属离子形成的配合物，在 EDTA 与金属离子反应达化学计量点时，MIn 不能被 EDTA 置换出指示剂，看不到 MIn 色转变为 In 色，这种现象称为指示剂的封闭现象。

产生封闭现象的原因有以下两种。

① 溶液中某种金属离子与指示剂形成的配合物 MIn 比 EDTA 配合物 MY 更稳定，以致不能被 EDTA 置换。遇到这种情况，可加入适当的掩蔽剂来消除该离子的干扰。例如，用铬黑 T 作指示剂，在 pH＝10 时用 EDTA 滴定 Ca^{2+}、Mg^{2+}，若溶液中有 Al^{3+}、Fe^{3+}、Ni^{2+} 或 Co^{2+}，则对铬黑 T 有封闭作用。这时可以加入少量三乙醇胺（掩蔽 Fe^{3+}、Al^{3+}）和 KCN（掩蔽 Ni^{2+}、Co^{2+}）以消除干扰。

② 由被滴定离子本身引起的，它与指示剂形成配合物的颜色变化为不可逆。这时，可

用返滴定法予以消除。例如，Al^{3+} 对二甲酚橙有封闭作用，测定 Al^{3+} 时可先加入过量 EDTA 标准滴定溶液，于 pH＝3.5 时煮沸使 Al^{3+} 与 EDTA 完全配位后，再调节溶液 pH 为 5.0～6.0，加入二甲酚橙，用 Zn^{2+} 或 Pb^{2+} 标准滴定溶液返滴定。

2. 僵化现象

在配位滴定中，滴定终点的颜色变化不明显，或终点拖长的现象称为指示剂的僵化。产生僵化的原因有以下两种。

① 有些指示剂与金属离子形成配合物的溶解度很小，使滴定终点的颜色变化不明显；

② 有些指示剂与金属离子形成配合物的稳定性只稍差于对应的 MY 配合物，以致 EDTA 与 MIn 之间的反应缓慢，使终点拖长。遇到这种情况，可加入适当的有机溶剂或加热，以增大其溶解度。例如，用 PAN 作指示剂时，可加入少量甲醇或乙醇，或将溶液加热，以加快置换反应速率，使指示剂的变色较明显。

四、 常用金属指示剂

常用金属离子指示剂及其配制方法见表 5-7。

表 5-7　常用金属离子指示剂其配制方法

指示剂	使用 pH 范围	颜色变化		直接滴定离子	配制方法
		In	MIn		
铬黑 T(EBT)	8～10	蓝色	红色	pH＝10，Mg^{2+}、Zn^{2+}、Cd^{2+}、Pb^{2+}、Mn^{2+}	1g 铬黑 T 与 100g NaCl 混合研细 $5g \cdot L^{-1}$ 醇溶液加 20g 盐酸羟胺
二甲酚橙 (XO)	<6	黄色	红紫色	pH＝1～3，Bi^{3+} pH＝5～6，Zn^{2+}、Cd^{2+}、Pb^{2+}	$2g \cdot L^{-1}$ 水溶液
钙指示剂 (NN)	12～13	蓝色	红色	pH＝12～13，Ca^{2+}	1g 钙指示剂 与 100g NaCl 混合研细
磺基水杨酸钠	1.5～2.5	淡黄色	紫红色	pH＝1.5～3，Fe^{3+}	$100g \cdot L^{-1}$ 水溶液
K-B 指示剂	8～13	蓝色	红色	pH＝10，Mg^{2+}、Zn^{2+} pH＝13，Ca^{2+}	100g 酸性铬蓝 K 与 2.5g 萘酚绿 B 和 50g KNO_3 混合研细
PAN	2～12	黄色	红色	pH＝2～3，Bi^{3+} pH＝4～5，Cu^{2+}、Ni^{2+} pH＝5～6，Cu^{2+}、Cd^{2+}、Pb^{2+}、Zn^{2+}、Sn^{2+} pH＝10，Cu^{2+}、Zn^{2+}	$1g \cdot L^{-1}$ 或 $2g \cdot L^{-1}$ 乙醇溶液

第五节 配位滴定法的应用

一、 EDTA 标准滴定溶液的配制与标定

EDTA 二钠盐（$Na_2H_2Y \cdot 2H_2O$）试剂常含有 0.3％的湿存水。基准物质可用来直接配制标准滴定溶液。一般采用间接法配制。

配位滴定对蒸馏水的要求较高，若配制溶液的水中含有 Ca^{2+}、Mg^{2+}、Pb^{2+}、Sn^{2+} 等，会消耗部分 EDTA，随测定情况的不同对测定结果产生不同的影响。若水中含有 Al^{3+}、Cu^{2+} 等，对某些指示剂有封闭作用，使终点难以判断。因此，在配位滴定中必须对所用蒸馏水的质量进行检查。为保证质量，最好选用去离子水或二次蒸馏水。

为了防止 EDTA 溶液溶解玻璃中的 Ca^{2+} 形成 CaY，EDTA 溶液应当贮存于聚乙烯塑料瓶或硬质玻璃瓶中。一般常用 $c(EDTA)=0.02mol \cdot L^{-1}$ 的标准滴定溶液。

1. 配制 EDTA 溶液

按表 5-8 的规定，称取乙二胺四乙酸二钠，加 1000mL 水，加热溶解，冷却，摇匀。

表 5-8 配制 EDTA 溶液

乙二胺四乙酸二钠标准滴定溶液的浓度 $c(EDTA)/mol \cdot L^{-1}$	乙二胺四乙酸二钠的质量 m/g
0.1	40
0.05	20
0.02	8

标定 EDTA 溶液的基准物质很多，如纯金属锌、铜、铋、铅及氧化锌、碳酸钙等，其中常用的有锌或氧化锌。金属锌纯度高，在空气中又稳定，既能在 pH＝9～10 的氨性溶液中以铬黑 T 为指示剂进行标定，又能在 pH＝5～6 的溶液中以二甲酚橙为指示剂进行标定，滴定终点都很敏锐。其标定反应及指示剂颜色变化为：

滴定前

$$Zn^{2+} + HIn^{2-} \Longrightarrow ZnIn^- + H^+$$

蓝色	红色	铬黑 T pH＝9～10
黄色	紫红色	二甲酚橙 pH＝5～6

滴定过程中

$$Zn^{2+} + H_2Y^{2-} \Longrightarrow ZnY^{2-} + 2H^+$$

化学计量点

$$H_2Y^{2-} + ZnIn^- \Longrightarrow ZnY^{2-} + HIn^{2-} + H^+$$

红色	蓝色	铬黑 T pH＝9～10
紫红色	黄色	二甲酚橙 pH＝5～6

2. 标定 EDTA 溶液浓度

取 EDTA 标准滴定溶液：$c(EDTA)=0.1mol \cdot L^{-1}$，$c(EDTA)=0.05 \; mol \cdot L^{-1}$。

按表 5-9 的规定量，称取于 800℃±50℃的高温炉中灼烧至恒重的工作基准试剂氧化

锌，用少量水湿润，加 2mL 盐酸溶液（20%）溶解，加 100mL 水，用氨水溶液（10%）调节溶液 pH 至 7～8，加 10mL 氨-氯化铵缓冲溶液（pH≈10）及 5 滴铬黑 T 指示液（5g·L^{-1}），用配制好的 EDTA 溶液滴定至溶液由紫色变为纯蓝色。同时做空白试验。

表 5-9　标定 EDTA 溶液浓度

EDTA 标准滴定溶液的浓度 c（EDTA）/mol·L^{-1}	工作基准试剂氧化锌的质量 m/g
0.1	0.340
0.05	0.15

EDTA 标准滴定溶液的浓度 c（EDTA），单位以 mol·L^{-1} 表示，按式（5-8）计算：

$$c(\text{EDTA}) = \frac{m \times 1000}{(V_1 - V_2)\,M} \tag{5-8}$$

式中　m——氧化锌的质量的准确数值，g；

$\quad\quad V_1$——溶液的体积，mL；

$\quad\quad V_2$——空白试验 EDTA 溶液的体积，mL；

$\quad\quad M$——氧化锌的摩尔质量 M（ZnO）= 81.39g·mol^{-1}。

配位滴定的测定条件与待测组分及指示剂的性质有关。为了消除系统误差提高测定的准确度，在选择基准物时应注意使标定条件与测定条件尽可能接近。例如，测定 Ca^{2+}、Mg^{2+} 用的 EDTA，最好用 CaCO$_3$ 标定。常用基准试剂及处理方法列于表 5-10。

二、 应用实例

1. 水中硬度的测定

水的硬度是指水中除碱金属外的全部金属离子浓度的总和。由于 Ca^{2+}、Mg^{2+} 含量远比其他金属离子含量高，所以水中硬度通常以 Ca^{2+}、Mg^{2+} 含量表示。它们主要以碳酸氢盐、硫酸盐、氯化物等形式存在。含有这类盐的水称为硬水，它会使锅炉及换热器产生水垢而影响热效率，肥皂不起泡沫，饮用会影响肠胃的消化功能，所以水的硬度是衡量生活用水和工业用水水质的一项重要指标。

表 5-10　标定 EDTA 常用的基准试剂

基准试剂	基准试剂的处理	滴定条件		终点颜色变化
		pH	指示剂	
铜片	用稀硝酸溶解，除去表面氧化层后，用水或无水乙醇充分洗涤，再在 105℃烘箱中烘 3min，取出冷却，称量，以（1+1）HNO$_3$ 溶液溶解，再加 H$_2$SO$_4$ 蒸发除去 NO$_2$	4.3（HAc-NaAc 缓冲溶液）	PAN	红色变黄色
铅	用稀硝酸溶解，除去表面氧化层后，用水或无水乙醇充分洗涤，再在 105℃烘箱中烘 3min，取出冷却后称量，以（1+2）HNO$_3$ 溶液溶解，加热除去 NO$_2$	10（NH$_3$-NH$_4$Cl 缓冲溶液）	铬黑 T（EBT）	红色变蓝色
		5～10（六亚甲基四胺）	二甲酚橙（XO）	红色变黄色

续表

基准试剂	基准试剂的处理	滴定条件		终点颜色变化
		pH	指示剂	
锌片	用(1+5)HCl溶液溶解除去表面氧化层，用水或无水乙醇充分洗涤，再在105℃烘箱中烘3min，取出冷却称量，以(1+1)HCl溶液溶解	10（NH₃-NH₄Cl缓冲溶液）	铬黑T(EBT)	红色变蓝色
		5～10（六亚甲基四胺）	二甲酚橙(XO)	红色变黄色
ZnO	于900℃灼烧至恒重，称量，溶于2mL HCl溶液和25mL水中	10（NH₃-NH₄Cl缓冲溶液）	铬黑T(EBT)	红色变蓝色
		5～10（六亚甲基四胺）	二甲酚橙(XO)	红色变黄色
CaCO₃	在110℃烘箱中烘2h，取出冷却，称量，以(1+1)HCl溶液溶解	≥12.5	钙指示剂(NN)	酒红色变蓝色
MgO	在1000℃灼烧后，以(1+1)HCl溶液溶解	10（NH₃-NH₄Cl缓冲溶液）	铬黑T(EBT)或酸性铬蓝K-萘酚绿B	红色变蓝色

天然水中的雨水属于软水，普通地面水硬度不高，但地下水的硬度较高。水的硬度分为暂时硬度和永久硬度两种。暂时硬度主要由钙、镁的酸式碳酸盐的形成而引起，煮沸时即分解为碳酸盐沉淀而失去其硬度。永久硬度主要由钙、镁的氯化物、硫酸盐和硝酸盐等而引起，不能用煮沸方法除去。暂时硬度和永久硬度之和称为总硬度。

水的硬度是把 Ca^{2+}、Mg^{2+} 总量折合成 $CaCO_3$ 或 CaO 的量来表示。目前有两种表示方法，一种是以每升水中 $CaCO_3$（或 CaO）的毫克数（$mg \cdot L^{-1}$）表示；另一种是用"度"来表示，即每升水中含有 $10mg$ CaO 为 1 度（$1°$）。

水的硬度可分为：钙盐含量表示水的钙硬度、镁盐含量表示镁硬度及 Ca^{2+}、Mg^{2+} 总量表示总硬度。总硬度 $4°～8°$ 为软水，$8°～16°$ 为中等硬水，$16°～30°$ 为硬水、$30°$ 以上为极硬水。生活用水的总硬度不得超过 $25°$，工业用水则随要求不同而定。

（1）总硬度测定（直接滴定法） 利用氨缓冲溶液控制水样 $pH=10$，加铬黑T作指示剂，这时水中 Mg^{2+} 与指示剂生成红色配合物（$K_{MgIn}>K_{CaIn}$）

$$Mg^{2+} + HIn^{2-} \Longleftrightarrow MgIn^- + H^+$$

用 EDTA 标准滴定溶液滴定时，EDTA 先与水中 Ca^{2+} 配位，再与 Mg^{2+} 配位（$K_{CaY}>K_{MgY}$）

$$Ca^{2+} + H_2Y^{2-} \Longleftrightarrow CaY^{2-} + 2H^+$$

$$Mg^{2+} + H_2Y^{2-} \Longleftrightarrow MgY^{2-} + 2H^+$$

到达化学计量点时，EDTA 夺取 $MgIn^-$ 中的 Mg^{2+}，使指示剂游离出来而显纯蓝色（$K_{MgY}>K_{MgIn}$）

$$\underset{红色}{MgIn^-} + H_2Y^{2-} \Longleftrightarrow MgY^{2-} + \underset{蓝色}{HIn^{2-}} + H^+$$

根据 EDTA 的用量计算水的硬度

① 以每升水中 $CaCO_3$ 的毫克数（$mg \cdot L^{-1}$）表示时，则有

$$总硬度 = \frac{cVM(CaCO_3)}{V_水} \times 1000$$

② 以每升水中含有 10mg CaO 为 1° 表示时，则水的总硬度度数为

$$总硬度 = \frac{cVM(CaO)}{V_水 \times 10} \times 1000$$

式中　　　c——EDTA 标准滴定溶液浓度（基本单元以 Na_2H_2Y 计），$mol \cdot L^{-1}$；

　　　　　V——测总硬度时消耗 EDTA 体积，L；

　　　　　$V_水$——测定时水样体积，L；

$M(CaCO_3)$——$CaCO_3$ 摩尔质量，$g \cdot mol^{-1}$；

　$M(CaO)$——CaO 摩尔质量，$g \cdot mol^{-1}$。

　　水样中含有 Fe^{3+}、Al^{3+}、Cu^{2+} 时，对铬黑 T 有封闭作用，可加入 Na_2S 使 Cu^{2+} 成为 CuS 沉淀；在碱性溶液中加入三乙醇胺掩蔽 Fe^{3+}、Al^{3+}。Mn^{2+} 存在时，在碱性条件下可被空气氧化成 Mn^{4+}，它能将铬黑 T 氧化褪色，可在水样中加入盐酸羟胺防止指示剂被氧化。

　　（2）钙硬度测定　用 NaOH 调节水样 pH=12，Mg^{2+} 形成 $Mg(OH)_2$ 沉淀，以钙指示剂确定终点，用 EDTA 标准滴定溶液滴定，终点时溶液由红色变为蓝色。终点时反应为：

$$CaIn^- + H_2Y^{2-} \rightleftharpoons CaY^{2-} + HIn^{2-} + H^+$$

　　红色　　　　　　　　　　　　　蓝色

　　水样中含有 $Ca(HCO_3)_2$，当加碱调节 pH=12 时，$Ca(HCO_3)_2$ 形成 $CaCO_3$ 而使结果偏低，应先加入 HCl 酸化并煮沸使 $Ca(HCO_3)_2$ 完全分解。

$$Ca(HCO_3)_2 + 2NaOH \longrightarrow CaCO_3 \downarrow + Na_2CO_3 + 2H_2O$$

$$Ca(HCO_3)_2 + 2HCl \xrightarrow{\triangle} CaCl_2 + 2H_2O + 2CO_2 \uparrow$$

　　以 NaOH 调节溶液酸度时，用量不宜过多，否则一部分 Ca^{2+} 被 $Mg(OH)_2$ 吸附，致使钙硬度结果偏低。

　　（3）镁硬度　由总硬度减去钙硬度，即为镁硬度。

2. 镍盐中镍含量的测定

　　（1）直接滴定法　镍盐含量测定，在 pH=10 的氨-氯化铵缓冲溶液中，用紫脲酸铵作指示剂，用 EDTA 标准滴定溶液滴定。由黄色变为蓝紫色为终点，反应如下：

滴定前　　　　　Ni^{2+}（蓝色）+ In（紫色）$\longrightarrow$ NiIn（深黄色）

终点前　　　　　Ni^{2+}（蓝色）+ Y（无色）$\longrightarrow$ Ni Y（蓝色）

终点时　　　　　NiIn（深黄色）+ Y（无色）$\longrightarrow$ NiY（蓝色）+ In（紫色）

　　紫脲酸铵和 Ni^{2+} 生成黄色配位化合物。由于镍离子本身为浅蓝色，其终点色泽由深黄色变为蓝紫色。

上述滴定终点的"蓝紫色"中，"蓝"是由镍离子色泽产生，"紫"是由指示剂滴定至终点的色泽产生。若溶液中含镍量低时，则"蓝"色很淡，终点为紫色。

此项测定受镉、钴、锌干扰，汞的干扰可以用氯化钾掩蔽；碱土金属的干扰可以用氟化物掩蔽。

（2）返滴定法 Ni^{2+} 与 EDTA 的配位反应缓慢，先在试液中加入过量的 EDTA 标准滴定溶液，调节 pH＝5（或 10），煮沸使 Ni^{2+} 与 EDTA 反应完全。以 PAN（或紫脲酸铵）为指示剂，用 $CuSO_4$ 标准滴定溶液滴定剩余的 EDTA，终点时溶液由绿色变为蓝紫色。

$$Ni^{2+}+H_2Y^{2-}\longrightarrow NiY^{2-}+2H^+$$

$$H_2Y^{2-}（余量）+Cu^{2+}\longrightarrow CuY^{2-}+2H^+$$
$$\text{蓝色}$$

$$PAN+Cu^{2+}\longrightarrow Cu-PAN$$
$$\text{黄色} \qquad\qquad \text{红色}$$

3. 铝盐中铝含量的测定（置换滴定法）

Al^{3+} 与 EDTA 配位反应缓慢，可用返滴定法或置换滴定法测定。

将试液调节 pH＝3～4，加入过量的 EDTA 标准滴定溶液，煮沸使 Al^{3+} 与 EDTA 反应完全，冷却后，调节溶液 pH＝5～6，以二甲酚橙为指示剂，用 Zn^{2+} 标准滴定溶液滴定剩余的 EDTA（返滴定法计体积，就可算出 Al^{3+} 的含量，置换滴定法不计体积）。然后加入一种选择性较高的配位剂 NH_4F，将 AlY^- 中的 EDTA 置换出来，再用 Zn^{2+} 标准滴定溶液滴定置换出来的 EDTA，终点时溶液由黄色变为紫红色。

$$Al^{3+}+H_2Y^{2-}（过量）\longrightarrow AlY^-+2H^+$$

$$H_2Y^{2-}（余量）+Zn^{2+}\longrightarrow ZnY^{2-}+2H^+$$

$$AlY^-+6F^-+2H^+\longrightarrow AlF_6^{3-}+H_2Y^{2-}$$

$$H_2Y^{2-}+Zn^{2+}\longrightarrow ZnY^{2-}+2H^+$$

铝盐中若含 Fe^{3+} 及其他杂质也能与 EDTA 配位，但在 pH＝5～6 加 NH_4F，它们与 EDTA 形成的配合物较稳定，只有 AlY^- 能与 F^- 反应置换出相应量的 EDTA，因此不妨碍 Al^{3+} 的测定。

4. 铅、铋的连续测定

Pb^{2+}、Bi^{3+} 均能与 EDTA 形成稳定的配合物，其稳定常数 $\lg K$ 值分别为 18.04 和 27.94。由于两者的 $\lg K$ 值相差很大，可以利用控制不同的酸度，分别进行滴定。

将 Pb^{2+}、Bi^{3+} 试液调节酸度至 pH＝1，以二甲酚橙为指示剂，用 EDTA 标准滴定溶液滴定 Bi^{3+} 至溶液由紫红色变为黄色，记录体积 V_1。然后调节溶液酸度至 pH＝5～6，再用 EDTA 标准滴定溶液滴定 Pb^{2+} 至溶液由紫红色变为黄色，记录体积 V_2。由 EDTA 溶液的两次用量，可分别求得 Pb^{2+}、Bi^{3+} 的含量。

试液中若含有 Fe^{3+}、Cu^{2+}，可加抗坏血酸掩蔽 Fe^{3+}，加硫脲掩蔽 Cu^{2+}。

三、 计算示例

【例5-4】 含铝试样0.2160g，溶解后加入0.02000mol·L^{-1}EDTA标准滴定溶液30.00mL，在pH=3.5条件下加热煮沸使 Al^{3+} 与EDTA反应完全。冷却后调pH=5～6，用0.02400mol·L^{-1} Zn^{2+} 标准滴定溶液滴定过量部分的EDTA，消耗体积 V_1 为4.86mL，再加入NaF并加热煮沸，冷却以后用锌标准滴定溶液滴定至终点，消耗体积为 $V_2$20.15mL。计算试样中 Al_2O_3 的含量。

【解】
$$M\left(\frac{1}{2}Al_2O_3\right)=50.98g\cdot mol^{-1}$$

返滴定计算

$$w(Al_2O_3)=\frac{(c_YV_Y-C_{Zn}V_{1Zn})M\left(\frac{1}{2}Al_2O_3\right)}{m}\times100\%$$

$$=\frac{(0.02000\times30.00-0.02400\times4.86)\times50.98\times10^{-3}}{0.2160}$$

$$\times100\%$$

$$=11.41\%$$

用置换滴定计算

$$w(Al_2O_3)=\frac{c_{Zn}V_{2Zn}\times M\left(\frac{1}{2}Al_2O_3\right)}{m}\times100\%$$

$$=\frac{0.02400\times20.15\times50.98\times10^{-3}}{0.2160}\times100\%$$

$$=11.41\%$$

由此可见，用两种方法测定Al均可，一般来说，组分干扰少时，用返滴定法简单；如果组分复杂，干扰离子多，用置换滴定法准确度高些，但手续麻烦些。

【例5-5】 含铅、锌、镁试样0.5120g，溶解后用氰化物掩蔽 Zn^{2+}，滴定时需0.02970mol·L^{-1}EDTA标准滴定溶液48.70mL。然后加入二巯基丙醇置换PbY中的Y，用0.007650mol·L^{-1} Mg^{2+}标准滴定溶液16.40mL滴定至终点。最后加入甲醛解蔽 Zn^{2+}，滴定 Zn^{2+} 用去0.02970mL EDTA标准滴定溶液23.10mL。计算试样中三种金属的含量。

【解】
$$M(Pb)=207.2g\cdot mol^{-1}$$
$$M(Zn)=65.39g\cdot mol^{-1}$$
$$M(Mg)=24.30g\cdot mol^{-1}$$

$$w(Pb)=\frac{0.007650\times16.40\times207.2\times10^{-3}}{0.5120}\times100\%$$

$$=5.08\%$$

$$w(Mg)=\frac{(0.02970\times48.70-0.007650\times16.40)\times24.30\times10^{-3}}{0.5120}\times100\%$$

$$=6.27\%$$

$$w(Zn) = \frac{0.02970 \times 23.10 \times 65.39 \times 10^{-3}}{0.5120} \times 100\%$$

$$= 8.76\%$$

【例 5-6】 含 Fe^{3+} 和 Al^{3+} 的试液 50.00mL，调节 pH＝2.0，以磺基水杨酸作指示剂，用 $0.03504mol \cdot L^{-1}$ EDTA 标准滴定溶液 32.11mL 滴定至红色恰好消失，然后加入 50.00mL 上述 EDTA 标准滴定溶液并煮沸，冷却后调节 pH＝5.0，用 $0.04110mol \cdot L^{-1}$ Zn^{2+} 溶液 15.14mL 滴定至终点出现红色，计算试液中 Fe^{3+} 和 Al^{3+} 的浓度。

【解】 pH＝2.0 时，EDTA 溶液滴定的是 Fe^{3+}

$$c(Fe^{3+}) = \frac{0.03504 \times 32.11}{50.00} = 0.02250(mol \cdot L^{-1})$$

pH＝5.0 时，测定的是 Al^{3+}

$$c(Al^{3+}) = \frac{0.03504 \times 50.00 - 0.04110 \times 15.14}{50.00}$$

$$= 0.02259(mol \cdot L^{-1})$$

阅读材料

"哑泉" 之谜

大家看过《三国演义》，其中在七擒孟获的故事中说道，诸葛亮第四次释放孟获后，当时秃龙大王扬言要利用四个毒泉水消灭汉军，这四个毒泉分别是"哑泉"、"灭泉"、"黑泉" 和 "柔泉"，"哑泉" 其水颇甜，人若饮之，则不能言，不过旬日必死。汉将先锋王平率人探路时因正值酷暑，天气炎热，人们争先恐后误饮了 "哑泉" 之水，回到大营后士兵不能说话，生命危在旦夕，诸葛亮当时也束手无策，后经地方隐士指点，汉军将士喝了万安溪的 "药泉" 水，随即吐出蓝色恶涎，方才转危为安。

这个谜是怎么破解的？原来 "哑泉" 其水颇甜，是一种稀有的矿化泉，泉水中含有铜的化合物（硫酸铜）较多，因为铜离子是重金属，会使人体中的蛋白质变质，呈弱酸性，少量饮用口感有点甜，饮入过多则会中毒，首先影响声带，使声音嘶哑甚至暂时 "失声"，引起说话不清、呕吐腹泻最后导致虚脱、痉挛而死，如果时间过长则有可能导致死亡。而万安溪 "药泉" 水中含有较多的氢氧化钙，是强碱，其中的 OH^- 能与哑泉中的 Cu^{2+} 结合生成蓝色的氢氧化铜沉淀，这种沉淀不易被人体吸收，所以对人体不会造成伤害。

本 章 小 结

一、配位反应的条件

(1) $K_稳 > 10^8$，配合物稳定，可溶解，反应完全。

(2) 配位数固定，定量计算依据。

（3）反应速率快。

（4）要有适当的方法确定终点。

二、EDTA 及 MY 性质

1. EDTA 性质

乙二胺四乙酸二钠盐（$Na_2Y \cdot 2H_2O$），水溶液 $pH = 4.4$，六元酸，有七种存在形式，与溶液 pH 密切相关。

2. MY 性质

MY 稳定性高，配位比简单（$1:1$），易溶于水，无色，应用范围广。

三、配合物稳定常数

1. 绝对稳定常数 K_{MY}（理论值，查表）

$$M + Y \rightleftharpoons MY \qquad K_{MY} = \frac{[MY]}{[M][Y]}$$

2. 酸效应系数 $\alpha_{Y(H)}$

酸效应——由溶液的 pH 变化，导致 EDTA 与 M 配位能力改变

酸效应系数——pH 对 EDTA 的影响程度 $\alpha_{Y(H)} = \dfrac{c_Y}{[Y]}$

结论：$[H^+]$ 减少，pH 增大，$\alpha_{Y(H)}$ 减小，$[Y]$ 增大，配位能力增强，MY 稳定性增加。

3. 表观稳定常数 K'_{MY}，实际值（只考虑酸效应时）

$$\lg K'_{MY} = \lg K_{MY} - \lg \alpha_{Y(H)}$$

四、配位滴定的条件——8、5、3 规则

配位滴定中 M 浓度一般为 10^{-2} mol $\cdot$ L^{-1}

1. 准确滴定 M 的条件

$\lg K'_{MY} \geqslant 8$

酸度条件　$\lg \alpha_{Y(H)} \leqslant \lg K'_{MY} - 8$

此时，对应的 pH 为滴定允许的最低 pH，作最低 pH~$\lg K_{MY}$ 图，即为酸效应曲线。

2. 干扰离子 N 不反应（不干扰）的条件

$\lg K'_{NY} \leqslant 3$

$\lg \alpha_{Y(H)} \geqslant \lg K_{MY} - 3$ 时，对应的 pH 为滴定不干扰的最高 pH。

3. 两种离子 M、N 共存时的滴定条件

准确滴定 M　$\lg K'_{MY} \geqslant 8$

N 不干扰　$\lg K'_{NY} \leqslant 3$

$\lg K'_{MY} - \lg K'_{NY} \geqslant 5$

或 $\lg K_{MY} - \lg K_{NY} \geqslant 5$

结论：滴定条件都与 pH 有关，所以要用缓冲溶液控制 pH。

五、消除干扰的目的、方法

1. 目的

降低干扰离子浓度使 $\lg K'_{MY}$ 增大，$\lg K'_{NY}$ 减小。

2. 方法

（1）控制溶液酸度（pH）——根据 8、5、3 规则，利用酸效应曲线

（2）利用掩蔽和解蔽 配位掩蔽法、沉淀掩蔽法、氧化还原掩蔽法、解蔽。

（3）改变滴定方式 直接滴定、返滴定、置换滴定、间接滴定。

（4）化学分离。

（5）其他沉淀剂。

六、金属离子指示剂

（1）性质 有机弱酸、弱碱、配位剂，使用与 pH 有关。

（2）变色原理 $M+In \rightleftharpoons MIn \quad MIn+Y \rightleftharpoons MY+In$

（3）条件

① MIn 与 In 颜色明显不同——pH 控制。

② 显色反应灵敏、迅速、可逆。

③ MIn 稳定，$\lg K'_{MIn} \geqslant 5$，溶于水。

（4）选择 $\lg K'_{MY} - \lg K'_{MIn} \geqslant 2$。

（5）注意问题——封闭现象、僵化现象。

七、应用

（1）EDTA 的制备、标定。

（2）水中硬度测定。

（3）Bi、Pb 连续测定。

（4）Al 盐测定。

（5）Ni 盐测定。

练 习

一、选择题

1. 在 EDTA 滴定中，下列有关酸效应的叙述中，正确的是（ ）。

　A. pH 越大，酸效应系数越大

　B. 酸效应系数越大，配合物的稳定性越大

　C. 酸效应系数越小，配合物的稳定性越大

　D. 酸效应系数越大，滴定曲线的突跃范围越大

2. 用 EDTA 标准溶液滴定金属离子时，若要求相对误差小于 0.1%。则滴定的酸度条件必须满足（ ）。

　A. $\lg \alpha_{Y(H)} K_{MY} \geqslant 8$　　　B. $\lg K'_{MY} < 8$

　C. $\lg K_{MY} \geqslant 8$　　　　　D. $\lg K'_{MY} \geqslant 8$

3. 配位滴定直接法终点所呈现的颜色是（ ）。

　A. 游离金属指示剂的颜色

　B. EDTA 与待测金属离子形成配合物的颜色

　C. 金属指示剂与待测金属离子形成配合物的颜色

　D. 上述 A 与 C 项的混合色

4. 在 EDTA 滴定中，要求金属指示剂与待测金属离子形成配合物的条件稳定常数 K'_{MIn} 值应（ ）。

　A. 大于 K'_{MY}　　B. 小于 K'_{MY}

　C. 等于 K'_{MY}　　D. 大于 $100 K'_{MY}$

5. 某溶液主要含有 Ca^{2+}、Mg^{2+} 及少量 Fe^{3+}、Al^{3+}，今在 pH＝10 时，加入三乙醇胺后，用 EDTA 标准滴定溶液滴定，以铬黑 T 为指示剂，则测出的是（　　）。

    A. Ca^{2+}、Mg^{2+}、Fe^{3+}、Al^{3+} 的总量

    B. Fe^{3+}、Al^{3+} 的总量

    C. Ca^{2+}、Mg^{2+} 的总量

    D. 仅是 Mg^{2+} 的含量

6. 在 Ca^{2+}、Mg^{2+} 混合液中，用 EDTA 标准溶液滴定 Ca^{2+} 时，为了消除 Mg^{2+} 的干扰，宜选用（　　）。

    A. 控制溶液酸度法　　B. 氧化还原掩蔽法

    C. 配位掩蔽法　　　　D. 沉淀掩蔽法

7. 通常测定水的硬度所用的方法是（　　）。

    A. 酸碱滴定法　　B. 氧化还原滴定法

    C. 配位滴定法　　D. 沉淀滴定法

8. 当溶液中有两种金属离子（M、N）共存时，欲以 EDTA 标准溶液滴定 M，而 N 不干扰，则要求（　　）。

    A. $\lg K_{MY} - \lg K_{NY} \geqslant 5$

    B. $\lg K_{MY} - \lg K_{NY} \geqslant 8$

    C. $\lg K_{NY} - \lg K_{MY} \geqslant 5$

    D. $\lg K_{NY} - \lg K_{MY} \geqslant 8$

9. $K_{CaY} = 10^{10.69}$，当 pH＝9 时，$\lg \alpha_{Y(H)} = 1.29$，则 K'_{CaY} 等于（　　）。

    A. $10^{1.29}$　　B. $10^{-9.40}$

    C. $10^{9.40}$　　D. $10^{-10.69}$

10. 测定 Ca^{2+} 所采用的滴定方式为（　　）。

    A. 直接滴定　　B. 间接滴定　　C. 返滴定　　D. 置换滴定

11. 测定 Fe^{3+} 时，溶液的 pH 为（　　）。

    A. 2.00～2.50　　B. 3.50～4.00

    C. 5.00～6.00　　D. 3.00～5.00

12. 测定 Fe^{3+} 所用指示剂为（　　）。

    A. 六次甲基四胺　　B. PAN

    C. 磺基水杨酸　　　D. EDTA

13. 测定 Al^{3+} 时，用六亚甲基四胺调溶液 pH，用它作（　　）溶液。

    A. 缓冲溶液　　B. 酸性溶液

    C. 碱性溶液　　D. 中性溶液

14. 以下关于 EDTA 标准滴定溶液制备叙述错误的为（　　）。

    A. 使用 EDTA 基准试剂，可以直接制备标准滴定溶液

    B. 标定条件与测定条件应尽可能接近

    C. 配位滴定所用蒸馏水，必须进行质量检查

    D. 标定 EDTA 溶液须用二甲酚橙作指示剂

15. 水的硬度测定中，正确的测定条件包括（　　）。

    A. 总硬度：pH＝10，EBT 为指示剂

    B. 钙硬度：pH≥12，XO 为指示剂

C. 钙硬度：调 pH 之前，可不加盐酸酸化并煮沸

D. 水中微量 Ca^{2+} 可添加三乙醇胺掩蔽

二、判断题

1. 由于 EDTA 分子中含有氨氮和羧氧两种结合能力很强的配位原子，所以它能和许多金属离子形成 1 : 1 的环状结构的螯合物，且稳定性好。（ ）

2. 酸效应是影响配合物稳定性的主要因素之一。（ ）

3. EDTA 的酸效应系数 $\alpha_{Y(H)}$，在一定酸度下 $\alpha_{Y(H)} = \dfrac{c\,(Y)}{c\,(Y^{4-})}$。（ ）

4. 在 M 金属离子不水解的前提下，金属离子与 EDTA 形成配合物 MY 的条件稳定常数越大，配合物越稳定。（ ）

5. 用 EDTA 标准滴定溶液滴定某金属离子时，必须使溶液的 pH 高于允许最低 pH。（ ）

6. 标定 EDTA 标准滴定溶液的浓度时，如果所用金属锌不纯，则会导致标定结果偏高。（ ）

7. 用 EDTA 标准滴定溶液测定 Ca^{2+}、Mg^{2+} 总量时，以铬黑 T 为指示剂，溶液的 pH 应控制在 pH＝12。（ ）

8. 在配位滴定中选择适当的 pH，使被测离子的 $\lg K'_{MY}$ 与干扰离子的 $\lg K'_{NY}$ 相差 5，就可消除 N 离子的干扰。（ ）

9. 用 EDTA 标准滴定溶液准确滴定金属离子的必要条件是 $\lg K'_{MY} \geqslant 8$。（ ）

10. 用含有少量 Ca^{2+}、Mg^{2+} 的蒸馏水配制 EDTA 溶液，然后于 pH＝5.5，以二甲酚橙为指示剂，用锌标准溶液标定 EDTA 的浓度，最后在 pH＝10.0 的条件下，用上述 EDTA 溶液滴定试样中 Ni^{2+}，则测定结果偏低。（ ）

11. 用含有少量 Cu^{2+} 的蒸馏水配制 EDTA 溶液，于 pH＝5.0，以二甲酚橙为指示剂，用锌标准溶液标定 EDTA 的浓度，然后用上述 EDTA 溶液于 pH＝10.0 时滴定试样中 Ca^{2+} 的含量，则对测定结果基本上无影响。（ ）

12. 固体铬黑 T 性质稳定，但其水溶液易发生分子聚合而变质，加入三乙醇胺可防止聚合。（ ）

13. 测定水中 Ca^{2+} 时，用 NaOH 掩蔽 Ca^{2+}。（ ）

14. 测定钙硬度时，加入 NaOH 过多，致使钙硬度结果偏低，加入 NaOH 量不足时，钙硬度结果偏高。（ ）

15. 水中钙硬度的测定属于间接滴定法。（ ）

16. 基准试剂规定采用浅绿色瓶签。（ ）

三、简答题

1. 配位滴定对配位反应有哪些要求？

2. EDTA 与金属离子形成的配合物具有哪些特点？为什么 EDTA 与金属离子的配位比多为 1 : 1？

3. 配合物的稳定常数和表观稳定常数有什么不同？为什么要引用表观稳定常数？

4. 提高配位滴定选择性的方法有哪些？

5. 配位滴定中，为什么常使用缓冲溶液？

6. 两种金属离子 M 和 N 共存时，什么条件下才可能利用控制酸度的方法进行分别滴定？

7. 配位滴定的条件如何选择？主要从哪些方面考虑？

8. 当 pH＝5 时，能否用 EDTA 滴定 Mg^{2+}？在 pH＝10、pH＝12 时，情况又如何？

9. 在测定含 Bi^{3+}、Pb^{2+}、Al^{3+} 和 Mg^{2+} 混合液中的 Pb^{2+} 含量时，其他三种离子是否有干扰？为什么？

四、计算题

1. 计算 pH＝4 和 pH＝6 时 $\lg K'_{MgY}$。

2. 称取含钙样品 0.2000g，溶解后配成 100.0mL 溶液。取出 25.00mL 溶液，用 c（EDTA）= 0.02000mol·L^{-1}EDTA 标准滴定溶液滴定，用去 15.40mL，求样品中 CaO 的含量？

3. 称取基准 ZnO0.2000g，用 HCl 溶解后，标定 EDTA 溶液，用去 24.00mL，求 EDTA 标准滴定溶液的浓度？

4. 取 100.0mL 水样，以铬黑 T 为指示剂，在 pH＝10 时用 0.01060mol·L^{-1}EDTA 溶液滴定，消耗 31.30mL。另取 100.0mL 水样，加 NaOH 使呈强碱性，Mg^{2+} 成 Mg（OH）$_2$ 沉淀，用 EDTA 溶液 19.20mL 滴定至钙指示剂变色为终点。计算水的总硬度（以 CaOmg·L^{-1}表示）及水中钙和镁的含量（以 CaOmg·L^{-1}和 MgOmg·L^{-1}表示）。

5. 氯化锌试样 0.2500g，溶于水后控制溶液的酸度 pH＝6，以二甲酚橙为指示剂，用 0.1024mol·L^{-1}EDTA 溶液 17.90mL 滴定至终点。计算 ZnCl$_2$ 的含量。

6. 测定硫酸盐中 SO$_4^{2-}$，称取试样 3.000g，溶解后用 250mL 容量瓶稀释至刻度。吸取 25.00mL，加入 0.05000mol·L^{-1}BaCl$_2$ 溶液 25.00mL，过滤后用 0.05000mol·L^{-1}EDTA 标准滴定溶液 17.15mL 滴定剩余的 Ba^{2+}。计算试样中 SO$_4^{2-}$ 的含量。

7. 含铜、锌、镁的合金试样 0.5000g，溶解后用容量瓶配成 100mL。吸取 25.00mL，调至 pH＝6，以 PAN 作指示剂，用 0.05000mol·L^{-1}EDTA 标准滴定溶液 37.30mL 滴定铜和锌。另取 25.00mL 试液，调至 pH＝10，加 KCN 掩蔽铜和锌，用同浓度 EDTA 标准滴定溶液 4.10mL 滴定镁；然后滴加甲醛解蔽锌，又用同浓度的 EDTA 标准滴定溶液 13.40mL 滴定至终点。计算试样中铜、锌、镁的含量。

第六章
氧化还原滴定法

学习目标

1) 了解氧化还原滴定法的反应特点、条件及分类;
2) 理解标准电极电位 $\varphi^{\ominus}$、条件电极电位 $\varphi^{\ominus\prime}$ 的概念和应用;
3) 理解能斯特方程式的应用;
4) 掌握 $KMnO_4$ 法、$K_2Cr_2O_7$ 法、碘量法的测定原理、滴定条件及应用。

第一节 概 述

氧化还原滴定法是以氧化还原反应为基础的滴定分析方法,是滴定分析中应用最广泛的方法之一。

氧化还原反应与酸碱、沉淀、配位反应不同,酸碱、沉淀、配位反应都是基于离子或分子相互结合的反应,反应比较简单,一般瞬间即可完成。氧化还原反应的特点表现如下。

① 由于氧化还原反应是基于电子转移的反应,因此反应机理比较复杂;

② 氧化还原反应是分步进行,所以反应速率较慢;

③ 大多数氧化还原反应除了主反应外,还常伴随有副反应产生。

由此可见,不是所有的氧化还原反应都能用于滴定分析,因此必须创造适当的条件,如升高溶液温度、增加反应物浓度或降低生成物浓度、添加催化剂等方法,加快反应速率,防止副反应发生,使之符合滴定分析对反应的要求。

能够用于滴定分析的氧化还原反应很多。氧化还原滴定法可以根据待测物的性质选择合适的滴定剂,并常根据所用的滴定剂的名称来命名,可以将氧化还原滴定法分为:

① 高锰酸钾法 利用高锰酸钾标准滴定溶液氧化作用进行的滴定。

② 重铬酸钾法 利用重铬酸钾标准滴定溶液的氧化作用进行的滴定。

③ 碘量法 利用碘的氧化作用或碘离子的还原作用进行的滴定,一般使用硫代硫酸钠作标准滴定溶液。

④ 溴酸钾法 利用溴酸钾标准滴定溶液的氧化作用进行的滴定。

⑤ 铈量法　利用硫酸铈标准滴定溶液的氧化作用进行的滴定。

利用氧化还原滴定法，不仅可以测定具有氧化性或还原性的物质，还可以测定一些能与氧化剂或还原剂发生定量反应的物质。因此，氧化还原滴定的应用范围很广。

第二节　氧化还原平衡

一、电极电位

电极电位是指电极与溶液接触的界面存在双电层而产生的电位差，用 φ 来表示，SI 单位为伏特（V），符号为 V。任一氧化还原电对都有其相应的电极电位，电极电位值越高，则此电对氧化型的氧化能力越强；电极电位越低，则此电对的还原型的还原能力越强，电极电位值的大小表示了电对得失电子能力的强弱。作为一种氧化剂，它可以氧化电位较它低的还原剂；作为一种还原剂，它可以还原电位较它高的氧化剂，由此可见，根据有关电对的电位，可以判断反应进行的方向和次序。

1. 标准电极电位 $\varphi^{\ominus}$

电极电位值与浓度和温度有关，在热力学标准状态〔即 298K 有关物质的活度及酸度都是 $1mol\cdot L^{-1}$，有关气体压力为 $1.013\times10^5 Pa$ 时〕下，该电对的电极电位称为标准电极电位。有关氧化还原电对的标准电极电位列于附录表六。

2. 能斯特方程

在一定状态下，电极电位的大小，不仅与电对本身的性质有关，而且也与溶液中离子的浓度、气体的压力、温度等因素有关，如果温度、浓度发生变化，则电极电位值也要改变，电极电位和温度及浓度的定量关系式称为能斯特方程式。

氧化还原电对可分为可逆电对和不可逆电对。

对于可逆氧化还原电对的电位，可用能斯特方程式表示。例如，Ox-Red 电对

$$Ox+ne \rightleftharpoons Red$$

$$\varphi=\varphi^{\ominus}+\frac{0.059}{n}\lg\frac{a_{Ox}}{a_{Red}} \tag{6-1}$$

式中　φ——氧化型/还原型电对的电位，V；

　　　$\varphi^{\ominus}$——氧化型/还原型电对的标准电位，V；

a_{Ox}、a_{Red}——氧化型和还原型的活度，$mol\cdot L^{-1}$；

　　　n——半反应中电子转移数。

利用能斯特方程式计算各电对的电位时，应注意以下几点。

① 方程式中的各项应与电对中各成分相对应。如电对中的氧化型、还原型、H^+、OH^- 等都应包括在计算公式中。电对的半反应中如有系数，应乘以对应的次数。

② 气体的活度用该气体的分压力（Pa），固体、液体及水的活度定为常数（活度为1），其他均用物质的量浓度。

$$\varphi = \varphi^{\ominus} + \frac{0.059}{n} \lg \frac{[Ox]}{[Red]} \qquad (6\text{-}2)$$

在计算时，为简化起见，可忽略离子强度❶的影响，以浓度代替活度进行计算。

对于不可逆电对，如 MnO_4^-/Mn^{2+}、$Cr_2O_7^{2-}/Cr^{3+}$、$S_4O_6^{2-}/S_2O_4^{2-}$、SO_4^{2-}/SO_3^{2-} 等，实际电位与用能斯特公式计算的电位相差较大，但可用其计算结果作初步判断。

【例 6-1】 已知 $[MnO_4^-]=0.1mol \cdot L^{-1}$，$[Mn^{2+}]=0.001mol \cdot L^{-1}$，$[H^+]=1mol \cdot L^{-1}$，求 $\varphi_{MnO_4^-/Mn^{2+}}$。$MnO_4^-$ 在酸性溶液中的半反应及标准电极电位为

$$MnO_4^- + 8H^+ + 5e \Longrightarrow Mn^{2+} + 4H_2O \qquad \varphi^{\ominus} = +1.51V$$

【解】
$$\varphi = \varphi^{\ominus} + \frac{0.059}{n} \lg \frac{[MnO_4^-][H^+]^8}{[Mn^{2+}]}$$

$$= \left(1.51 + \frac{0.059}{5} \lg \frac{0.1 \times 1}{0.001} \right) V$$

$$= 1.54V$$

【例 6-2】 用 $K_2Cr_2O_7$ 标准溶液（HCl）介质滴定溶液中的 Fe^{2+}，反应达化学计量点时电位是 1.02V。求此时 Fe^{3+} 与 Fe^{2+} 的浓度比，并判断反应是否进行完全。

【解】 已知 $\varphi^{\ominus}_{Fe^{3+}/Fe^{2+}} = +0.77V$ $\quad \varphi_{Fe^{3+}/Fe^{2+}} = +1.02V$

$$\varphi = \varphi^{\ominus} + \frac{0.059}{1} \lg \frac{[Fe^{3+}]}{[Fe^{2+}]}$$

$$\lg \frac{[Fe^{3+}]}{[Fe^{2+}]} = \frac{1}{0.059}(1.02 - 0.77) = 4.24$$

$$\frac{[Fe^{3+}]}{[Fe^{2+}]} = \frac{1.74 \times 10^4}{1}$$

此浓度比值说明 Fe^{2+} 已被氧化完全。

3. 条件电极电位 φ'

在上述计算中，忽略了溶液中离子强度的影响，以浓度代替活度。但在实际工作中，溶液中离子强度是很大的，溶液的酸度也不是特定条件下的 $1mol \cdot L^{-1}$，往往更大些。此外，当溶液组成改变时，电对的氧化型和还原型的存在形式也随之改变，从而引起电位的变化。这些因素是不能忽略的。

为了解决这个问题，人们通过实验测定了在特定条件下，当氧化型和还原型的分析浓度均为 $1mol \cdot L^{-1}$ [或其浓度比 $c(Ox)/c(Red)=1$]时，校正了各种外界因素的影响后的实际电极电位，称为条件电极电位，用 $\varphi'(Ox/Red)$ 表示。有关氧化还原电对的条件电极电位列于附录表七中。

标准电极电位与条件电极电位的关系，与配位反应中的绝对稳定常数 K 和条件稳定常数 K' 的关系相似。条件电位是校正了各种外界因素的影响，处理问题就比较简单，也比较符合实际情况，应用条件电位比用标准电极电位能更准确地判断氧化还原反应方向、次序和反应完成的程度。

---

❶ 离子强度：溶液中电解质的离子之间平均静电相互作用的量度。其值为各离子的质量摩尔浓度与其价数平方的乘积的总和的一半。

若缺少所需条件下的条件电极电位时,可采用条件相近的条件电极电位。例如查不到 $3mol \cdot L^{-1} H_2SO_4$ 溶液中 $Cr_2O_7^{2-}/Cr^{3+}$ 电对的条件电位时,可用 $4mol \cdot L^{-1} H_2SO_4$ 溶液中该电位的条件电位(1.51V)代替,如果采用标准电极电位(1.33V)则误差更大。

对于没有条件电极电位数据的氧化还原电对,只好使用标准电极电位作近似计算。

二、 判断氧化还原反应的方向和次序

在一般情况下可根据氧化还原反应中两电对的条件电位或通过有关氧化还原电对电极电位值的计算,大致判断氧化还原反应进行的方向和次序。

1. 氧化还原反应的方向

氧化还原反应的方向是 $\varphi^{\ominus}$ 值高的电对中氧化型与 $\varphi^{\ominus}$ 值低的电对中还原型相互作用,并向其对应的方向进行。也就是比较强的氧化剂和比较强的还原剂作用,生成比较弱的氧化剂和比较弱的还原剂。

【例6-3】 试根据标准电极电位判断下列反应的自发方向

$$2Fe^{3+} + Sn^{2+} \Longrightarrow 2Fe^{2+} + Sn^{4+}$$

【解】 由附录表六查得, $\varphi^{\ominus}(Fe^{3+}/Fe^{2+}) = 0.77V, \varphi^{\ominus}(Sn^{4+}/Sn^{2+}) = 0.15V$

由于 $\varphi^{\ominus}(Fe^{3+}/Fe^{2+}) > \varphi^{\ominus}(Sn^{4+}/Sn^{2+})$,故 Fe^{3+} 能够氧化 Sn^{2+} ,反应自发向右进行。

应当指出,用标准电极电位判断反应方向,还须考虑 Ox 、 Red 的浓度、溶液的酸度、生成沉淀、形成配合物等因素的影响。这些因素可能使氧化态或还原态存在形式发生变化,以致有可能改变反应的方向。例如,用间接碘量法测定 Cu^{2+} 的反应:

$$2Cu^{2+} + 4I^- \Longrightarrow 2CuI \downarrow + I_2$$

$$\varphi^{\ominus}(Cu^{2+}/Cu^+) = +0.15V, \varphi^{\ominus}(I_2/I^-) = +0.54V$$

从标准电极电位看, $\varphi^{\ominus}(I_2/I^-) > \varphi^{\ominus}(Cu^{2+}/Cu^+)$,似乎 I_2 能够氧化 Cu^+ ,反应向左进行。但事实上反应向右进行, I^- 能还原 Cu^{2+} 且还原得很完全。这是因为 Cu^{2+}/Cu^+ 电对中的 Cu^+ 与溶液中 I^- 生成了难溶的 CuI 沉淀,使溶液中 $[Cu^+]$ 极小,导致其半反应的电位显著增高, $\varphi^{\ominus}(Cu^{2+}/CuI) = +0.84V, Cu^{2+}$ 成了较强的氧化剂。

2. 氧化还原反应的次序

同理,一种氧化剂能氧化几种还原剂时,则电极电位相差大的两电对首先反应。

例如,往含有 I^- 、 Br^- 的溶液中加入 CCl_4 ,再滴加 Cl_2 ,由于 $\varphi^{\ominus}(Cl_2/Cl^-) = 1.36V, \varphi^{\ominus}(Br_2/Br^-) = 1.07V$ 、 $\varphi^{\ominus}(I_2/I^-) = 0.54V$ 、 $\varphi^{\ominus}(Cl_2/Cl^-)$ 与 $\varphi^{\ominus}(I_2/I^-)$ 相差 $0.82V, \varphi^{\ominus}(Cl_2/Cl^-)$ 与 $\varphi^{\ominus}(Br_2/Br^-)$ 相差0.29V,所以 Cl_2 先与 I^- 反应,在 CCl_4 层中先看到紫红色 I_2 ,继续滴加 Cl_2 ,才能看到黄色的 Br_2 。因此,两电对的 $\varphi^{\ominus}$ 相差越大,反应越容易进行。

三、 判断氧化还原反应进行的程度

在氧化还原滴定中,通常要求氧化还原反应进行得越完全越好,反应的完全程度可从平衡常数看出,氧化还原平衡常数可根据能斯特方程式,从有关电对的标准电位或条件电位求得

$$n_2 Ox_1 + n_1 Red_2 \rightleftharpoons n_2 Red_1 + n_1 Ox_2$$

$$K = \frac{[Ox_2]^{n_1}[Red_1]^{n_2}}{[Red_2]^{n_1}[Ox_1]^{n_2}} \tag{6-3}$$

$$\lg K = \frac{(\varphi_1^{\ominus\prime} - \varphi_2^{\ominus\prime})n_1 n_2}{0.059} \tag{6-4}$$

式中，$\varphi_1^{\ominus\prime}$、$\varphi_2^{\ominus\prime}$ 分别为氧化剂和还原剂的条件电位（或用标准电位）；n_1、n_2 分别为氧化剂和还原剂电子转移数。

由上式可见，平衡常数 K 值的大小是由氧化剂和还原剂两电对的条件电位差值和电子转移数决定的。一般来说，两电对的条件电位差值越大，K 值也越大，反应进行的越完全。K 值或条件电位差值达到多大，反应才能进行完全？按滴定分析的反应完全程度不低于99.9%，允许误差为0.1%的要求推算，得出结论：当 $\lg K \geqslant 6$ 或两电对的条件电位差 $\Delta\varphi^{\ominus\prime} \geqslant 0.4V$（$n_1 = n_2 = 1$）时，反应可进行完全。对于电子转移数为 n_1、n_2 的反应，其通式为 $\lg K \geqslant 3(n_1 + n_2)$。

在氧化还原滴定中，常用强氧化剂作为滴定剂，还可控制条件来改变电对的条件电位以满足大于0.4V这个条件。

必须注意，两电对的 $\Delta\varphi^{\ominus\prime}$ 相差很大时，反应不一定能定量进行。例如 $K_2Cr_2O_7$ 与 $Na_2S_2O_3$ 的反应，虽然 $\Delta\varphi^{\ominus\prime}$ 很大，但它们之间的反应复杂，没有定量关系。因此，在碘量法中以 $K_2Cr_2O_7$ 作基准物质标定 $Na_2S_2O_3$ 时，不能用两种物质直接发生反应，而是应用间接法标定。

四、氧化还原反应的速率及影响因素

根据氧化还原反应平衡常数或氧化还原电对的条件电位，可以判断氧化还原反应进行的方向和反应的程度，这些都是理论值，但不能说明反应进行的速率。例如，H_2 和 O_2 生成水的反应，K 值为 10^{41}，但在常温常压下几乎觉察不到反应的进行；只有在点火或有催化剂存在的条件下，反应进行极快，甚至瞬间爆炸。多数氧化还原反应比较复杂，往往是分步进行，各步反应快慢不一，需要一定时间才能完成。例如 H_2O_2 氧化 I^- 的反应是经过三个步骤，$I^- \rightarrow IO^- \rightarrow HIO \rightarrow I_2$，才完成的。

$$H_2O_2 + 2I^- + 2H^+ \longrightarrow I_2 + 2H_2O$$

反应速率将决定于最慢的那一步。

影响氧化还原反应速率的因素有浓度、反应温度、催化剂及诱导反应等。

1. 反应物浓度的影响

由于氧化还原反应机理比较复杂，不能用总的氧化还原反应式来判断反应物浓度对反应速率的影响程度。但一般来说，反应物的浓度越大，反应速率越快。例如，在酸性溶液中，一定量的 $K_2Cr_2O_7$ 和 KI 反应：

$$Cr_2O_7^{2-} + 6I^- + 14H^+ \longrightarrow 2Cr^{3+} + 3I_2 + 7H_2O$$

此反应速率较慢，增大 I^- 的浓度或提高溶液的酸度，可以使反应速率加快。实验证明，在 $0.4mol \cdot L^{-1}$ 酸度下，KI过量约5倍，放置5min，反应即可进行完全。

2. 温度的影响

对大多数反应来说，溶液的温度每升高 10℃，反应速率约增快 2～3 倍。例如，在酸性溶液中，MnO_4^- 与 $C_2O_4^{2-}$ 的反应：

$$2MnO_4^- + 5C_2O_4^{2-} + 16H^+ \longrightarrow 2Mn^{2+} + 10CO_2 + 8H_2O$$

室温下反应很慢。如将溶液加热至 75～85℃，反应则大大加快。

应该注意，有些物质具有挥发性（如 I_2）或加热时易被空气氧化（如 Fe^{2+}，Sn^{2+} 等）时，就不能利用升高溶液温度的办法来增大反应速率，否则会引起误差。

3. 催化剂

对于有些氧化还原反应，可以利用催化剂来改变反应速率。例如，在酸性溶液中，MnO_4^- 与 $C_2O_4^{2-}$ 反应，即使加热到 75～85℃，反应的最初阶段仍然较慢。随着反应的进行，生成物 Mn^{2+} 逐渐增加，反应速率加快。这种由反应生成物本身起催化剂作用的反应称自动催化反应。Mn^{2+} 作为该反应的催化剂，若在反应前加入 Mn^{2+} 作催化剂，则反应开始就是快速进行的。

4. 诱导反应

有些氧化还原反应在通常情况下并不发生或进行很慢，但在另一反应进行时会促进这一反应的发生。这种由于一种反应的进行促进另一个反应进行的现象，称为诱导作用。前一反应称为主诱导反应，后者称为受诱导反应，简称诱导反应。例如，MnO_4^- 氧化 Cl^- 的速率极慢，溶液中同时存在 Fe^{2+} 时，MnO_4^- 与 Fe^{2+} 的反应可以加速 MnO_4^- 与 Cl^- 的反应。

$$MnO_4^- + 5Fe^{2+} + 8H^+ \longrightarrow Mn^{2+} + 5Fe^{3+} + 4H_2O \quad 诱导反应$$

$$2MnO_4^- + 10Cl^- + 16H^+ \longrightarrow 2Mn^{2+} + 8H_2O + 5Cl_2\uparrow \quad 受诱反应$$

因此，不宜在盐酸溶液中用 $KMnO_4$ 溶液滴定 Fe^{2+}。实验结果表明，若在溶液中加入大量 Mn^{2+} 时，可以防止诱导反应的发生。这样，$KMnO_4$ 测定铁的反应就可以在盐酸溶液中进行。这一点在实际应用中是很重要的。

五、 氧化还原滴定法终点的确定

氧化还原滴定过程中，除了用电位法确定终点以外，还可以借用某些物质颜色的变化来确定滴定终点，这类物质就是氧化还原滴定法的指示剂。氧化还原滴定法中常用的指示剂有下列几种类型。

1. 自身指示剂

在氧化还原滴定中，有些标准溶液或被滴定的物质本身有颜色，反应的生成物为无色或颜色很浅，反应物颜色的变化可用来指示滴定终点的到达，这类物质称为自身指示剂。例如，在高锰酸钾法中，高锰酸钾标准溶液本身显紫红色，在酸性溶液中滴定无色或浅色的还原剂时，MnO_4^- 被还原为无色 Mn^{2+}，因而滴定到达化学计量点以后稍为过量的半滴 $KMnO_4$（浓度仅为 $2\times10^{-6}\,mol\cdot L^{-1}$）就可以使溶液呈粉红色，以指示滴定终点的到达。

2. 专属指示剂

有些物质本身不具有氧化还原性，但它能与滴定剂或被测组分产生特殊的颜色，从而达到指示滴定终点的目的，这类指示剂称为专属指示剂或显色指示剂。例如，可溶性淀粉

与 I_3^- 生成深蓝色吸附化合物，反应特效且灵敏。当 I_2 被还原为 I^- 时蓝色消失，因此，可用蓝色的出现或消失指示滴定终点的达到。I_2 溶液的浓度为 $10^{-5}\,mol \cdot L^{-1}$ 时即可看到蓝色。因此可溶性淀粉溶液作为碘量法的专属指示剂。

3. 氧化还原指示剂

这类指示剂本身是较弱的氧化剂或还原剂，其氧化型和还原型具有不同的颜色，在滴定过程中因被氧化或还原而发生颜色的变化，从而指示滴定终点。

例如用 $K_2Cr_2O_7$ 标准滴定溶液测定 Fe^{2+}，常用二苯胺磺酸钠为指示剂，二苯胺磺酸钠的还原态无色，氧化态为紫红色，滴定到化学计量点时，稍过量的 $K_2Cr_2O_7$ 就能够使二苯胺磺酸钠无色的还原态，转变为紫红色的氧化态，从而指示滴定终点。

由于氧化还原滴定是以个性为主，需要选择指示剂的机会并不多，所以滴定曲线不是重点，对化学计量点时的电极电位 φ_{ep} 只要一般了解。

若以 $In(Ox)$ 和 $In(Red)$ 分别表示指示剂的氧化型和还原型，则这一电对的半反应为

$$In(Ox) + ne \rightleftharpoons In(Red)$$

其电位与浓度的关系为：

$$\varphi_{In} = \varphi^{\ominus\prime} + \frac{0.059}{n} \lg \frac{[In(Ox)]}{[In(Red)]}$$

当溶液中电对的电位发生变化时，氧化型和还原型的浓度比也随之改变。与酸碱指示剂的变色情况类似。因此指示剂的变色范围以电位表示为：

$$\varphi^{\ominus\prime} \pm \frac{0.059}{n} \tag{6-5}$$

由此看出，指示剂变色的电位范围较小。一般在选择指示剂时，应选其条件电位尽量接进反应化学计量点时的电位。

$$\varphi_{ep} = \frac{n_1 \varphi_1^{\ominus} + n_2 \varphi_2^{\ominus}}{n_1 + n_2} \tag{6-6}$$

式中　φ_{ep}——化学计量点时的电位，V；

$\varphi_1^{\ominus}$，$\varphi_2^{\ominus}$——Ox、Red 的条件电位或标准电位，V；

n_1，n_2——Ox、Red 的电子转移数。

φ_{ep} 为选择指示剂提供了依据，即 φ_{ep} 与 φ_{In} 越接近越好。

常用的氧化还原指示剂列于表 6-1。要求是会查表，能选择指示剂即可。

表 6-1　常用的氧化还原指示剂

指 示 剂	$\varphi_{In}^{\ominus\prime}/V$ $c(H^+) = 1mol \cdot L^{-1}$	颜色变化		配 制 方 法
		氧化型	还原型	
次甲基蓝	0.52	蓝色	无色	0.05%水溶液
二苯胺	0.76	紫色	无色	1g 二苯胺溶于 100mL 2% H_2SO_4 中
二苯胺磺酸钠	0.85	紫红色	无色	0.8g 二苯胺磺酸钠溶于 100mL
邻苯胺基苯甲酸	1.08	紫红色	无色	0.107g 邻苯胺基苯甲酸溶于 20mL 5% Na_2CO_3 用水稀释至 100mL
邻二氮菲-亚铁	1.06	浅蓝色	红色	1.485g 邻二氮菲及 0.965g 硫酸亚铁溶于 100mL 水中

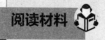

科学家能斯特

能斯特1864年6月25日生于土伦东北的一个小镇上，那是天文学家哥白尼诞生的地方。能斯特年轻时对文学、诗歌和古典作品特别是拉丁作品很感兴趣，而且表现出了非凡的能力。后来他的化学老师使他对自然科学产生了兴趣，他经常在一个小的家庭实验室做实验。他先后在苏黎世大学、四兹堡大学和格拉茨大学学习过，在格拉茨时他遇到了玻尔兹曼和阿仑尼乌斯。1887年能斯特在柯尔劳汁的指导下取得了哲学博士学位。

后来，他成为哥丁堡大学和柏林大学的教授。能斯特开始研究物理学，后来在奥斯特瓦尔德的影响下转而研究物理化学，特别是在热力学和电化学方面取得了巨大的成就。

能斯特从实验中观察到，由两种不同的电解质溶液组成原电池时，两种溶液的电位差仅决定于两种溶液的浓度比。如 $0.01mol \cdot L^{-1}$ KCl 溶液和 $0.01mol \cdot L^{-1}$ HCl 溶液间的电位差与 $0.1mol \cdot L^{-1}$ KCl 溶液和 $0.1mol \cdot L^{-1}$ HCl 溶液间的电位差相同。这些结果都是由实验数据证明的。

电池产生电位差的理论开始由能斯特提出，后来又得到了发展。能斯特认为，在原电池中，金属进入溶液的倾向可以用一种金属的溶解压力来描绘，而溶液中的金属离子沉积到金属电极上是由于金属离子的渗透压所致，显然这种力与金属离子浓度有关，这两种力的性质相反，它们之间的平衡与电极和溶液间的电位差是一致的。如果金属有一个非常小的溶解压力，此时溶液中的离子将从溶液中沉积到金属电极上，而溶液中就留下负电荷。如果溶解压力和渗透压相等，此时金属既不会溶解进入溶液，溶液中的离子也不会沉积出来，电池电位差等于零。

1889年，他提出溶解压假说，从热力学导出电极势与溶液浓度的关系式，即电化学中著名的能斯特方程；同年，还引入溶度积这个重要的概念来解释沉淀反应。他用量子理论的观点研究低温下固体的比热；提出光化学的"原子链式反应"理论。1906年，根据低温现象的研究，得出了热力学的第三定律，人们称之为"能斯特热定理"。这个定理有效地解决了计算平衡常数问题和许多工业生产难题，因此获得了1920年的诺贝尔化学奖。

第二节 常用的氧化还原滴定法

氧化还原滴定法是根据标准滴定溶液的名称进行命名的，常用的有高锰酸钾法、重铬酸钾法、碘量法、溴酸钾法、硫酸铈法等。各种方法都有其特点和适用范围，应该根据实际情况正确选择使用。下面介绍几种常用的氧化还原滴定法。

一、 高锰酸钾（KMnO$_4$）法

1. 滴定反应

高锰酸钾法是利用 KMnO$_4$ 作氧化剂进行滴定分析的方法。KMnO$_4$ 是一种强氧化剂，在不同介质中氧化能力和还原产物有所不同。

在强酸性溶液中：

$$MnO_4^- + 8H^+ + 5e \Longleftrightarrow Mn^{2+} + 4H_2O \qquad \varphi^\ominus = 1.51V$$

在中性或弱碱性溶液中：

$$MnO_4^- + 2H_2O + 3e \Longleftrightarrow MnO_2 \downarrow + 4OH^- \qquad \varphi^\ominus = 0.595V$$

生成褐色沉淀，影响终点观察。

在强碱性溶液中：

$$MnO_4^- + e \Longleftrightarrow MnO_4^{2-} \qquad \varphi^\ominus = 0.564V$$

2. 滴定条件

由 $\varphi^\ominus$ 值可知 KMnO$_4$ 在强酸性溶液中氧化能力最强。因此 KMnO$_4$ 滴定法一般都在强酸性溶液中进行。酸度以 $1\sim2\text{mol} \cdot \text{L}^{-1}$ 为宜。酸度过高导致 KMnO$_4$ 分解，酸度过低会生成 MnO$_2$ 沉淀。调节酸度需要用硫酸，避免使用盐酸、硝酸和醋酸，因为 Cl$^-$ 具有还原性，能被 MnO$_4^-$ 氧化；而硝酸具有氧化性，它可能氧化被测定的物质；醋酸太弱，酸度不够。

3. 优点

① KMnO$_4$ 氧化能力强，应用范围广。用直接法可测定许多还原性物质，如 Fe^{2+}、As(Ⅲ)、Sb(Ⅲ)、H$_2$O$_2$、NO$_2^-$、C$_2$O$_4^{2-}$ 等。用返滴定法可测定一些氧化性物质，如测定 MnO$_2$ 含量时，可在试样的 H$_2$SO$_4$ 溶液中加入过量的 Na$_2$C$_2$O$_4$，反应完全后，用 KMnO$_4$ 标准溶液滴定剩余的 C$_2$O$_4^{2-}$。用类似方法还可测定 PbO$_2$、ClO$_3^-$ 等。

有些不具有氧化还原性质的物质，但能与某些氧化剂或还原剂作用，可以利用间接滴定法测定。例如测定 Ca^{2+} 时，是将 Ca^{2+} 沉淀为 CaC$_2$O$_4$，再用 H$_2$SO$_4$ 将所得沉淀溶解，然后用 KMnO$_4$ 标准滴定溶液滴定溶液中的 C$_2$O$_4^{2-}$，间接求得 Ca^{2+} 的含量。许多能与 C$_2$O$_4^{2-}$ 定量反应生成沉淀的 Sr^{2+}、Ba^{2+}、Cd^{2+}、Zn^{2+}、Hg^{2+} 等都能用此方法测定。

很多有机物在 NaOH 浓度大于 $2\text{mol} \cdot \text{L}^{-1}$ 的碱性溶液中，可以用高锰酸钾法测定。这时 MnO$_4^-$ 被还原为 MnO$_4^{2-}$。

② 自身指示剂，可减少误差。MnO$_4^-$ 本身有颜色，浓度为 $2 \times 10^{-6}\text{mol} \cdot \text{L}^{-1}$ 的溶液即显示出粉红色。所以用它滴定无色或浅色溶液时，一般不需另加指示剂。若用很稀的溶液滴定时，可以加二苯胺磺酸钠指示剂。

4. 缺点

试剂含有少量杂质，溶液不够稳定；由于 KMnO$_4$ 的氧化能力强，可以和很多还原性物质作用，所以干扰也比较严重。

5. KMnO$_4$ 标准滴定溶液的制备

（1）配制 纯 KMnO$_4$ 溶液相当稳定，但市售 KMnO$_4$ 的纯度仅在 99％左右，试剂

常含有少量杂质如 MnO_2、硫酸盐、氯化物、硝酸盐等。通常先配成近似浓度的溶液，再进行标定。由于蒸馏水中常含有微量还原性物质，能与 MnO_4^- 反应析出 $MnO(OH)_2$ 沉淀，它与 MnO_2 又能进一步促进 $KMnO_4$ 溶液的分解。此外，热、光等也能促进 $KMnO_4$ 的分解。

为了配制比较稳定的 $KMnO_4$ 溶液，采用以下步骤。

① 可称取稍多于计算用量的 $KMnO_4$，溶于一定体积蒸馏水中，将溶液缓缓煮沸 15min（或 1h），冷却贮于棕色瓶中放置两周（或 2～3 天），使溶液中可能存在的还原性物质完全氧化；

② 用 4 号微孔玻璃漏斗过滤除去沉淀物，将溶液贮于干净且干燥的棕色瓶中放暗处保存。玻璃滤锅的处理是指玻璃滤锅在同样浓度的高锰酸钾溶液中缓缓煮沸 5min。

如需要较稀的 $KMnO_4$ 溶液，可用蒸馏水将 $KMnO_4$ 溶液临时稀释和标定后使用，不宜长期贮存。

（2）标定　标定 $KMnO_4$ 溶液的基准物质有：$Na_2C_2O_4$、$H_2C_2O_4 \cdot 2H_2O$、$(NH_4)_2Fe(SO_4)_2 \cdot 6H_2O$ 和纯铁丝等，其中最常用的是 $Na_2C_2O_4$。它易提纯、性质稳定，不含结晶水，在 105～110℃烘至恒重（约 2h），即可使用。

$Na_2C_2O_4$ 在 H_2SO_4 溶液中与 $KMnO_4$ 反应如下：

$$2MnO_4^- + 5C_2O_4^{2-} + 16H^+ \longrightarrow 2Mn^{2+} + 8H_2O + 10CO_2 \uparrow$$

此时 $KMnO_4$ 的基本单元是，$c\left(\frac{1}{5}KMnO_4\right)$，$Na_2C_2O_4$ 的基本单元是 $\frac{1}{2}Na_2C_2O_4$。

称取 0.25g 于 105～110℃电烘箱中干燥至恒重的工作基准试剂草酸钠，溶于 100mL 硫酸溶液（8+92）中，用配制好的高锰酸钾溶液滴定，近终点时加热至约 65℃，继续滴定至溶液呈粉红色，并保持 30s。同时做空白试验。

$$c\left(\frac{1}{5}KMnO_4\right) = \frac{m \times 1000}{(V_1 - V_2)\, M\left(\frac{1}{2}Na_2C_2O_4\right)}$$

式中　$c\left(\frac{1}{5}KMnO_4\right)$——高锰酸钾标准滴定溶液的浓度，$mol \cdot L^{-1}$；

$\qquad m$——基准草酸钠的质量，g；

$\qquad V_1$——滴定消耗高锰酸钾标准滴定溶液的体积，mL；

$\qquad V_2$——空白试验消耗高锰酸钾标准滴定溶液的体积，mL；

$M\left(\frac{1}{2}Na_2C_2O_4\right)$——以 $\frac{1}{2}Na_2C_2O_4$ 为基本单元的基准 $Na_2C_2O_4$ 的摩尔质量，

$$M\left(\frac{1}{2}Na_2C_2O_4\right) = 66.999g \cdot mol^{-1}。$$

为加速反应定量进行，应注意下列滴定条件。

① 温度　此反应在室温下速率缓慢，需将 $Na_2C_2O_4$ 溶液加热至 75～85℃再进行滴定。若温度超过 90℃，$H_2C_2O_4$ 部分分解，导致标定结果偏高；近终点时溶液的温度不能低于 65℃，否则反应不完全。

$$H_2C_2O_4 \xrightarrow{>90℃} H_2O + CO_2 \uparrow + CO \uparrow$$

② 酸度 溶液应保持足够的酸度,一般在滴定开始时酸度约 $0.5 \sim 1 \mathrm{mol \cdot L^{-1}}$。酸度不够时,容易生成 MnO_2;酸度过高,会促使 $H_2C_2O_4$ 分解。

③ 滴定速度 MnO_4^- 与 $C_2O_4^{2-}$ 反应,开始很慢,当有 Mn^{2+} 生成以后,反应逐渐加快。因此开始滴定时,加入第一滴 $KMnO_4$ 溶液褪色后,再加入第二滴,由于 Mn^{2+} 有自动催化作用,待滴入 $KMnO_4$ 溶液迅速褪色时,可以加快速度。但不能像流水似地滴下去,否则加入的 $KMnO_4$ 溶液来不及与 $C_2O_4^{2-}$ 反应,就在热的酸性溶液中分解,导致标准滴定溶液浓度结果偏低。

$$4MnO_4^- + 12H^+ \longrightarrow 4Mn^{2+} + 6H_2O + 5O_2\uparrow$$

若滴定前加入少量的 $MnSO_4$ 为催化剂,则在滴定的最初阶段就可以较快的速率进行。

④ 滴定终点 用 $KMnO_4$ 溶液滴定至溶液呈淡粉红色 30s 不褪色即为滴定终点。若时间过长,空气中还原性物质及尘埃等杂质落入溶液中能使 $KMnO_4$ 分解而褪色。

标定好的 $KMnO_4$ 溶液在使用和放置一段时间后,若发现有 $MnO(OH)_2$ 沉淀析出,应重新过滤并标定。

6. 应用实例

(1) 过氧化氧含量的测定——直接滴定 纯 H_2O_2 为无色稠厚液体,呈弱酸性反应,保存中能自行分解:

$$2H_2O_2 \longrightarrow 2H_2O + O_2\uparrow$$

其稳定性随溶液的稀释程度而增加。工业产品又名双氧水,含 H_2O_2 一般为 30% 通常用作氧化剂、漂白剂。

H_2O_2 在酸性溶液中,可用 $KMnO_4$ 标准滴定溶液直接滴定,反应为:

$$2MnO_4^- + 5H_2O_2 + 6H^+ \longrightarrow 2Mn^{2+} + 8H_2O + 5O_2\uparrow$$

滴定开始时反应较慢,待有 Mn^{2+} 生成后,滴定可稍快些,若在滴定前,加入少许 Mn^{2+} 作催化剂,可以加快反应速率。

工业产品双氧水中一般都加入某些有机物(如乙酰苯胺)作稳定剂,这些有机物大多能与 $KMnO_4$ 作用而使测定结果偏高。此时可改用碘量法或铈量法测定。

(2) 软锰矿中 MnO_2 含量测定——返滴定 软锰矿的主要成分是 MnO_2,它不仅是锰的来源,又是工业的氧化剂,其氧化能力的大小,决定于 MnO_2 的含量。

测定 MnO_2 的方法是在酸性溶液中,MnO_2 与过量的 $Na_2C_2O_4$ 加热溶解,然后用 $KMnO_4$ 标准滴定溶液滴定剩余的 $C_2O_4^{2-}$,反应如下:

$$MnO_2 + C_2O_4^{2-} + 4H^+ \longrightarrow Mn^{2+} + 2H_2O + 2CO_2\uparrow$$

$$2MnO_4^- + 5C_2O_4^{2-} + 16H^+ \longrightarrow 2Mn^{2+} + 8H_2O + 10CO_2\uparrow$$

$Na_2C_2O_4$ 一般应比软锰矿所需计算用量多 0.2g,约消耗 30mL $KMnO_4$ 标准滴定溶液。试样必须磨细,一般在 15min 内即可完全溶解,以无黑色颗粒为标准。溶解试样时,应盖上表面皿徐徐加热,防止 $H_2C_2O_4$ 分解,造成结果偏高。

(3) 石灰石中氧化钙含量的测定——间接滴定法 石灰石试样溶于酸后,在弱碱性条件下 Ca^{2+} 与 $C_2O_4^{2-}$ 生成 CaC_2O_4 沉淀,经过滤洗涤后,将沉淀溶于 H_2SO_4 溶液中,然后用 $KMnO_4$ 标准滴定溶液滴定溶液中的 $H_2C_2O_4$。反应如下:

$$Ca^{2+} + C_2O_4^{2-} \longrightarrow CaC_2O_4 \downarrow$$

$$CaC_2O_4 + 2H^+ \longrightarrow Ca^{2+} + H_2C_2O_4$$

$$5H_2C_2O_4 + 2MnO_4^- + 6H^+ \longrightarrow 2Mn^{2+} + 8H_2O + 10CO_2 \uparrow$$

沉淀 Ca^{2+} 时，是在石灰石溶于酸后加入过量（$NH_4)_2C_2O_4$ 沉淀剂，再用稀氨水中和至甲基橙显黄色，并放置一段时间。这样操作可以得到颗粒较大的晶形沉淀（均相沉淀），便于过滤和洗涤。

过滤后，沉淀表面吸附的 $C_2O_4^{2-}$ 必须洗净，否则测定结果偏高。为了减少洗涤时沉淀溶解的损失，可用冷水、并采用"少量多次"的方法洗涤沉淀。

(4) 某些有机物的测定　$KMnO_4$ 氧化某些有机物的反应，在碱性溶液中比在酸性溶液中快，采用加入过量 $KMnO_4$ 加热的方法，可以进一步加快反应，在碱性溶液中，过量的 $KMnO_4$ 能定量地氧化某些有机物，如甘油、甲酸、甲醇等。例如用高锰酸钾法测定甲醇，可将一定过量的 $KMnO_4$ 标准溶液加到碱性试样中，其反应如下：

$$CH_3OH + 6MnO_4^- + 8OH^- \longrightarrow CO_3^{2-} + 6MnO_4^{2-} + 6H_2O$$

待反应完成后，将溶液酸化，用 $FeSO_4$ 标准溶液滴定，使所有高价锰还原为 Mn^{2+}，即可算出消耗 $FeSO_4$ 的物质的量。同样可计算出反应前加入的 $KMnO_4$ 标准溶液相当于 $FeSO_4$ 物质的量，由两者差值即可求出甲醇含量。

应用本方法还能测定水中有机污染物的含量、化学耗氧量等。

(5) 水中化学耗氧量 COD_{Mn} 的测定　化学耗氧量又称化学需氧量，简称 COD，是度量水体受还原性物质（主要是有机物），污染程度的综合性指标。定义为：在一定条件下，用高锰酸钾氧化水样中的某些有机物及无机还原性物质，用消耗的高锰酸钾量，换算成氧的质量浓度表示（以 $O_2 \text{ mg} \cdot L^{-1}$ 表示）。以 $KMnO_4$ 滴定法测得的化学耗氧量，以往称为 COD_{Mn}，现在称为"高锰酸盐指数"。高锰酸盐指数不能作为理论需氧量或总有机物含量的指标，因为在规定的条件下，许多有机物只能部分地被氧化，易挥发的有机物也不包含在测定值之内。

该法适用于地表水、饮用水和生活污水 COD 的测定。测定范围为 $0.5 \sim 4.5 \text{mg} \cdot L^{-1}$。对污染较重的水，可少取水样，经适当稀释后测定。本法不适用于测定工业废水中有机污染的负荷量，如需测定，可用重铬酸钾法测定化学需氧量。

样品中加入已知量的高锰酸钾和硫酸，在沸水浴中加热 30min，高锰酸钾将样品中的某些有机物和无机还原性物质氧化，反应后加入过量的草酸钠还原剩余的高锰酸钾，再用高锰酸钾标准溶液回滴过量的草酸钠。通过计算得到样品中高锰酸盐的指数。

反应式为：

$$4MnO_4^- + 5C + 12H^+ \longrightarrow 4Mn^{2+} + 5CO_2 \uparrow + 6H_2O$$

$$2MnO_4^- + 5C_2O_4^{2-} + 16H^+ \longrightarrow 2Mn^{2+} + 10CO_2 \uparrow + 8H_2O$$

以高锰酸钾自身为指示剂。

二、 重铬酸钾（$K_2Cr_2O_7$）法

1. 滴定反应

重铬酸钾是一种常用的强氧化剂，在酸性溶液中与还原剂作用，被还原为 Cr^{3+}。

$$Cr_2O_7^{2-} + 14H^+ + 6e \Longrightarrow 2Cr^{3+} + 7H_2O \qquad \varphi^{\ominus} = 1.33V$$

2. 滴定条件

在低于 $3mol \cdot L^{-1}$ 的 HCl 介质中进行。

3. 优点

① $K_2Cr_2O_7$ 易提纯，可以制成基准物质，基准物质在 120℃ 烘至质量恒定，就可以准确称量直接配制标准滴定溶液，不需要标定；

② $K_2Cr_2O_7$ 标准滴定溶液相当稳定，易于长期保存，浓度不变；

③ 室温下，当 HCl 溶液浓度低于 $3mol \cdot L^{-1}$ 时，$Cr_2O_7^{2-}$ 不氧化 Cl^-，故在 HCl 溶液中进行滴定。但 HCl 溶液的浓度较大或将溶液煮沸时 $K_2Cr_2O_7$ 也能部分被 Cl^- 还原。

$K_2Cr_2O_7$ 的氧化能力比 $KMnO_4$ 稍弱，可以测定的物质不如 $KMnO_4$ 广泛。

$K_2Cr_2O_7$ 作滴定剂，还原产物是 Cr^{3+}，呈绿色必须使用指示剂确定终点。常用的指示剂有二苯胺磺酸钠或邻苯氨基苯甲酸。

4. 缺点

$K_2Cr_2O_7$ 法产生的废液中均含有铬，其中主要以 Cr^{3+} 和 Cr^{6+} 形式存在，它们是有毒有害的离子，如果直接排放，会造成严重的环境污染。在铬的化合物中，以 Cr^{6+} 毒性最强，可在酸性条件下，在含铬废液中加入亚铁盐，使六价铬还原为三价铬后，再加入碱使其转化为难溶的氢氧化铬分离。

5. 标准滴定溶液的配制

$K_2Cr_2O_7$ 在空气中非常稳定，易提纯，纯度高，杂质含量少可以忽略，$K_2Cr_2O_7$ 实际组成与化学式完全符合，具有较大的摩尔质量，所以基准物质 $K_2Cr_2O_7$ 可以用直接配制法来配制标准滴定溶液。

当用非基准试剂 $K_2Cr_2O_7$ 时，必须用间接法配制。$K_2Cr_2O_7$ 在酸性溶液中与 I^- 作用，生成相应的 I_2，再用 $Na_2S_2O_3$ 标准滴定溶液滴定 I_2，反应如下：

$$Cr_2O_7^{2-} + 6I^- + 14H^+ \longrightarrow 3I_2 + 2Cr^{3+} + 7H_2O$$
$$I_2 + 2S_2O_3^{2-} \longrightarrow 2I^- + S_4O_6^{2-}$$

以淀粉指示剂确定终点。

6. 应用实例

(1) 铁矿石中全铁量的测定　铁含量的测定方法主要是氯化亚锡-氯化汞-重铬酸钾法。此法准确度高，测定速度快，但氯化汞为剧毒物质。近年来多采用三氯化钛-重铬酸钾法，分析准确度也较高，且无毒。

① 氯化亚锡-氯化汞-重铬酸钾法　试样一般用 HCl 加热分解，在热的浓 HCl 溶液中，用 $SnCl_2$ 将 Fe^{3+} 还原为 Fe^{2+}，再用 $HgCl_2$ 除去多余的 $SnCl_2$。在硫、磷混酸介质中，以二苯胺磺酸钠为指示剂，用 $K_2Cr_2O_7$ 标准滴定溶液滴定至终点，溶液由绿色变为蓝紫色。

a. 溶样

$$Fe_2O_3 + 6HCl \longrightarrow 2FeCl_3 + 3H_2O$$

溶样时应加热促其溶解，但温度不宜过高以防 $FeCl_3$ 挥发，致使结果偏低。

b. 还原

$$2Fe^{3+}+Sn^{2+}\longrightarrow 2Fe^{2+}+Sn^{4+}$$

在热的浓 HCl 溶液中，滴加 $SnCl_2$ 溶液，并稍过量使 Fe^{3+} 完全还原成 Fe^{2+}，溶液由黄色变为无色。

c. 除去多余的 $SnCl_2$

$$Sn^{2+}+2HgCl_2\longrightarrow Sn^{4+}+2Cl^-+Hg_2Cl_2\downarrow$$

多余的 $SnCl_2$ 能与 $K_2Cr_2O_7$ 作用，用 $HgCl_2$ 将 Sn^{2+} 氧化为 Sn^{4+}，溶液出现白色丝状 Hg_2Cl_2 沉淀。若出现黑色，是由于 $SnCl_2$ 过多，继续将部分 Hg_2Cl_2 还原成 Hg 所致。

$$Sn^{2+}+Hg_2Cl_2\longrightarrow 2Hg\downarrow+Sn^{4+}+2Cl^-$$

大量 Hg_2Cl_2 和 Hg 会显著消耗 $K_2Cr_2O_7$，使结果偏高。若发现有灰黑色 Hg，应重新溶解试样，另行测定。

$HgCl_2$ 应一次迅速加入溶液中，避免形成的 Hg_2Cl_2 与溶液中尚存有的 $SnCl_2$ 反应生成 Hg。

d. 滴定

$$6Fe^{2+}+Cr_2O_7^{2-}+14H^+\longrightarrow 6Fe^{3+}+2Cr^{3+}+7H_2O$$

滴定过程中不断有 Fe^{3+} 生成，在 HCl 介质中为黄色。加入硫-磷混酸是使 Fe^{3+} 生成无色的配合物 $Fe(HPO_4)_2^-$，消除黄色对终点观察的干扰。同时由于 Fe^{3+} 生成配合物降低了 Fe^{3+} 的浓度，从而降低 Fe^{3+}/Fe^{2+} 电对的电位，使滴定突跃开始部分降低，滴定突跃范围增大（起始点由原来的 0.86 降到 0.71），二苯胺磺酸钠指示剂较好地在突跃范围内变色。

② 三氯化钛-重铬酸钾法（无汞测铁法）　试样用酸溶解后，趁热用 $SnCl_2$ 还原大部分 Fe^{3+}，以钨酸钠为指示剂，再用 $TiCl_3$ 还原剩余的 Fe^{3+}。当 Fe^{3+} 全部还原为 Fe^{2+} 离子后，过量一滴 $TiCl_3$ 溶液使钨酸钠还原为五价钨的化合物（俗称钨蓝）而使溶液呈蓝色。然后滴入 $K_2Cr_2O_7$ 溶液使钨蓝恰好褪色。溶液中的 Fe^{2+}，以二苯胺磺酸钠为指示剂，用 $K_2Cr_2O_7$ 标准滴定溶液滴定至紫色为终点。Ti^{3+} 还原 Fe^{3+} 的反应为：

$$Fe^{3+}+Ti^{3+}\longrightarrow Fe^{2+}+Ti^{4+}$$

（2）测定污水中的化学耗氧量 COD_{Cr}　污水是否达到排放标准由污水的污染指数决定，其中最重要的指标是污水的化学需氧量（COD_{Cr}）值，COD_{Cr} 是综合评价水体污染程度的重要指标之一，也是水质监测的一个重要项目。

测定原理是在强酸性（H_2SO_4）溶液中用重铬酸钾氧化水中的还原物质，加硫酸银为催化剂，硫酸汞隐蔽氯离子的干扰（$HgSO_4+2Cl^-\longrightarrow HgCl_2+SO_4^{2-}$），加热回流 2h，过量的重铬酸钾以试亚铁灵为指示剂，用硫酸亚铁铵标准滴定溶液返滴定。根据消耗的重铬酸钾算出水中的化学需氧量 COD_{Cr}，以 $O_2\ mg\cdot L^{-1}$ 表示。反应方程式如下：

$$6Fe^{2+}+Cr_2O_7^{2-}+14H^+\longrightarrow 6Fe^{3+}+2Cr^{3+}+7H_2O$$

由于 $K_2Cr_2O_7$ 与 Fe^{2+} 的反应速率快、计量关系好、无副反应、指示剂变色明显。

通过 $Cr_2O_7^{2-}$ 和 Fe^{2+} 的反应，还可以测定其他氧化性或还原性物质。利用间接滴定法还可测定一些非氧化还原性物质。例如 Pb^{2+} 或 Ba^{2+} 的测定，先沉淀为铬酸盐，经过滤洗涤后溶解于酸中，以 Fe^{2+} 标准滴定溶液直接滴定或加入过量 Fe^{2+} 标准滴定溶液，剩余 Fe^{2+} 用 $K_2Cr_2O_7$ 标准滴定溶液滴定。

三、 碘量法

1. 方法概述

碘量法是利用 I_2 的氧化性和 I^- 的还原性进行滴定的方法。固体 I_2 在水中的溶解度很小（$0.00133mol \cdot L^{-1}$），且易于挥发。通常将 I_2 溶解在 KI 溶液中以 I_3^- 形式存在，一般仍简写为 I_2。碘量法的基本反应为：

$$I_2 + 2e \Longleftrightarrow 2I^- \qquad \varphi^{\ominus} = 0.54V$$

I_2 是较弱的氧化剂，能与较强的还原剂作用；而 I^- 是中等强度的还原剂，能与许多氧化剂作用。因此碘量法可以用直接和间接的两种方式进行滴定。

（1）直接碘量法 直接碘量法也称碘滴定法，是在微酸性或近中性溶液中，利用 I_2 标准滴定溶液的氧化性直接滴定较强的还原性物质（$\varphi^{\ominus} < 0.54V$），如 S^{2-}、SO_3^{2-}、$S_2O_3^{2-}$、AsO_3^{3-}、SbO_2^{-}、Sn^{2+} 等。

直接碘量法不能在碱性溶液中进行滴定，因为 pH > 9 时碘会发生歧化反应：

$$3I_2 + 6OH^- \longrightarrow IO_3^- + 5I^- + 3H_2O$$

这样会给测定带来误差，在酸性溶液中，也只有少数还原能力强，不受 H^+ 浓度影响的物质才能发生定量反应。所以，直接碘量法的应用受到一定的限制。

（2）间接碘量法 间接碘量法又称滴定碘法，是利用 I^- 的还原性，与 $\varphi^{\ominus}$ 大于 0.54 的氧化性物质反应，定量地析出 I_2，然后用 $Na_2S_2O_3$ 标准滴定溶液滴定析出的 I_2。例如 $K_2Cr_2O_7$ 的测定：

$$Cr_2O_7^{2-} + 6I^- + 14H^+ \longrightarrow 2Cr^{3+} + 3I_2 + 7H_2O$$

$$I_2 + 2S_2O_3^{2-} \longrightarrow 2I^- + S_4O_6^{2-}$$

利用这一方法可以测定许多氧化性物质，如 Cu^{2+}、H_2O_2、NO_2^-、ClO^-、ClO_3^-、SbO_4^{3-}、AsO_4^{3-}、BrO_3^-、IO_3^-、CrO_4^{2-}、MnO_4^-、MnO_2 等；还可测定能与 CrO_4^{2-} 生成沉淀的 Pb^{2+}、Ba^{2+} 等。

2. 指示剂

碘量法常用淀粉作指示剂。在有 I^- 存在下，淀粉与 I_2 作用生成蓝色吸附化合物，反应灵敏度很高，即使在 $5 \times 10^{-6} mol \cdot L^{-1}$ 的 I_3^- 溶液中也能看出蓝色。灵敏度随 I_3^- 的浓度增大而增高，随温度的升高或有甲醇、乙醇等存在而降低。淀粉指示剂在弱酸性溶液中最为灵敏，酸度过高（pH < 2）时，淀粉水解成糊精，遇 I_2 显紫色或红色；若 pH > 9，则 I_2 生成 IO_3^-，遇淀粉不显蓝色。

淀粉溶液应取直链可溶性淀粉，在使用前配制。配制时加热不宜过长，并应迅速冷却，以免灵敏度降低；若放置过久，会慢慢水解，与 I_2 形成的化合物呈紫色或红色，在用 $Na_2S_2O_3$ 滴定时褪色慢，终点不敏锐。

直接碘量法以蓝色出现指示滴定终点，间接碘量法以蓝色消失为滴定终点，在间接碘量法中，淀粉指示剂应在滴定近终点（I_2 的黄色很浅）时加入，以防止较多的 I_2 被淀粉胶粒包裹，终点时蓝色不易消失或褪色不明显，使终点提前，影响终点的确定及测定结果的准确度。

3. 反应条件

（1）控制溶液酸度　$S_2O_3^{2-}$ 与 I_2 的反应必须在中性或弱酸性溶液中进行，因为在碱性溶液中，$S_2O_3^{2-}$ 能被 I_2 氧化成 SO_4^{2-}；I_2 也会发生歧化反应。

$$S_2O_3^{2-} + 4I_2 + 100H^- \longrightarrow 2SO_4^{2-} + 8I^- + 5H_2O$$

$$3I_2 + 6OH^- \longrightarrow IO_3^- + 5I^- + 3H_2O$$

在酸性溶液中，$Na_2S_2O_3$ 会分解；I^- 也容易被空气中的 O_2 所氧化。

$$S_2O_3^{2-} + 2H^+ \longrightarrow SO_2 + S\downarrow + H_2O$$

$$4I^- + 4H^+ + O_2 \longrightarrow 2I_2 + 2H_2O$$

（2）防止 I_2 挥发　碘量法的误差来源主要有两个方面：一是碘易挥发，二是在酸性溶液中 I^- 易被空气中的 O_2 氧化。为此，应采用适当的措施，以保证分析结果的准确度。

① 加入过量的 KI（一般比理论值大 2~3 倍），由于生成了 I_3^-，可减少 I_2 的损失；

② 反应时溶液的温度不能高，一般在室温下进行；

③ 滴定开始时不要剧烈摇动溶液，尽量轻摇、慢摇，但是必须摇匀，局部过量的 $Na_2S_2O_3$ 会自行分解。当 I_2 的黄色已经很浅时，加入淀粉指示液后再充分摇动；

④ 间接碘量法的滴定反应要在碘量瓶中进行。为使反应完全，加入 KI 后要放置于暗处避免阳光照射，时间一般 5~10min，放置时用水封住瓶口。

（3）防止 I^- 被空气氧化

① 溶液的酸度不宜太高，否则会增加 I^- 被空气氧化的速率。

② Cu^{2+}、NO_2^- 等催化空气对 I^- 的氧化，应设法消除干扰。

③ 析出 I_2 后，一般应立即用 $Na_2S_2O_3$ 标准溶液滴定。

④ 滴定速度要适当快些。

4. 标准滴定溶液

碘量法中常使用 $Na_2S_2O_3$ 和 I_2 两种标准滴定溶液。

（1）硫代硫酸钠标准滴定溶液　固体 $Na_2S_2O_3 \cdot 5H_2O$，一般都含有少量 S、SO_3^{2-}、SO_4^{2-}、CO_3^{2-}、Cl^- 等杂质，且易风化；应配制成近似浓度的溶液后，再进行标定。

$Na_2S_2O_3$ 溶液不稳定，浓度易改变，有以下主要原因。

① 溶解的 CO_2 的作用　水中溶解的 CO_2 可使 $Na_2S_2O_3$ 分解

$$Na_2S_2O_3 + H_2CO_3 \longrightarrow NaHSO_3 + NaHCO_3 + S\downarrow$$

反应在配成溶液的十天内进行，因此配制好的溶液要暗处放置十天后再标定。

② 空气中 O_2 的作用 $Na_2S_2O_3$ 被空气中 O_2 氧化，溶液的浓度降低。

$$2S_2O_3^{2-}+O_2\longrightarrow 2SO_4^{2-}+2S\downarrow$$

水中微量的 Cu^{2+} 或 Fe^{3+} 等，能促进 $S_2O_3^{2-}$ 溶液的分解。

③ 微生物的作用 水中的细菌会促进 $S_2O_3^{2-}$ 溶液的分解，这是 $Na_2S_2O_3$ 溶液浓度变化的主要原因。

$$S_2O_3^{2-}\xrightarrow{\text{细菌}}SO_3^{2-}+S\downarrow$$

④ 光线促进 $Na_2S_2O_3$ 分解。

配制 $Na_2S_2O_3$ 标准溶液时要将蒸馏水煮沸（驱除 CO_2、O_2，杀死细菌），并加入少量 Na_2CO_3 使溶液呈弱碱性，必要时加入一点防腐剂 HgI_2，以防止 $Na_2S_2O_3$ 分解，配好的溶液应贮存于棕色瓶中，置于暗处放置 2 周后过滤，再进行标定。已标定好的溶液经过一段时间后应重新标定。若发现溶液变浑浊（S 析出），应弃去，重新配制。

标定 $Na_2S_2O_3$ 溶液的基准物质有 $K_2Cr_2O_7$、KIO_3、$KBrO_3$ 及纯碘等，除碘外，其他物质都是在酸性溶液中与过量 KI 作用析出 I_2，在中性或微酸性溶液中，再用 $Na_2S_2O_3$ 溶液滴定，以淀粉为指示剂，滴定至近终点时加入指示剂，继续滴定至溶液由蓝色变为亮绿色为终点。$K_2Cr_2O_7$ 是最常用的基准物，反应如下：

$$Cr_2O_7^{2-}+6I^-+14H^+\longrightarrow 2Cr^{3+}+3I_2+7H_2O$$
$$I_2+2S_2O_3^{2-}\longrightarrow 2I^-+S_4O_6^{2-}$$

称取 0.18g 于 $(120\pm 2)℃$ 干燥至恒重的工作基准试剂重铬酸钾，置于碘量瓶中，溶于 25mL 水、加 2g 碘化钾及 20mL 硫酸溶液（20%），摇匀，于暗处放置 10min，加 150mL 水（15～20℃），用配制好的硫代硫酸钠溶液滴定，近终点时加 2mL 淀粉指示液（$10g\cdot L^{-1}$），继续滴定至溶液由蓝色变为亮绿色，同时做空白试验。

$$c(Na_2S_2O_3)=\frac{m\times 100}{(V_1-V_2)\,M\left(\frac{1}{6}K_2Cr_2O_7\right)}$$

式中 $c(Na_2S_2O_3)$——$Na_2S_2O_3$ 标准滴定溶液的浓度，$mol\cdot L^{-1}$；

　　　　m——基准物质 $K_2Cr_2O_7$ 的质量，g；

　　　　V_1——滴定消耗 $Na_2S_2O_3$ 标准滴定溶液的体积，mL；

　　　　V_2——空白试验消耗 $Na_2S_2O_3$ 标准滴定溶液的体积，mL；

$M\left(\frac{1}{6}K_2Cr_2O_7\right)$——以 $\frac{1}{6}K_2Cr_2O_7$ 为基本单元的基准物质 $K_2Cr_2O_7$ 的摩尔质量，

　　　　49.031g·mol^{-1}。

$K_2Cr_2O_7$ 与 KI 反应慢，应注意下列条件。

① 溶液的酸度越大，反应越快，但酸度太大时，I^- 容易被空气中的 O_2 氧化，一般保持酸度 $0.4mol\cdot L^{-1}$ 为宜。

② 提高 I^- 的浓度可加速反应，同时 I_2 形成 I_3^-，减少发挥，KI 的用量应为理论计算量的 2～3 倍。

③ 在暗处放置 5～10min，等待反应完全。

滴定时，应保持溶液为弱酸性或近中性。因此在滴定之前，用蒸馏水稀释以降低其酸度，同时还可以减少 Cr^{3+} 的绿色对终点的影响。用 $Na_2S_2O_3$ 溶液滴定至溶液呈浅黄绿色（少量 I_2 与 Cr^{3+} 的混合色），加入淀粉，再继续滴定至溶液由蓝色变为亮绿色即为终点。

滴定至终点后，经过 $5\sim10min$，溶液又会出现蓝色，这是由于空气氧化 I^- 所引起的，属正常现象。若滴定至终点后，溶液迅速变蓝，可能是酸度不足或放置时间不够所造成的，应弃去重做。

（2）碘标准滴定溶液　虽然用升华法可制得纯碘，但由于碘具有挥发性和腐蚀性，不易在分析天平上准确称量，所以通常用间接法配制。

碘微溶于水（每升水中约溶解 $0.3g$），易溶于 KI 溶液中形成 I_3^-

$$I_2 + I^- \longrightarrow I_3^-$$

配制时，应将 I_2、KI 与少量水一起研磨溶解，再用水稀释配成近似浓度的溶液。碘溶液应贮于棕色瓶中保存；防止见光、遇热和与橡皮等有机物接触以免浓度发生变化。

标定碘溶液常用基准物质是三氧化二砷，使用前应在硫酸干燥器中干燥至质量恒定。As_2O_3 为剧毒物品，此法用得较少。As_2O_3 难溶于水，但易溶于碱性溶液中生成亚砷酸盐。

$$As_2O_3 + 6OH^- \longrightarrow 2AsO_3^{3-} + 3H_2O$$

以 I_2 溶液滴定时，反应为：

$$AsO_3^{3-} + I_2 + H_2O \Longleftrightarrow AsO_4^{3-} + 2I^- + 2H^+$$

此反应是可逆的。为使反应完全，可加固体 $NaHCO_3$ 中和反应生成的 H^+，保持溶液 $pH=8$ 左右。

碘溶液还可与 $Na_2S_2O_3$ 标准滴定溶液进行"比较"，以测定其浓度。一般常用此法。

5. 应用实例

*（1）维生素 C 含量的测定（直接碘量法）　维生素 C 又名抗坏血酸，分子式为 $C_6H_8O_6$（$M=176g\cdot mol^{-1}$）。维生素 C 是预防和治疗坏血病及促进身体健康的药品，也是分析中常用的掩蔽剂。维生素 C 为白色或略带淡黄色的结晶粉末，溶于水呈酸性，在空气中易被氧化变黄。

维生素 C 中的烯二醇基（ $HO-C=C-OH$ ）具有还原性，可被 I_2 氧化为二酮基（ $O=C-C=O$ ），所以可以用 I_2 标准滴定溶液直接滴定。试样要用煮沸后冷却的蒸馏水溶解。但由于维生素 C 的还原性较强，在空气中易被氧化，特别是在碱性溶液中更甚，所以滴定时一般加入一些 HAc，使溶液保持弱酸性，以减少维生素 C 受 I_2 以外其他氧化剂作用的影响，造成分析结果偏低，如果试液中有能被 I_2 直接氧化的物质存在，则对测定结果有影响。

（2）铜的测定（间接碘量法）　碘量法测定铜是基于 Cu^{2+} 与过量 KI 反应析出 I_2，用 $Na_2S_2O_3$ 标准滴定溶液滴定。

$$2Cu_2 + 4I^- \longrightarrow 2CuI\downarrow + I_2$$

$$I_2 + 2S_2O_3^{2-} \longrightarrow 2I^- + S_4O_6^{2-}$$

在反应中，KI 即是还原剂（还原 Cu^{2+}）、沉淀剂（Cu^{2+} 还原后形成 CuI）、又是配位剂（溶解 I_2 形成 I_3^-）。

Cu^{2+} 与 I^- 的反应必须在弱酸性溶液中（pH＝3～4）进行。酸度过高，I^- 易被氧化为 I_2；酸度过低，Cu^{2+} 会水解生成沉淀。通常用 H_2SO_4 或 HAc 控制溶液的酸度。另外，试液中若有 Fe^{3+}，对测定铜有干扰，因为 Fe^{3+} 能氧化 I^-，使测定结果偏高，一般可加入 NaF 掩蔽 Fe^{3+}，排除干扰。

由于 CuI 沉淀强烈地吸附 I_2，致使分析结果偏低。如果在大部分 I_2 被 $Na_2S_2O_3$ 还原后，加入 KSCN 使 CuI（$K_{SP}=1.1\times10^{-12}$）转化为溶解度更小的 CuSCN（$K_{SP}=4.8\times10^{-15}$）沉淀，使吸附的 I_2 释放出来，由于 CuSCN 沉淀吸附 I_2 的倾向较小，可以防止结果偏低，减少误差。KSCN 只能在接近终点时加入，可防止 SCN^- 直接将 Cu^{2+} 还原成 Cu^+，使结果偏低。

$$CuI\downarrow + SCN^- \longrightarrow CuSCN\downarrow + I^-$$

例如，胆矾中 $CuSO_4\cdot 5H_2O$ 含量的测定

工业胆矾的主要成分是 $CuSO_4\cdot 5H_2O$，为蓝色结晶，含有亚铁、高铁、锌、镁等硫酸盐杂质，纯度为 93％～98％。胆矾于 200℃ 时可失去全部结晶水成为白色 $CuSO_4$ 粉末。

试样溶于水后，为了防止铜盐水解，反应必须在 H_2SO_4 酸性溶液中进行，一般控制 pH 在 3～4。酸度过高，则 I^- 被空气氧化为 I_2 的反应被 Cu^{2+} 催化而加速，使结果偏高。为避免大量 Cl^- 与 Cu^{2+} 形成配合物 $CuCl_3^-$、$CuCl_4^{2-}$，不能加 HCl 控制酸度。

Fe^{3+} 对测定有干扰，因 Fe^{3+} 能将 I^- 氧化成 I_2，使结果偏高。可加入 NH_4HF_2 与 Fe^{3+} 形成稳定的 FeF_6^{3-}，使 Fe^{3+}/Fe^{2+} 电对的电位降低，消除 Fe^{3+} 干扰，而失去氧化 I^- 的能力。同时 NH_4HF_2 又是缓冲剂，可使溶液的 pH 保持在 3.0～4.0。

此法也可用于铜矿、铜电镀液、铜合金中铜的测定。

*四、 其他氧化还原滴定法

1. 溴酸钾法

溴酸钾法是利用溴酸钾作氧化剂进行滴定的氧化还原滴定法。

$KBrO_3$ 是一种强氧化剂，在酸性溶液中与还原性物质作用，BrO_3^- 被还原为 Br^-，其半反应为：

$$BrO_3^- + 6H^+ + 6e \Longrightarrow Br^- + 3H_2O \qquad \varphi^{\ominus}=1.44V$$

$KBrO_3$ 容易提纯，在 180℃ 烘干后可以直接配制成标准滴定溶液。

由于操作方法不同，溴酸钾法又分为直接法和间接法。

直接法是在酸性溶液中，以甲基橙或甲基红作指示剂，用 $KBrO_3$ 标准滴定溶液直接滴定待测物质，化学计量点后稍过量的 $KBrO_3$ 溶液就氧化指示剂，使甲基橙褪色，从而指示终点的到达。利用这种方法可以测定 As(Ⅲ)、Sb(Ⅲ) 和 N_2H_4 等还原性物质。

间接法也称溴量法，常与碘量法配合测定有机物。通常是在 $KBrO_3$ 标准溶液中加入过量的 KBr，将溶液酸化，BrO_3^- 与 Br^- 发生如下反应：

$$BrO_3^- + 5Br^- + 6H^+ \longrightarrow 3Br_2 + 3H_2O$$

生成的溴与被测有机物反应，待反应完全后，用 KI 还原剩余的 Br_2：

$$Br_2 + 2I^- \longrightarrow 2Br^- + I_2$$

再用 $Na_2S_2O_3$ 标准溶液滴定析出的 I_2。

利用 Br_2 与不饱和有机物发生加成反应，可测定有机物的不饱和度；利用 Br_2 的取代反应可以测定酚类和芳香胺类等物质的含量。

例如苯酚的测定。苯酚又名石炭酸，是医药和有机化工的重要原料。它是一种弱的有机酸，羟基邻位和对位上的氢原子比较活泼，容易被溴取代。

用溴量法测定苯酚含量时，先在试样中加入过量的 $KBrO_3$-KBr 标准滴定溶液，然后加入盐酸将溶液酸化，BrO_3^- 与 Br^- 反应产生的 Br_2 便与苯酚发生加成反应，生成三溴苯酚沉淀。待反应完全后，加入 KI 以还原剩余的 Br_2，再用 $Na_2S_2O_3$ 标准溶液滴定析出的 I_2；同时做空白试验。由空白试验消耗 $Na_2S_2O_3$ 的量（相当于产生 Br_2 的量）和滴定试样所消耗 $Na_2S_2O_3$ 的量（相当于剩余 Br_2 的量），即可求出试样中苯酚的含量。

2. 硫酸铈法

硫酸铈法是以 $Ce(SO_4)_2$ 为滴定剂的氧化还原滴定法。

$Ce(SO_4)_2$ 是一种强氧化剂，在水溶液中易水解，需在酸度较高的溶液中使用。在酸性溶液中，Ce^{4+} 与还原剂作用时，Ce^{4+} 被还原为 Ce^{3+}，半反应如下：

$$Ce^{4+} + e \Longleftrightarrow Ce^{3+} \qquad \varphi^{\ominus} = 1.61V$$

Ce^{4+}/Ce^{3+} 电对的条件电位与酸的种类和浓度有关。

$1 \sim 8 mol \cdot L^{-1} HClO_4$ 溶液 $\quad \varphi^{\ominus\prime} = 1.70 \sim 1.87V$

$0.5 \sim 4 mol \cdot L^{-1} H_2SO_4$ 溶液 $\quad \varphi^{\ominus\prime} = 1.44 \sim 1.43V$

$1 mol \cdot L^{-1} HCl$ 溶液 $\quad \varphi^{\ominus\prime} = 1.28V$

$Ce(SO_4)_2$ 在 H_2SO_4 溶液中的条件电位，介于 $KMnO_4$ 与 KCr_2O_7 之间。能用 $KMnO_4$ 法测定的物质，一般也能用 $Ce(SO_4)_2$ 法测定。与 $KMnO_4$ 法相比，$Ce(SO_4)_2$ 法具有以下优点。

① 配制溶液用的硫酸铈铵 $Ce(SO_4)_2 \cdot (NH_4)_2SO_4 \cdot 2H_2O$ 容易提纯，可直接配制标准滴定溶液，溶液稳定，放置较长时间或加热也不分解；

② Ce^{4+} 还原为 Ce^{3+} 时，只有一个电子转移，不形成中间价态的产物，反应简单，副反应少；

③ 可在 HCl 溶液中用 Ce^{4+} 直接滴定 Fe^{2+} 达化学计量点后，Cl^- 才慢慢被 Ce^{4+} 氧化，因此，Cl^- 的存在不影响滴定；

④ 能在多种有机物（如醇类、醛类、甘油、蔗糖、淀粉等）存在下滴定 Fe^{2+}，不发生诱导氧化。

在酸度（低于 $1 mol \cdot L^{-1}$）较低时，磷酸有干扰，能生成磷酸高铈沉淀。

$Ce(SO_4)_2$ 溶液呈黄色，还原为 Ce^{3+} 时溶液无色，可利用 Ce^{4+} 本身的颜色指示滴定终点，但灵敏度不高。一般多采用邻二氮菲-$Fe(II)$ 作指示剂，终点变色敏锐。

由于 $Ce(SO_4)_2$ 法具有上述优点，又不像 $K_2Cr_2O_7$ 法中六价铬那样有毒，$Ce(SO_4)_2$ 法逐渐得到应用。在医药工业方面测定药品中铁的含量多采用此法，但因为铈盐昂贵，实际工作中应用不多。

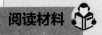

阅读材料

最早的氧化还原滴定法

　　氧化还原滴定法始于 18 世纪末，在其发展过程中滴定仪器也不断得到改进。特别是有了适宜的指示剂以后，在 19 世纪这种滴定方法才占了重要地位。

　　氧化还原滴定法的产生与以下两种因素有关。一是舍勒于 1774 年发现了氯气，以后氯气应用到纺织工业中代替了日晒漂白法，而其漂白质量的好坏与次氯酸盐的浓度大小有直接关系，需要测定次氯酸盐溶液浓度的滴定法。1795 年法国人德克劳西以靛蓝的硫酸溶液滴定次氯酸，至溶液颜色变绿为止，成为最早的氧化还原滴定法。以后，在 1826 年比拉狄厄制得碘化钠，以淀粉为指示剂，用于次氯酸钙滴定，开创了碘量法的应用和研究。从此，这种分析方法得到发展和完善。19 世纪 40 年代以来又发展出高锰酸钾氧化还原滴定法、重铬酸钾滴定法等多种利用氧化还原反应和特定指示剂相结合的滴定方法，使容量分析迅速得到发展。

本章小结

一、氧化还原滴定反应必备的条件

（1）反应必须符合化学计量关系式，无副反应。

（2）反应定量进行，$\Delta\varphi^{\ominus}\geq 0.4V$（$n_1=n_2=1$）时，$\lg K$ 越大越好。

（3）反应速率必须足够快，可通过改变氧化剂或还原剂的浓度、酸度、温度和催化剂等方法提高。

（4）有适当的方法确定化学计量点。

① $KMnO_4$ 法　自身指示剂；

② 碘量法　专属指示剂淀粉；

③ $K_2Cr_2O_7$ 法　选 Ox-Red 指示剂，变色范围 $\varphi^{\ominus}\pm\dfrac{0.059}{n}$ 与化学计量点 $\varphi_{ep}=\dfrac{n_1\varphi_1^{\ominus}+n_2\varphi_2^{\ominus}}{n_1+n_2}$ 越接近越好。

二、能斯特方程式 φ 与 $\varphi^{\ominus}$、$\varphi^{\ominus'}$ 的关系

$$\varphi=\varphi^{\ominus}+\frac{0.059}{n}\lg\frac{[Ox]}{[Red]}$$

$\varphi^{\ominus}$（理论值）与 $\varphi^{\ominus'}$（实际值）的关系同 K_{MY} 与 K_{MY}' 的关系相似。

三、φ 的用途

1. 判断氧化-还原反应的方向

$\varphi^{\ominus}$ 大的作氧化剂，$\varphi^{\ominus}$ 小的作还原剂。

2. 判断次序

（1）$\Delta\varphi^{\ominus}$ 相差越大，反应越容易进行。

（2）$\Delta\varphi^{\ominus}$ 相差大的两电对先反应，$\Delta\varphi^{\ominus}$ 相差小的两电对后反应。

3. 判断程度

$$\lg K = \frac{(\varphi_1^{\ominus\prime} - \varphi_2^{\ominus\prime})n_1 n_2}{0.059}$$

$\lg K \geqslant 6$，$\Delta\varphi^{\ominus} \geqslant 0.4\text{V}$ 反应进行完全。

4. 反应速率

影响反应速率的因素有反应物浓度、酸度、温度、催化剂。

四、常用的氧化还原滴定法

方法名称	标准溶液	反应实质	基本单元	指示剂	终点	反应条件	适用	应用实例
$KMnO_4$	0.1mol·L^{-1} 间接配制	$MnO_4^- + 5e + 8H^+ \rightleftharpoons Mn^{2+} + 4H_2O$	$\frac{1}{5}KMnO_4$	自身指示剂	无色→粉红色	H_2SO_4 介质	$\varphi^{\ominus}$ <1.54V	直接法测 H_2O_2 返滴定 MnO_2
$K_2Cr_2O_7$	0.1mol·L^{-1} 直接配制	$Cr_2O_7^{2-} + 6e + 14H^+ \rightleftharpoons 2Cr^{3+} + 7H_2O$	$\frac{1}{6}K_2Cr_2O_7$	二苯胺磺酸钠	无色→紫色	HCl 介质	$\varphi^{\ominus}$ <1.36V	直接法 Fe^{2+} 返滴定水中 COD
碘量法	0.1mol·L^{-1} 间接配制	$I_2 + 2e \rightleftharpoons 2I^-$ $I_2 + 2S_2O_3^{2-} \longrightarrow 2I^- + S_4O_6^{2-}$	$\frac{1}{2}I_2$ $Na_2S_2O_3$	淀粉	无色→蓝色 蓝色→无色	微酸或近中性	$\varphi^{\ominus}$ <0.54V $\varphi^{\ominus}$ >0.54V	直接法测维生素C 间接法测Cu

五、碘量法减少误差措施——防止 I_2 挥发

（1）加入过量 KI（理论值的 2～3 倍）形成 I_3^-。

（2）室温下进行。

（3）在碘量瓶中进行。

（4）避免阳光直射。

（5）快速滴定。

练 习

一、选择题

1. 从有关电对的电极电位判断氧化还原反应进行方向的正确方法是（　　）。

　　A. 某电对高的氧化态可以氧化电位比它低的另一电对的还原态

　　B. 作为一种氧化剂，它可以氧化电位比它高的还原态

　　C. 电对的电位越高，其还原态的还原能力越强

　　D. 电对的电位越低，其氧化态的氧化能力越强

2. 标定 $KMnO_4$ 标准溶液时，常用的基准物质是（　　）。

　　A. $K_2Cr_2O_7$　　B. $Na_2C_2O_4$　　C. $Na_2S_2O_3$　　D. KIO_3

3. 在酸性介质中，用 $KMnO_4$ 溶液滴定草酸盐溶液时，滴定应（　　）。

　　A. 像碱滴定那样快速进行

B. 在开始时缓慢，以后逐步加快，近终点时又减慢滴定速度

C. 始终缓慢进行

D. 开始时快，然后减慢

4. 在 H_3PO_4 存在下的 HCl 溶液中，用 $0.1mol \cdot L^{-1}$ $K_2Cr_2O_7$ 溶液滴定 $0.1moL \cdot L^{-1}$ Fe^{2+} 溶液时，已知化学计量点的电位为 0.86V。最合适的指示剂为（　　）。

　　A. 亚甲基蓝（$\varphi^{\ominus}=0.36V$）

　　B. 二苯胺磺酸钠（$\varphi^{\ominus}=0.84V$）

　　C. 二苯胺（$\varphi^{\ominus}=0.76V$）

　　D. 邻二氮菲-亚铁（$\varphi^{\ominus}=1.06V$）

5. 在间接碘量法中，加入淀粉指示剂的适宜时间是（　　）。

　　A. 滴定开始时　　　　　　B. 滴定近终点时

　　C. 滴入标准溶液近 50% 时　　D. 滴入标准溶液至 80% 时

6. 测定铁矿石中铁含量时，加入磷酸的主要目的是（　　）。

　　A. 加快反应速率　　　B. 提高溶液的酸度

　　C. 防止析出 $Fe(OH)_3$ 沉淀

　　D. 使 Fe^{3+} 生成无色的配离子，便于终点观察

7. 假定某物质 A，其摩尔质量为 M_A，与 MnO_4^- 反应如下：
$$5A+2MnO_4^-+\cdots \longrightarrow 2Mn^{2+}+\cdots$$
在此反应中，A 与 MnO_4^- 的物质的量之比为（　　）。

　　A. 5:2　　B. 2:5　　C. 1:2　　D. 1:2.5

8. 洗涤被 $KMnO_4$ 溶液污染的滴定管应用下列溶液中的（　　）。

　　A. 铬酸洗涤液　　　　　B. Na_2CO_3

　　C. 洗衣粉　　　　　　　D. $H_2C_2O_4$

9. 在滴定反应 $Cr_2O_7^{2-}+6Fe^{2+}+14H^+ \longrightarrow 2Cr^{3+}+6Fe^{3+}+7H_2O$ 中，达到化学计量点时，下列各种说法中正确的是（　　）。

　　A. 溶液中 $c(Fe^{3+})$ 与 $c(Cr^{3+})$ 相等

　　B. 溶液中不存在 Fe^{2+} 和 $Cr_2O_7^{2-}$

　　C. 溶液中两个电对 Fe^{3+}/Fe^{2+} 和 $Cr_2O_7^{2-}/Cr^{3+}$ 的电位相等

　　D. 溶液中两个电对 Fe^{3+}/Fe^{2+} 和 $Cr_2O_7^{2-}/Cr^{3+}$ 的电位不等

10. 用同一高锰酸钾溶液分别滴定两份体积相等的 $FeSO_4$ 和 $H_2C_2O_4$ 溶液，如果消耗的体积相等，则说明这两份溶液的浓度 $c(mol \cdot L^{-1})$ 关系是（　　）。

　　A. $c(FeSO_4)=2c(H_2C_2O_4)$

　　B. $c(H_2C_2O_4)=2c(FeSO_4)$

　　C. $c(FeSO_4)=c(H_2C_2O_4)$

　　D. $c(FeSO_4)=4c(H_2C_2O_4)$

11. 碘量法的滴定条件为（　　）。

　　A. 中性溶液　　B. 碱性溶液　　C. 酸性溶液

12. 碘量法测定维生素 C 含量的方法是（　　）。

　　A. 直接碘量法　　B. 间接碘量法　　C. 返滴定法

13. 为防止维生素 C 被空气和水中溶氧氧化，可在溶液中加入（　　）。

　　A. 淀粉溶液　　B. 醋酸溶液　　C. 硫酸溶液

14. Fe 含量测定中为了排除反应生成的 Fe^{3+} 的干扰，可在试液中加入（　　）。

A. HCl＋H_2SO_4 混合酸　　B. H_2SO_4＋H_3PO_4 混合酸

15. 用 $KMnO_4$ 标准滴定溶液滴定 H_2O_2 试液时，出现棕色浑浊物的原因，可能是（　　）。

A. 温度不够　　　　B 酸度不够

C. 碱度不够　　　　D. 浓度不够

16. 自动催化反应的特点是反应速率（　　）。

A. 慢　　B. 快　　C. 快→慢　　D. 慢→快

17. 用 $KMnO_4$ 法测定 H_2O_2 的条件为强酸性条件，则可用（　　）调整溶液的酸度。

A. H_2SO_4　　B. HNO_3　　C. HCl　　D. HAc

18. 在测定水中化学耗氧量时，要排除氯离子的干扰是往试液中加入少量的（　　）。

A. 硫酸银　　　　　B. 硫酸汞

19. 在测定水中化学耗氧量时，为使有机物分解完全，可往试液中加（　　）。

A. 硫酸银　　　　　B. 硫酸汞

20. 在测定水中化学耗氧量时，采用的重铬酸钾法是（　　）。

A. 直接滴定法　　　B. 返滴定法

21. 测定铜盐时，为了防止铜盐水解，可向试液中加入（　　）。

A. HCl　　B. H_2SO_4　　C. H_3PO_4　　D. HAc

22. 测定铜盐时生成 CuI，为保证实验结果的准确性，常在滴定终点前加入

A. NH_4NF_2　　B. KI　　C. KCSN　　D. 淀粉

23. 实验中，加入的 KI 应该是（　　）。

A. 适量　　B. 少量　　C. 随便量　　D. 过量

二、判断题

1. 在能斯特方程式中电极电位即可能是正值，也可能是负值。（　　）

2. 影响氧化还原反应速率的主要因素有反应物的浓度、酸度、温度和催化剂。（　　）

3. 在适宜的条件下，所有可能发生的氧化还原反应中，条件电位值相差最大的电对之间首先进行反应。（　　）

4. $KMnO_4$ 溶液作为滴定剂时，必须装在棕色酸式滴定管中。（　　）

5. 判断碘量法的滴定终点，常以淀粉为指示剂，直接碘量法的终点是从蓝色变为无色。（　　）

6. 已知 $KMnO_4$ 溶液的浓度 c（$KMnO_4$）＝$0.04mol \cdot L^{-1}$，那么 $c\left(\dfrac{1}{5}KMnO_4\right)$＝$0.2mol \cdot L^{-1}$。（　　）

7. 用基准试剂 $Na_2C_2O_4$ 标定 $KMnO_4$ 溶液时，需将溶液加热至 $75\sim85℃$ 滴定，若超过此温度，会使测定结果偏低。（　　）

8. 用 $KMnO_4$ 标准溶液滴定 Fe^{2+} 溶液时，化学计量点的电极电位大小与反应物的起始浓度无关。（　　）

9. 溶液的酸度越高，$KMnO_4$ 氧化 $Na_2C_2O_4$ 的反应进行得越完全，所以用基准 $Na_2C_2O_4$ 标定 $KMnO_4$ 溶液时，溶液的酸度越高越好。（　　）

10. $Na_2S_2O_3$ 标准滴定溶液滴定 I_2 时，应在中性或弱酸性介质中进行。（　　）

11. 氧化还原指示剂的条件电位和滴定反应化学计量点的电位越接近，则滴定误差越大。（　　）

12. 用间接碘量法测定试样时，最好在碘量瓶中进行，并应避免阳光照射，为减少 I^- 与空气接触，滴定时不宜过度摇动。（　　）

13. 用 $K_2Cr_2O_7$ 法测定 Fe 含量时，$K_2Cr_2O_7$ 的基本单元应取 $\left(\dfrac{1}{6}K_2Cr_2O_7\right)$。（　　）

14. 用于 $K_2Cr_2O_7$ 法中的酸性介质只能是硫酸，而不能用盐酸。（　　）

三、简答题

1. 如何判断一个氧化还原反应能否进行完全？

2. 平衡常数大的氧化还原反应，是否都可以应用于氧化还原滴定中？为什么？

3. 应用于氧化还原滴定法中的反应，应具备什么条件？

4. 影响氧化还原反应速率的主要因素有哪些？如何加速反应完成？

5. 氧化还原滴定法中哪些标准滴定溶液可以直接配制？哪些标准滴定溶液必须装在棕色滴定管中进行滴定？

6. 如何制备 $KMnO_4$、$K_2Cr_2O_7$、I_2、$Na_2S_2O_3$ 标准滴定溶液？其浓度如何计算？

7. Cl^- 对 $KMnO_4$ 法测定 Fe^{2+} 及用 $K_2Cr_2O_7$ 法测定 Fe^{2+} 有无干扰？为什么？

8. 各类氧化还原滴定法如何确定滴定终点？

9. 氧化还原滴定法所使用的指示剂有几种类型？举例说明。

10. 常用的氧化还原滴定法有哪些？说明各种方法的原理和特点。

11. 配制 $KMnO_4$ 溶液时，应采取哪些步骤？为什么？

12. 以 $Na_2C_2O_4$ 标定 $KMnO_4$ 溶液时，应注意些什么？

13. 用 $K_2Cr_2O_7$ 法测定铁的方法有哪些？它们的原理及优缺点是什么？

14. 配制 I_2 和 $Na_2S_2O_3$ 标准滴定溶液时，应注意什么？为什么？

15. 以 $K_2Cr_2O_7$ 标定 $Na_2S_2O_3$ 溶液的反应条件和注意事项。

16. 碘量法测定胆矾的原理是什么？为什么加入 $KSCN$ 和 NH_4HF_2？

四、计算题

1. 以 500mL 容量瓶配制 $c\left(\dfrac{1}{6}K_2Cr_2O_7\right)=0.0500\text{mol}\cdot L^{-1}$ $K_2Cr_2O_7$ 标准滴定溶液，应称取 $K_2Cr_2O_7$ 基准物多少克？

2. 配制 $c\left(\dfrac{1}{5}KMnO_4\right)=0.10\text{mol}\cdot L^{-1}$ $KMnO_4$ 溶液 700mL，应称取 $KMnO_4$ 多少克？若以草酸为基准物质标定，应称取 $H_2C_2O_4\cdot 2H_2O$ 多少克？

3. 有一标准溶液每升含有 $KHC_2O_4\cdot H_2C_2O_4\cdot 2H_2O$ 为 25.42g，计算此溶液与 KOH 作用和在酸性溶液中与 $KMnO_4$ 作用，其浓度各为多少？$KMnO_4$ 以 $\dfrac{1}{5}KMnO_4$ 为基本单元。

4. 纯 $Na_2C_2O_4$ 0.1133g，在酸性溶液中需消耗 19.74mL $KMnO_4$ 溶液。计算 $KMnO_4$ 溶液的浓度 $c\left(\dfrac{1}{5}KMnO_4\right)$。

5. 双氧水 2.00mL（密度为 1.010），在 250mL 容量瓶中稀释至刻度。吸取 25.00mL，酸化后用 $c\left(\dfrac{1}{5}KMnO_4\right)=0.1200\text{mol}\cdot L^{-1}$ $KMnO_4$ 标准滴定溶液 29.28mL 滴定至终点。计算试样中 H_2O_2 的含量。

6. 某厂生产 $FeCl_3\cdot 6H_2O$ 试剂，国家规定二级含量不低于 99.0%，三级品不低于 98.0%。为了检验质量，称取样品 0.5000g，用水溶解后加适量 HCl 和 KI，用 $c(Na_2S_2O_3)=0.09026\text{mol}\cdot L^{-1}$ 标准溶液滴定析出的 I_2，用去 20.15mL。问该产品属于哪一级？

第七章
沉淀滴定法

学习目标

1）了解沉淀滴定对反应条件的要求；
2）了解分级沉淀和沉淀转化的概念；
3）掌握莫尔法的原理、条件及应用；
4）了解佛尔哈德法和法扬司法的原理、条件及应用。

第一节 概 述

沉淀滴定法是以沉淀反应为基础的滴定分析方法。

我们知道沉淀反应很多，由于许多沉淀产物无固定组成，有共沉淀现象或沉淀不完全等原因，使沉淀滴定法在应用中受到一定限制，因此能用于滴定分析的沉淀反应必须符合下列条件。

① 按一定的化学计量关系进行，生成沉淀的溶解度必须很小（$s \leqslant 10^{-5}\,mol \cdot L^{-1}$），对于 1:1 型的沉淀，其 $K_{sp} \leqslant 10^{-10}$；

② 反应速率要快，不易形成过饱和溶液；

③ 有确定化学计量点的简单方法；

④ 沉淀的吸附现象不影响滴定终点。

由于上述条件的限制，能用于沉淀滴定法的反应并不多。目前常用的是生成难溶性银盐的"银量法"，例如：

$$Ag^+ + Cl^- \longrightarrow AgCl \downarrow （白色）$$

$$Ag^+ + SCN^- \longrightarrow AgSCN \downarrow （白色）$$

用银量法可以测定 Cl^-、Br^-、I^-、SCN^- 和 Ag^+ 等以及一些含卤素的有机化合物（如六六六、DDT）。

本章主要讨论银量法。根据滴定方式的不同，银量法可分为直接滴定法和返滴定法；根据确定滴定终点方法的不同，银量法分为莫尔法、佛尔哈德法和法扬司法。

第二节　银量法确定终点的方法

一、莫尔法（K_2CrO_4 作指示剂）

1. 作用原理

莫尔法是在中性或弱碱性介质中，用 $AgNO_3$ 标准滴定溶液，以 K_2CrO_4 作指示剂来确定终点的银量法。以测定 Cl^{-1} 为例，其反应为

滴定反应　　　　　　$Ag^+ + Cl^- \longrightarrow AgCl\downarrow$（白色）

指示反应　　　　$2Ag^+ + CrO_4^{2-} \longrightarrow Ag_2CrO_4\downarrow$（砖红色）

这种方法的理论依据是分级沉淀原理。

对相同类型的沉淀，K_{sp} 小的先沉淀；

对不同类型的沉淀，比较溶解度 s 的大小，s 小的先沉淀。

对于 1∶1 型的沉淀　溶解度 $s = \sqrt{K_{sp}}$

对于 1∶2 型的沉淀　溶解度 $s = \sqrt[3]{\dfrac{K_{sp}}{4}}$

$AgCl$ 的溶解度 $s = \sqrt{K_{sp}} = \sqrt{1.8\times10^{-12}} = 1.3\times10^{-5}$（$mol \cdot L^{-1}$）

Ag_2CrO_4 的溶解度 $s = \sqrt[3]{\dfrac{K_{sp}}{4}} = \sqrt[3]{\dfrac{2.0\times10^{-12}}{4}} = 7.9\times10^{-5}$（$mol \cdot L^{-1}$）

由于 $AgCl$ 的溶解度（$1.3\times10^{-5} mol \cdot L^{-1}$）比 Ag_2CrO_4 的溶解度（$7.9\times10^{-5} mol \cdot L^{-1}$）小，因此在用 $AgNO_3$ 标准滴定溶液滴定时，$AgCl$ 先析出沉淀，当滴定到 Ag^+ 与 Cl^- 达到化学计量点，过量的半滴 Ag^+ 使 CrO_4^{2-} 析出砖红色 Ag_2CrO_4 沉淀，指示滴定终点。

2. 滴定条件

（1）指示剂用量　用 $AgNO_3$ 标准滴定溶液滴定 Cl^-，是以 K_2CrO_4 作指示剂，出现砖红色 Ag_2CrO_4 沉淀为滴定终点的。实验证明，滴定溶液中 CrO_4^{2-} 浓度为 $5\times10^{-3} mol \cdot L^{-1}$ 是确定滴定终点适宜的浓度，终点体积为 100mL 时，应加入 5% K_2CrO_4 溶液 1～2mL。对于较稀溶液的滴定，如 $0.01 mol \cdot L^{-1} AgNO_3$ 滴定 $0.01 mol \cdot L^{-1} Cl^-$ 滴定，滴定误差可达 0.6%，应做指示剂空白试验进行校正。

注意指示剂用量是个主要问题，K_2CrO_4 太多，黄色影响终点观察，终点有可能提前；K_2CrO_4 太少，Ag^+ 过量较多才能看到砖红色沉淀，误差增加。

（2）溶液的酸度　溶液的酸度应控制在 pH 6.5～10.5。在酸性溶液中，CrO_4^{2-} 有如下反应：

$$2CrO_4^{2-} + 2H^+ \rightleftharpoons 2HCrO_4^- \rightleftharpoons Cr_2O_7^{2-} + H_2O$$

因而降低了 CrO_4^{2-} 的浓度，终点拖后或无终点，使 Ag_2CrO_4 沉淀溶解。

在强碱性溶液中，能有黑棕色 Ag_2O 沉淀析出：

$$2Ag^+ + 2OH^- \longrightarrow Ag_2O\downarrow + H_2O$$

多消耗 Ag^+，且终点不明显，因此，莫尔法要求在中性或弱碱性溶液中进行滴定。若溶液酸性太强，可用 $NaB_4O_7 \cdot 10H_2O$、$NaHCO_3$ 或 $CaCO_3$ 中和；若溶液碱性太强，可用稀 HNO_3 溶液中和。

当溶液中有铵盐存在，在 pH 较高时则形成 NH_3，使 Ag^+ 与 NH_3 形成 $[Ag(NH_3)_2]^+$ 而影响滴定的准确度，滴定时，溶液酸度应控制在 pH = 6.5～7.2 较为适宜。如果 NH_4^+ 过多，浓度超过 $0.15mol \cdot L^{-1}$，滴定误差将超过 0.2%，应设法先除去。除去的方法是在试液中加入适量的碱使生成的氨挥发，再用酸调节溶液的 pH 至适当范围。

（3）干扰离子　能与 Ag^+ 生成沉淀的 PO_4^{3-}、AsO_4^{3-}、SO_3^{2-}、CO_3^{2-}、S^{2-}、$C_2O_4^{2-}$、SO_4^{2-} 等阴离子及能与 CrO_4^{2-} 生成沉淀的 Ba^{2+}、Sr^{2+}、Pb^{2+} 等阳离子对测定都有干扰。在中性或弱碱性溶液中发生水解的 Fe^{3+}、Al^{3+}、Bi^{3+}、Sn^{4+} 等离子以及 Cu^{2+}、Co^{2+}、Ni^{2+} 等有色离子也有干扰，应预先将其分离。由此可见莫尔法的选择性较差。

（4）温度与振荡　为了防止 AgX 分解，反应要在室温下进行。由于滴定生成的 AgCl 沉淀易吸附溶液中的 Cl^-，使溶液中 $[Cl^-]$ 降低，与其平衡的 $[Ag^+]$ 增加，以致未到化学计量点时，Ag_2CrO_4 沉淀便过早产生，引入误差。因此滴定时速率不能太快，为防止局部过浓，终点提前，必须充分摇动试液，使被吸附的 Cl^- 释放出来，以获得准确的滴定终点。

3. 应用范围

莫尔法主要用于测定 Cl^-、Br^- 和 Ag^+，不适合测定 I^- 和 SCN^-，因为 AgI 和 AgSCN 沉淀吸附现象更严重，使终点提前，滴定误差大。

测定 Ag^+ 时，应采用返滴定法，即向 Ag^+ 的试液中加入过量的 NaCl 标准溶液，然后再用 $AgNO_3$ 标准滴定溶液滴定剩余的 NaCl。若直接滴定，先生成的 Ag_2CrO_4 转化为 AgCl 的速率很慢，滴定终点难以确定。

二、佛尔哈德法（铁铵矾作指示剂）

1. 作用原理

佛尔哈德法是在酸性介质中以铁铵矾 $[NH_4Fe(SO_4)_2 \cdot 12H_2O]$ 作指示剂来确定滴定终点的银量法。根据滴定方式不同，本法又可分为直接滴定法和返滴定法。

（1）直接滴定法　在含有 Ag^+ 的酸性溶液中，以铁铵矾作指示剂，用 NH_4SCN 标准滴定溶液直接滴定，当滴定至化学计量点时，微过量的 SCN^- 与 Fe^{3+} 结合生成红色的 $FeSCN^{2+}$，即为滴定终点，反应如下：

滴定反应　　$Ag^+ + SCN^- \longrightarrow AgSCN \downarrow$（白色）　$K_{sp} = 2.0 \times 10^{-12}$

指示反应　　　　$Fe^{3+} + SCN^- \longrightarrow FeSCN^{2+}$（红色）　$K = 200$

用 NH_4SCN 标准滴定溶液滴定 Ag^+ 溶液时，生成的 AgSCN 沉淀能吸附溶液中的 Ag^+，会使红色的出现早于化学计量点。因此在滴定过程中需剧烈摇动，使被吸附的 Ag^+ 释放出来。

实验证明，Fe^{3+} 的浓度控制为 $0.015mol \cdot L^{-1}$ 时，可以得到满意的结果，滴定误差为 0.2%。

此法优于莫尔法，可以在酸性溶液中直接测定 Ag^+。

（2）返滴定法 此法是在待测试液中，加入一定体积过量的 $AgNO_3$ 标准滴定溶液，反应完全后，以铁铵矾作指示剂，用 NH_4SCN 标准滴定溶液滴定剩余的 Ag^+。反应如下：

$$Cl^- + Ag^+（过量）\longrightarrow AgCl\downarrow（白色）$$

$$Ag^+（余量）+ SCN^- \longrightarrow AgSCN\downarrow（白色）$$

滴定终点　　　　　　$Fe^{3+} + SCN^- \longrightarrow FeSCN^{2+}（红色）$

※在此涉及沉淀转化，转化条件等问题。

沉淀转化的条件是 K_{sp} 大的沉淀向 K_{sp} 小的沉淀转化。转化反应中生成的离子浓度与加入离子浓度之比等于两种离子难化合物的 K_{sp} 之比。

用佛尔哈德法测定 Cl^- 时，滴定达到终点，经摇动后红色会褪去。这是因为 AgSCN 的溶解度（$1.0×10^{-6}mol·L^{-1}$）小于 AgCl 的溶解度（$1.3×10^{-5}mol·L^{-1}$），AgCl 转化为更难溶的 AgSCN，

$$AgCl + SCN^- \longrightarrow AgSCN\downarrow + Cl^-$$

从而破坏了 $FeSCN^{2+}$ 的解离平衡，红色消失，再滴加 NH_4SCN 形成的红色随着摇动又会消失。这种转化作用将继续进行到 Cl^- 与 SCN^- 浓度之间建立一定平衡关系，才会出现持久的红色。此时：

$$\frac{[Cl^-]}{[SCN^-]} = \frac{K_{sp,AgCl}}{K_{sp,AgSCN}} = \frac{1.8×10^{-10}}{1.0×10^{-12}} = 180$$

即被置换的 $[Cl^-] = 180[SCN^-]$，这样将引入很大的滴定误差。

为了避免上述转化反应的发生，通常采用下述两种措施。

① 在试液中加入过量 $AgNO_3$ 标准滴定溶液后，将溶液煮沸使 AgCl 凝聚，以减少 AgCl 沉淀对 Ag^+ 的吸附。过滤并用稀 HNO_3 仔细洗涤沉淀。滤液与洗涤液合并，用 NH_4SCN 标准滴定溶液滴定滤液中剩余的 Ag^+。

这样操作很麻烦。若加热煮沸使 AgCl 沉淀凝聚后，就可直接进行滴定，操作简化，也减慢转化速率。

② 在用 NH_4SCN 标准滴定溶液滴定前，加入硝基苯或邻苯二甲酸丁酯，用力摇动，则在 AgCl 沉淀表面上覆盖一层有机溶剂，使 AgCl 沉淀与外部溶液隔离，阻止 AgCl 沉淀与 NH_4SCN 发生转化反应。

这个方法简便，但要注意硝基苯的毒性较大。

③ 提高 Fe^{3+} 的浓度，以减少终点时 SCN^- 的浓度，从而减少上述误差，实验证明，Fe^{3+} 为 $0.21mol·L^{-1}$ 时，终点误差（TE）将小于 0.1%。

对测定 Br^- 和 I^-，AgBr 和 AgI 的溶解度者比 AgSCN 的溶解度小，不存在转化问题。

2. 滴定条件

（1）溶液酸度 反应在硝酸的酸性溶液中进行，酸度保持在 $0.3\sim1mol·L^{-1}$。

若是中性溶液，则 Fe^{3+} 水解生成 $Fe(OH)_3$ 沉淀，影响终点的确定；

若是氨性溶液，则 $Ag^+ + 2NH_3 \longrightarrow Ag(NH_3)_2^+$，改变了 NH_4SCN 的体积，影响测定结果；

若是碱性溶液，$Ag^+ \longrightarrow Ag_2O$ 沉淀，$Fe^{3+} \longrightarrow Fe(OH)_3$ 沉淀，影响滴定终点的判断；

在 H_2SO_4、HCl、H_3PO_4 介质中，Ag^+ 生成 Ag_2SO_4 沉淀、AgCl 沉淀、Ag_3PO_4 沉淀，干扰终点的判断。

（2）温度　要求在室温进行，如果温度太高，$FeSCN^{2+}$ 解离度增加，变色灵敏度下降，终点不明显。

（3）摇动　直接法——测 Ag^+，SCN^- 用力摇，可以阻止 AgSCN 吸附；

返滴定法——测 Cl^- 则不用剧烈摇动，以阻止 AgCl 转化。

（4）干扰离子　强氧化剂、氮的低价氧化物以及铜盐、汞盐都与 SCN^- 作用形成红色 ONSCN 及 $Cu(SCN)_2$、$Hg(SCN)_2$ 沉淀，大量 Co^{2+}，Ni^{2+} 等有色离子，影响终点观察，干扰测定，必须预先除去。

3. 应用范围

佛尔哈德法是在硝酸溶液中进行滴定的。一般酸度 $> 0.3\,mol \cdot L^{-1}$ 时，许多弱酸根子离子如 PO_4^{3-}、AsO_4^{3-}、CrO_4^{2-} 等都不与 Ag^+ 生成沉淀，因而方法的选择性较高，可用来测定 Cl^-、Br^-、I^-、SCN^- 和 Ag^+ 等。

应用此法测定 Br^-、I^- 和 SCN^- 时，滴定终点十分明显。但是在测定 I^- 时，必须在加入过量 $AgNO_3$ 溶液之后再加入铁铵矾指示剂，以避免 I^- 对 Fe^{3+} 的还原作用而造成误差。

三、 法扬司法（ 吸附指示剂 ）

1. 作用原理

法扬司法是一种利用吸附指示剂确定滴定终点的银量法。吸附指示剂是一类有色的有机化合物，在水溶液中被吸附在沉淀表面后，其结构发生变化，从而引起颜色的变化。指示滴定终点的到达。现以 $AgNO_3$ 标准滴定溶液滴定 KCl 为例说明指示剂荧光黄的作用原理。

荧光黄是一种有机弱酸，用 HFI 表示，在水溶液中可解离为荧光黄阴离子 FI^-，呈黄绿色：

$$HFI \Longrightarrow H^+ + FI^- （黄绿色）$$

化学计量点前，生成的 AgCl 沉淀吸附过量的 Cl^- 形成（AgCl）$\cdot Cl^-$ 而带负电荷，FI^- 不被吸附，溶液仍呈黄绿色；

达化学计量点时，Ag^+ 微过量，生成的 AgCl 沉淀吸附 AgCl 形成（AgCl）$\cdot Ag^+$ 而带正电荷，其吸附 FI^- 生成 $AgCl \cdot Ag \cdot FI$ 呈现粉红色，指示终点。

$$AgCl \cdot Ag^+ + FI^- \Longrightarrow AgCl \cdot Ag \cdot FI$$

（黄绿色）　　　　（粉红色）

如果是用 NaCl 溶液滴定 Ag^+，则颜色的变化正好相反，由粉红色转变为黄绿色。

2. 指示剂的选择

不同指示剂离子被沉淀吸附的能力不同。选择原则：滴定时应选用沉淀对指示剂离子的吸附能力略小于对待测离子的吸附能力，否则在化学计量点前，指示剂离子就取代了被吸附的待测离子，而提前改变颜色。还应注意，沉淀对指示剂离子的吸附能力也不能太小，否则指示剂变色不敏锐，终点滞后而引入较大误差。卤化银沉淀对卤素离子和几种指示剂的吸附能力的顺序为：

$$I^- >二甲基二碘荧光黄> SCN^- > Br^- >曙红> Cl^- >荧光黄$$

由此可以看出，测定 Cl^- 时应选择荧光黄作指示剂，测定 Br^-、I^-、SCN^- 时应选用曙红。曙红不能用作测定 Cl^- 的指示剂，因为 $AgCl$ 沉淀吸附曙红的能力比吸附 Cl^- 的能力强，在化学计量点前曙红即被吸附而改变颜色。

3. 滴定条件

（1）保持沉淀呈胶体状态　由于吸附指示剂的颜色变化是发生在沉淀的表面上，为了使终点变色明显，应尽可能使卤化银沉淀呈胶体状态，具有较大的表面积。在滴定前可加入糊精或淀粉作为胶体保护剂，防止 $AgCl$ 沉淀凝聚。

此外，在滴定前将待测溶液适当稀释，也有利于沉淀保持胶体状态。但浓度太低时，沉淀很少，观察终点比较困难。用荧光黄作指示剂滴定 Cl^- 时，Cl^- 浓度要求在 $0.005 \text{mol} \cdot \text{L}^{-1}$ 以上；滴定 Br^-、I^-、SCN^- 的灵敏度稍高，浓度可在 $0.001 \text{mol} \cdot \text{L}^{-1}$ 以上。

（2）控制溶液酸度　常用的吸附指示剂大多是有机弱酸，起指示作用的是它们的阴离子。酸度大时，H^+ 与指示剂阴离子结合成不被吸附的指示剂分子，无法指示终点。酸度的大小与指示剂的解离常数有关，解离常数越大，酸度可以大些。例如荧光黄，其 $pK_a \approx 7$（$K_a \approx 10^{-7}$），适用于 $pH = 7 \sim 10$ 的条件下进行滴定；若 $pH < 7$，荧光黄主要以 HFI 形式存在，不被吸附；曙红 $pK_a \approx 2$，可在 $pH = 2 \sim 10$ 的溶液中使用。

（3）避免强光照射　卤化银沉淀对光敏感，很快分解析出银转变为灰黑色，影响滴定终点的观察。因此不要在强光直射下进行滴定。

法扬司法的应用范围列于表 7-1 中。

表 7-1　法扬司法的应用范围及常用指示剂

被测离子	指示剂	滴定条件 pH	终点颜色变化
Cl^-	荧光黄	$7 \sim 10$	黄绿色→粉红色
Cl^-	二氯荧光黄	$4 \sim 10$	黄绿色→红色
Br^-、I^-、SCN^-	曙红	$2 \sim 10$	黄红色→红紫色
I^-	二甲基二碘荧光黄	中性	黄红色→红紫色
SCN^-	溴甲酚绿	$4 \sim 5$	黄色→蓝色
Ag^+	甲基紫	酸性	蓝色→紫色
生物碱盐类	溴酚蓝	弱酸性	黄绿色→灰紫色

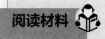

阅读材料

间谍的情报

现在间谍的情报都是利用现代高科技电子技术传送的，过去间谍的情报是怎么传送的呢？第二次世界大战期间，参战国之间的间谍之战，也是科学技术的竞赛。德国特工训练中心，专门训练间谍如何配制、使用隐形墨水。大战结束前夕，德国人已研究出"显微点"技术，一个很小的显微点可以容纳较多内容的情报。在我们很多看到的谍战影片中，也有过很多类似的镜头。其中利用鸡蛋传送情报，大家有听说过吗？

第二次世界大战中，索姆河前线德法交界处，法军哨兵林立，对过往行人严加盘查。一天，有位挎了一篮子熟鸡蛋的德国妇女在过边界时受到盘查，一个年轻好动的哨兵顺手抓起一个鸡蛋无意地向空中抛去，再把它接住，此时，那位妇女突然情绪紧张地叫了起来，这下却引起了哨兵长的怀疑，鸡蛋被打开了，只见蛋清上布满了字迹和符号，仔细一看，这是法军的详细布防图，上面还有各师旅的番号。

这种方法是德国的一位化学家给情报人员提供的，为什么蛋清上会有字迹呢？原来，用醋酸在蛋壳上写字，等醋酸干了以后，无任何痕迹。再将鸡蛋煮熟，字迹便会奇迹般地透过蛋壳印在蛋清上。因为渗入蛋壳的醋酸与鸡蛋清发生反应，在蛋清上留下了特殊的痕迹，待煮熟后就会有清晰可见的字迹显示出来。所以化学家巧用醋酸，把情报妙藏在鸡蛋中。

其实，早在古希腊，人们就知道用胡桃、栗子等坚果制造隐形墨水。天然隐形墨水单一、有一定局限性。随着科学技术的发展，人们把化学知识应用在制作隐形墨水的工作之中，取得了可喜的成绩。这么神奇的东西，你想试试吗？

这里介绍几种配制隐形墨水的方法。

1. 试剂准备

分别配制 KSCN（硫氰化钾）、$PbAc_2$（醋酸铅）、淀粉、NH_4NO_3（硝酸铵）、$(NH_4)_2SO_4$（硫酸铵）、$Al_2(SO_4)_3$（硫酸铝）溶液，注入试剂瓶中贴上标签。

2. 书写

用毛笔分别蘸取上述溶液，在张纸上写字，晾干，白纸上无字。

3. 显字

在 KSCN 溶液写的隐藏文字上，用沾有少许 10% 的 $FeCl_3$ 溶液的棉球轻擦，即出现红色字迹；在 $PbAc_2$ 溶液写的隐藏文字上，用沾有少许饱和 KI 溶液的棉球轻擦，即出现黄色文字；在淀粉溶液写的隐藏文字上，用沾有少许碘酒溶液的棉球轻擦，即出现蓝色文字；将 NH_4NO_3、$(NH_4)_2SO_4$、$Al_2(SO_4)_3$ 溶液写的隐藏文字，拿到酒精灯火焰上方烘烤，纸上即出现黑色字迹。

4. 隐藏文显示原因

KSCN 溶液写的纸上，涂以 10% 的氯化铁 $FeCl_3$ 溶液会出现红色的 $Fe(SCN)^{2+}$，所以字迹显红色；在 $PbAc_2$ 上涂以饱和 KI 溶液，会有鲜黄色的 PbI_2 生成，所以有黄色字迹显现；在淀粉上涂以碘酒，碘酒中的 I_2 与淀粉生成蓝色吸附化合物，所以有蓝色字迹显现；NH_4NO_3 在较高温度时具有强氧化，会促使纸尽快烧焦而现出字形；$(NH_4)_2SO_4$ 遇热分解出的浓硫酸使纸炭化变黑；$Al_2(SO_4)_3$ 在纸上少量水和热的条件下水解出硫酸，使纸炭化也会显出字迹。

第二节　银量法的应用

一、 标准滴定溶液的配制与标定

1. AgNO₃ 标准滴定溶液

AgNO₃ 标准滴定溶液可以用基准试剂硝酸银直接配制。

市售硝酸银常含有杂质如金属银、氧化银、游离硝酸、亚硝酸盐等。因此，用这类试剂配制成溶液后，必须用基准物质标定。

配制 AgNO₃ 溶液用的蒸馏水应不含 Cl⁻，配好的 AgNO₃ 溶液应保存在棕色玻璃瓶中置于暗处，以免见光分解。

$$2AgNO_3 \xrightarrow{\text{光}} 2Ag + 2NO_2 + O_2$$

AgNO₃ 具有腐蚀性，应注意不要使它接触皮肤和衣服。滴定时应使用棕色酸式滴定管。

标定 AgNO₃ 溶液的基准物质是 NaCl，用莫尔法标定，指示剂为 K₂CrO₄。NaCl 易吸潮，标定前应将其放入坩埚中，于 500～600℃加热至不再有爆鸣声为止，冷却放干燥器中备用。

在滴定过程中生成的 AgCl 沉淀见光也能分解转变为淡紫至灰黑色，影响终点的观察。

2. NH₄SCN 标准滴定溶液

硫氰酸铵试剂常含有硫酸盐、氯化物等杂质，纯度仅在 98% 以上，应配制成近似浓度的溶液后，用基准物 AgNO₃ 或 AgNO₃ 标准滴定溶液进行标定和比较。

二、 应用实例

1. 水中氯含量的测定

地面水和地下水都含有氯化物，主要是钠、钙、镁的盐类。天然水用漂白粉消毒时也会带入一定量的氯化物。

水中氯含量一般多采用莫尔法，即在中性或弱碱性条件下，以 K₂CrO₄ 作指示剂，用 AgNO₃ 标准滴定溶液进行滴定。

当水样中含有 H₂S 时，可用稀硝酸酸化，并煮沸 5～15min，冷却后调节至 pH=6.5～10.5。再进行滴定。

$$3H_2S + 2HNO_3 \longrightarrow 3S\downarrow + 4H_2O + 2NO$$

水样中如含有 SO₃²⁻，它能与 Ag⁺ 反应生成 Ag₂SO₃ 而使结果偏高，可在滴定前先用 H₂O₂ 将 SO₃²⁻ 氧化成 SO₄²⁻。

$$SO_3^{2-} + H_2O_2 \longrightarrow SO_4^{2-} + H_2O$$

若水样颜色过深以致影响滴定终点的观察时，可在滴定前用活性炭或明矾吸附脱色。

水样中含有 PO_4^{3-} 时，应采用佛尔哈德法测定。

2. 烧碱中氯化钠含量的测定

烧碱中 NaCl 的含量，可以用佛尔德法测定。滴定前应该用浓硝酸中和至酚酞指示剂红色消失，即溶液呈酸性。由于佛尔德法测定 Cl^-，滴定终点有 AgCl 转化为 AgSCN 而使红色消失，在用 NH_4SCN 标准滴定溶液滴定剩余 $AgNO_3$ 前，加入硝基苯或邻苯二甲酸丁酯覆盖 AgCl 沉淀，以阻断 AgCl 的转化。

3. 溴化物或碘化物含量的测定

三种银量法中除莫尔法不能测定碘化物，其他都可以用来测定溴化物或碘化物。目前比较普遍的是法扬司法，以曙红作为吸附指示剂，在醋酸酸性溶液中用 $AgNO_3$ 标准滴定溶液直接滴定至沉淀由黄色变为玫瑰红色即为终点。

三、 计算示例

【例 7-1】 称取基准物质 NaCl 0.7526g，溶于 250mL 容量瓶中并稀释至刻度，摇匀，移取 25.00mL 加入 40.00mL $AgNO_3$ 溶液，滴定剩余的 $AgNO_3$ 时，用去 18.25mL NH_4SCN 溶液。直接滴定 40.00mL $AgNO_3$ 溶液时，需要 42.60mL NH_4SCN 溶液。求 $c(AgNO_3)$ 和 $c(NH_4SCN)$。

【解】 与 NaCl 反应的 $AgNO_3$ 溶液的体积为

$$40.00mL - \frac{40.00 \times 18.25}{42.60} = 22.86(mL)$$

$$c(AgNO_3) = \frac{0.7526 \times \frac{25}{250}}{58.44 \times 22.86} \times 1000$$

$$= 0.05633(mol \cdot L^{-1})$$

$$c(NH_4SCN) = \frac{0.05633 \times 40.00}{42.60}$$

$$= 0.05289(mol \cdot L^{-1})$$

【例 7-2】 溶解 0.5000g 氯化锶试样，加入纯 $AgNO_3$ 1.784g，滴定剩余的 $AgNO_3$ 时用去 $c(NH_4SCN) = 0.2800mol \cdot L^{-1}$ 的溶液 25.50mL。求试样中 $SrCl_2$ 含量。

【解】

$$M\left(\frac{1}{2}SrCl_2\right) = \frac{158.52}{2} = 79.26(g \cdot mol^{-1})$$

$$M(AgNO_3) = 169.9(g \cdot mol^{-1})$$

$$w(SrCl_2) = \frac{\left(\frac{1.784}{169.9} - 0.2800 \times 0.02550\right) \times 79.26}{0.5000} \times 100\%$$

$$= 53.27\%$$

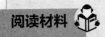
阅读材料

一、诺贝尔化学奖拾趣

诺贝尔奖是近代史上最负盛誉的国际性奖。这项奖是根据19世纪末叶瑞典著名化学家——艾尔弗雷德·诺贝尔生前的遗愿，以其财产作为基金设置的。它创立于1898年，迄今已有80多年的历史。

获奖人数：自1901年至2015年共有169位化学家获奖。

获奖最多的年龄阶段：在50~59岁之间获奖的化学家有41位，居首位；其次是40~49岁年龄段，共有28人获奖。

获奖最多的化学家的国籍：美籍化学家获奖人数最多，有32位；其次是德国，24人获奖。

获奖化学家的性别：男性102人，女性3人。3位女性化学家是：居里夫人、伊伦·约里奥·居里（居里夫人的长女）及英国的多萝西·霍奇金。

两次获奖者：截至1986年，在105位获奖者中，只有一人唯一得过两次化学奖，他是英国的弗雷德里克·桑格，1958年和1980年分别获奖。

年龄最大和最小者：前联邦德国的格奥尔·维蒂希在82岁时（1979年）获奖，这是获奖者中最年长的一位。法国的约里奥·居里（居里夫人的女婿）在35岁时与妻子伊伦共同荣获1935年的化学奖成为迄今为止，最年轻的化学奖获得者。这也是目前唯一的一对夫妻双双获化学奖者。

中断发奖的年份：1940年、1941年、1942年因战争未评奖，1916年、1917年、1919年、1924年、1933年也未评奖，原因不详。

发奖遇到的麻烦：1939年，希特勒强迫德国科学家查德·库赫恩和阿道夫·布泰纳恩德特放弃化学奖，盖尔哈德·多马克放弃医学奖。

二、2005年诺贝尔化学奖成果解读

碳是地球生命的核心元素。碳原子能以不同方式与多种原子连接，形成小到几个原子、大到上百万个原子的分子。这种独特的多样性奠定了生命的基础，它也是与人类生活密切相关的学科——有机化学的核心。

原子之间的联系称为键，一个碳原子可以通过单键、双键或三键方式与其他原子连接。有着碳-碳双键的链状有机分子称为烯烃。在烯烃分子里，两个碳原子就像双人舞的舞伴一样，拉着双手在跳舞。

2005年诺贝尔化学奖的三位得主，获奖原因就是他们弄清了如何指挥烯烃分子"交换舞伴"，将分子部件重新组合成别的物质。

20世纪50年代，人们首次发现，在金属化合物的催化作用下，烯烃里的碳-碳双键会被拆散、重组，形成新分子，这种过程被命名为烯烃复分解反应。但当时没有人知道这类金属催化剂的分子结构，也不知道它是怎样起作用的。

人们就此提出了许多假说，但真正的突破发生在1970年。这一年，法国科学

家伊夫·肖万和他的学生发表了一篇论文，提出烯烃复分解反应中的催化剂应当是金属卡宾，并详细解释了催化剂担当中间人、帮助烯烃分子"交换舞伴"的过程。

金属卡宾是指一类有机分子，其中有一个碳原子与一个金属原子以双键连接，它们也可以看作一对拉着双手的舞伴。在与烯烃分子相遇后，两对舞伴会暂时组合起来，手拉手跳起四人舞蹈。随后它们"交换舞伴"，组合成两个新分子，其中一个是新的烯烃分子，另一个是金属原子和它的新舞伴。后者会继续寻找下一个烯烃分子，再次"交换舞伴"。

这一理论提出后，越来越多的化学家意识到，烯烃复分解在有机合成方面有着巨大的应用前景，但这对催化剂的要求也很高。到底含有什么金属元素的卡宾化合物最理想呢？在开发实用的催化剂方面，作出最大贡献的是美国科学家罗伯特·格拉布和理查德·施罗克。

1990年，施罗克和他的合作者报告说，金属钼的卡宾化合物可以作为非常有效的烯烃复分解催化剂。这是第一种实用的此类催化剂，该成果显示烯烃复分解可以取代许多传统的有机合成方法，并用于合成新型有机分子。

1992年，格拉布等人发现了金属钌的卡宾化合物也能作为催化剂。此后，格拉布又对钌催化剂作了改进，这种"格拉布催化剂"成为第一种被普遍使用的烯烃复分解催化剂，并成为检验新型催化剂性能的标准。

以这些发现为基础，学术界和工业界掀起了研究烯烃复分解反应、设计合成新型有机物质的热潮。新的合成过程更简单快捷，生产效率更高，副产品更少，产生的有害废物也更少，有利于保护环境，是"绿色化学"的典范。它在化工、食品、医药和生物技术产业方面有着巨大应用潜力。一些科学家正在用这种方法开发治疗癌症、早老性痴呆症和艾滋病等疾病的新药。它还拓展了科学家研究有机分子的手段，例如用于人工合成复杂的天然物质。

本章小结

方法	标准溶液	指示剂	滴定反应	指示反应
莫尔法	$AgNO_3$	K_2CrO_4	$Ag^+ + Cl^- \rightleftharpoons$ $AgCl \downarrow$ 白色	$2Ag^+ + CrO_4^{2-} \longrightarrow$ $Ag_2CrO_4 \downarrow$ 砖红色
佛尔哈德法	NH_4SCN $AgNO_3$	$FeNH_4(SO_4)_2$	$Ag^+ + SCN^- \rightleftharpoons$ $AgSCN \downarrow$ 白色	$Fe^{3+} + SCN^- \longrightarrow$ $FeSCN^{2+}$ 血红色
法扬司法	$AgNO_3$	荧光黄 曙红	$Ag^+ + X^- \rightleftharpoons$ $AgX \downarrow$	$AgCl \cdot Ag + FI^- \longrightarrow$ $AgCl \cdot AgFI$ （黄绿色）（粉红色）

方法	终点颜色	pH 范围	滴定原理	测定物质	滴定方式	干扰
莫尔法	白色→砖红色	6.5～10.5 6.5～7.2 (NH_3)	分级沉淀	Cl^-、Br^-	直接	与 Ag^+ 反应的阳离子，与 CrO_4^{2-} 反应的阴离子
				Ag^+	返滴定	

续表

方法	终点颜色	pH 范围	滴定原理	测定物质	滴定方式	干扰
佛尔哈德法	白色→血红色	稀 HNO_3 $0.3\sim1mol\cdot L^{-1}$	沉淀转化	Ag^+	直接	强氧化剂,有色离子,与 SCN^- 反应的阳离子
				Cl^-、Br^-、I^-、SCN^-	返滴定	
法扬司法	黄绿色→粉红色	$7\sim10$	吸附原理	Cl^-、Br^-、I^-	直接	吸附指示剂能力小于吸附 X^-
	橙色→深红色	$2\sim10$		SCN^-		

练 习

一、选择题

1. 莫尔法采用 $AgNO_3$ 标准滴定溶液测定 Cl^- 时,滴定条件是（　　）。

    A. $pH=2\sim4$　　B. $pH=6.5\sim10.5$

    C. $pH=3\sim5$　　D. $pH\geqslant12$

2. 以铁铵矾为指示剂,用 NH_4SCN 标准滴定溶液滴定 Ag^+ 时,其需要的条件是（　　）。

    A. 酸性　　B. 中性　　C. 微酸性　　D. 碱性

3. 莫尔法测定 Cl^- 含量时,若溶液的酸度过高,则（　　）。

    A. $AgCl\downarrow$ 不完全　　　　B. $Ag_2CrO_4\downarrow$ 不容易形成

    C. 形成 $Ag_2O\downarrow$　　　　D. $AgCl\downarrow$ 吸附 Cl^- 的作用增强

4. 莫尔法所用 K_2CrO_4 指示剂的浓度（或用量）应比理论计算值（　　）。

    A. 高一些　　　　　B. 低一些

    C. 与理论值一致　　D. 是理论值的二倍

5. 用法扬司法测定氯含量时,在荧光黄指示剂中加入糊精的目的是（　　）。

    A. 加快沉淀的凝聚　　B. 减小沉淀的比表面

    C. 加大沉淀的比表面　　D. 加速沉淀的转化

6. 莫尔法测 Cl^- 时,若酸度过低,则（　　）。

    A. $AgCl$ 沉淀不完全　　　　B. 生成 Ag_2O 沉淀

    C. 终点提前出现　　　　　D. 易形成 $AgCl_2^-$

7. 莫尔法不适于测定（　　）。

    A. Br^-　　B. I^-　　C. Cl^-　　D. Ag^+

8. 以莫尔法测定水中 Cl^- 含量时,取水样采用的量器是（　　）。

    A. 量筒　　B. 量杯　　C. 移液管　　D. 容量瓶

9. 对莫尔法滴定不产生干扰的离子有（　　）。

    A. Pb^{2+}　　B. Bi^{3+}　　C. NO_3^-　　D. S^{2-}

二、判断题

1. 莫尔法使用的指示剂为 Fe^{3+},佛尔哈德法使用的指示剂为 K_2CrO_4。（　　）

2. 莫尔法使用的标准滴定溶液为 $AgNO_3$,法扬司法所用的标准溶液为 NH_4SCN。（　　）

3. 莫尔法测定氯离子含量时,溶液的 $pH<5$,则会造成负误差。（　　）

4. 以铁铵矾为指示剂,用 NH_4SCN 标准滴定溶液滴定 Ag^+ 时,应在碱性条件下进行。（　　）

5. Ag_2CrO_4 的溶液度积（$K_{sp,AgCrO_4}=2.0\times10^{-12}$）小于 $AgCl$ 的溶液度积（$K_{sp,AgCl}=1.8\times$

10^{-10}），所以在含有相同浓度的 CrO_4^{2-} 和 Cl^- 试液中滴加 $AgNO_3$ 时，则 Ag_2CrO_4 首先沉淀。（　　）

6. 测定水中 Cl^- 含量时，锥形瓶只用自来水洗，不用蒸馏水洗涤。（　　）

7. 测定水中 Cl^- 含量时，移液管用自来水、蒸馏水洗涤后直接移取待测水样。（　　）

8. 莫尔法测 Cl^- 含量，是依据分步沉淀的原理，由于 Ag_2CrO_4 沉淀的溶解度比 $AgCl$ 沉淀的溶解度稍大，确保 $AgNO_3$ 标准滴定溶液微过量，才能符合滴定分析误差的要求。（　　）

9. $AgNO_3$ 标准滴定溶液只能用间接法配制。（　　）

10. 莫尔法测 Cl^- 含量时，滴定必须充分摇动，目的是使被吸附的 Cl^- 释放出来。（　　）

三、简答题

1. 什么叫沉淀滴定法？用于沉淀滴定的反应必须符合哪些条件？

2. 莫尔法要求试液的 pH 为多少？为什么？

3. 什么叫分级沉淀？试用分级沉淀的现象说明莫尔法的依据。

4. 佛尔哈德法的反应条件有哪些？

5. 吸附指示剂的作用原理是什么？

6. 法扬司法的反应条件有哪些？

7. 在下列条件下，银量法测定结果是偏高还是偏低？为什么？

(1) pH＝2 时，用莫尔法测定 Cl^-。

(2) 用佛尔哈德法测定 Cl^-，未加 1,2-二氯烷有机溶剂。

8. 为了使指示剂在滴定终点颜色变化明显，使用吸附指示剂时应注意哪些问题？

四、计算题

1. 基准物 NaCl 0.1173g，溶解后加入 30.00mL $AgNO_3$ 溶液，过量的 Ag^+ 需用去 3.20mL NH_4SCN 溶液。已知滴定 20.00mL $AgNO_3$ 溶液要 21.00mL NH_4SCN 溶液。计算 $AgNO_3$ 和 NH_4SCN 溶液的浓度。

2. 有一纯 KIO_x 试剂 0.4988g，将它适当处理使之还原成碘化物，然后用 $0.1125mol \cdot L^{-1}$ $AgNO_3$ 溶液 20.72mL 滴定到终点。求 x 的值。

3. NaCl 试液 20.00mL，用 $0.1023mol \cdot L^{-1}$ $AgNO_3$ 溶液 27.00mL 滴定至终点。求每升溶液中含 NaCl 多少克？

4. 氯化物试样 0.2266g，溶解后加入 $0.1121mol \cdot L^{-1}$ $AgNO_3$ 溶液 30.00mL，过量 $AgNO_3$ 以 $0.1155mol \cdot L^{-1}$ NH_4SCN 溶液滴定，用去 6.50mL。计算试样中氯的含量。

5. 将 0.3000g 银合金溶于 HNO_3，滴定 Ag^+ 时用 23.30mL 的 $0.1000mol \cdot L^{-1}$ NH_4SCN 溶液。计算合金中银的含量。

6. 含有纯 KCl 和 KBr 的混合物，各为 0.2000g，溶解后，以 $0.2000mol \cdot L^{-1}$ $AgNO_3$ 溶液滴定，需用多少毫升？

第八章
称量分析法

💡 **学习目标**

1) 了解称量分析法的特点、方法；
2) 理解称量分析法对沉淀形式、称量形式的要求；
3) 理解影响沉淀完全、纯净的因素；
4) 掌握沉淀纯净的方法、沉淀的条件、沉淀的处理；
5) 了解称量分析法的结果计算。

第一节 概　述

称量分析通常是通过物理或化学方法，将试样中待测组分以某种形式与其他组分分离，以称量的方法称得待测组分或它的难溶化合物的质量，计算出待测组分在试样中的含量。

例如测定溶液中 Ba^{2+} 含量，可以通过加入过量稀 H_2SO_4，使 Ba^{2+} 转化为 $BaSO_4$ 沉淀而与其他组分分离，称量 $BaSO_4$ 的质量计算 Ba^{2+} 的含量。

一、称量分析法的特点和分类

1. 特点

先分离后称量。称量分析法是化学分析中的经典方法，只需将被测组分以某种形式与其他组分分离，直接称量试样和所得物质的质量，即可获得分析结果。

2. 分类

根据分离方法的不同，一般将称量分析法分为四类：沉淀法、气化法、电解法和萃取法。

（1）沉淀法　沉淀法是称量分析法的主要方法。这种方法是将待测组分生成溶解度很小的沉淀，经过滤、洗涤后，烘干或灼烧成为组成一定的物质，然后称其质量，再计算待测组分的含量。例如，测定试样中硫酸盐含量时，在试液中加入过量 $BaCl_2$ 溶液，使 SO_4^{2-} 生成 $BaSO_4$ 沉淀。待沉淀完全后，经过滤、洗涤、烘干、灼烧后，称量 $BaSO_4$ 的质量，再计算试样中 SO_4^{2-} 的含量。

（2）气化法（也称挥发法）　这种方法是通过加热或用其他方法使试样中的待测组分挥发逸出，根据试样质量的减少来计算该组分的含量；或者用吸收剂吸收逸出的组分，根据吸收剂质量的增加计算该组分的含量。例如，测定试样中的湿存水或结晶水的含量，就是将一定质量的试样在规定温度下加热使水分逸出，由试样减少的质量即可求出水分含量。若用 $Mg(ClO_4)_2$ 吸收剂将逸出的水分吸收，则由 $Mg(ClO_4)_2$ 吸收前后的质量差，亦可求试样中的水分含量。

（3）电解法　利用电解原理，控制适当电压，使待测金属离子在电极上析出，由电极增加的质量计算其含量。例如，电解法测定铜合金中铜的含量，试样经电解后，由 Pt 阴极增加的质量，即可求出铜含量。

（4）萃取法（提取法）　利用被测物质在两种互不相溶的溶剂中溶解度的不同，使被测物与试样中的其他组分分离，然后将萃取液处理掉，称取萃取物的质量，计算被测组分的含量。

3. 优点

不需用基准物质和容量仪器，引入误差小，准确度较高。对于常量组分的测定，相对误差为 $0.1\%\sim0.2\%$。对高含量组分如硅、磷、钨、稀土元素等的精确分析，某些仲裁分析和标样分析，至今仍采用称量分析法。

4. 缺点

操作比较繁琐，费时较多，不能满足快速分析要求。对低含量组分的测定，误差较大。所以，有些元素的称量分析方法已被快速分析方法所取代。

5. 适用范围

① 高、中含量组分（$>1\%$）物质的精确分析。

② 利用沉淀反应进行分离、富集、提纯，是分析化学中的重要分离方法之一。

上述几种方法中以沉淀法应用较多，它又是称量分析法的基本方法，本章主要讨论沉淀法。在沉淀法中，最重要的一步是进行沉淀反应，其中沉淀剂的选择和用量、沉淀反应的条件以及沉淀含有杂质等都会影响分析结果的准确度。这就是需要讨论的主要问题。

二、称量分析对沉淀的要求

利用沉淀法进行分析时，待测组分在进行沉淀反应后，以"沉淀形式"沉淀出来，然后经过滤、洗涤、烘干或灼烧成为"称量形式"，再进行称量。"沉淀形式"和"称量形式"可能是相同的，也可能是不同的。例如

$$Ba^{2+} \xrightarrow{沉淀} BaSO_4 \xrightarrow{灼烧} BaSO_4$$

$$Fe^{3+} \xrightarrow{沉淀} Fe(OH)_3 \xrightarrow{灼烧} Fe_2O_3$$

待测组分　　沉淀形式　　称量形式

1. 对沉淀形式的要求

（1）沉淀的溶解度要小　沉淀的溶解度必须足够小，才能保证被测组分沉淀完全。通常要求沉淀溶解损失不超出分析天平的称量误差即 0.2mg。例如，测定 Ca^{2+} 时，以

$CaSO_4$ 与 CaC_2O_4 两种沉淀形式作比较，$CaSO_4$ 的溶解度较大（$K_{sp}=2.45\times10^{-5}$），CaC_2O_4 的溶解度小（$K_{sp}=1.78\times10^{-9}$）。显然，沉淀为 CaC_2O_4 的溶解损失要少得多，不影响分析结果。

（2）沉淀要纯净，并应容易过滤和洗涤　颗粒较大的晶形沉淀（如 $MgNH_4PO_4$）吸附杂质少，容易洗净。颗粒细小的晶形沉淀（如 $BaSO_4$、CaC_2O_4）就差一些，吸附杂质稍多，有时过滤会渗漏，洗涤次数也相应增多。

非晶形沉淀如 $Al(OH)_3$、$Fe(OH)_3$，体积庞大疏松，吸附杂质较多，过滤费时且不易洗净。对于这类沉淀，必须选择适当的沉淀条件以满足对沉淀形式的要求。

（3）沉淀容易转化为称量形式　沉淀经烘干、灼烧时，应容易转化为称量形式。例如 Al^{3+} 的测定，若沉淀为 8-羟基喹啉铝 $Al(C_9H_6NO)_3$，在 130℃烘干后即可称量；而沉淀为 $Al(OH)_3$，则必须在 1200℃灼烧才能转变为无吸湿性的 Al_2O_3 后，方可称量。因此，测定 Al^{3+} 时选择前一种方法比较好。

2. 对称量形式的要求

（1）组成必须与化学式符合　称量形式的组成与化学式符合，这是计算分析结果的基本依据。例如 PO_4^{3-} 的测定，可以形成磷钼酸铵沉淀，但组成不固定，无法利用它作为测定 PO_4^{3-} 的称量形式。若用磷钼酸喹啉法测定 PO_4^{3-}，则可得到组成与化学式符合的称量形式。

（2）称量形式要有足够的稳定性　称量形式应不受空气中的水分、CO_2 和 O_2 的影响，不易被氧化分解。例如测定 Ca^{2+} 时，若沉淀为 $CaC_2O_4\cdot H_2O$，灼烧后得到的 CaO 易吸收空气中水分和 CO_2，不宜作称量形式。

（3）称量形式的摩尔质量要大　称量形式的摩尔质量大，则待测组分在称量形式中所占比率小，可以减少称量误差。例如测定铝时，分别用 $Al(C_9H_6NO)_3$ 和 Al_2O_3 两种称量形式测定（摩尔质量分别为 459.44 和 101.96），若在操作过程中都是损失 0.2mg，则铝的损失量分别为：

$$\frac{M(Al)}{M[Al(C_9H_6NO)_3]}\times0.2=\frac{26.98}{459.44}\times0.2=0.01(mg)$$

$$\frac{2M(Al)}{M(Al_2O_3)}\times0.2=\frac{2\times26.98}{101.96}\times0.2=0.10(mg)$$

显然，以 $Al(C_9H_6NO)_3$ 作为称量形式比用 Al_2O_3 作为称量形式测定 Al 的准确度高。

3. 沉淀剂的选择

根据上述对沉淀形式和称量形式的要求，选择沉淀剂时应该考虑下面几个方面：

（1）选用具有较好选择性的沉淀剂　选择的沉淀剂只能和待测组分生成沉淀，而不与试样中其他组分反应。如丁二酮肟和硫化氢都与镍反应生成沉淀，但是在测定镍时常选择用丁二酮肟。

（2）选用能与待测离子生成溶解度最小的沉淀剂　选择的沉淀剂要能使待测组分沉淀完全。如钡盐，有 $BaSO_4$、$BaCrO_4$、BaC_2O_4、$BaCO_3$，根据溶解度可知 $BaSO_4$ 的溶解度最小，沉淀损失最少，所以测定钡时常选择硫酸做沉淀剂。

（3）选用易挥发或经过灼烧易除去的沉淀剂　这样沉淀中带有的沉淀剂即便没有洗净，也可以通过烘干或灼烧除去。一些铵盐和有机沉淀剂都能满足此要求，如用氢氧化物沉淀 Fe^{3+} 时，选择氨水而不用 $NaOH$ 作沉淀剂。

（4）选用溶解度较大的沉淀剂　用此类沉淀剂可以减少沉淀对沉淀剂的吸附作用，如使 SO_4^{2-} 生成 $BaSO_4$ 沉淀时，应该选择 $BaCl_2$ 作沉淀剂，而不选 $Ba(NO_3)_2$，因为 $Ba(NO_3)_2$ 的溶解度比 $BaCl_2$ 小，$BaSO_4$ 吸附 $Ba(NO_3)_2$ 更严重。

三、 影响沉淀完全的因素

在利用沉淀反应进行称量分析时，要求沉淀反应进行完全。一般可以根据反应达到平衡后，溶液中未被沉淀的待测组分的量来衡量，也就是根据沉淀物的溶解度的大小来衡量。在称量分析中，要求沉淀因溶解而损失的量不超过分析天平所允许的称量误差 $0.2mg$，选择沉淀的溶解度小于 $10^{-4} \sim 10^{-5} mol \cdot L^{-1}$，即可认为沉淀完全。但是，许多沉淀不能满足这个要求。

影响沉淀溶解度的因素很多，有同离子效应、异离子效应、酸效应、配位效应等，这些因素对溶解度大小的影响，都能用化学平衡移动原理进行解释；此外，温度、溶剂、沉淀结构及颗粒大小等对沉淀的溶解度也有影响。

1. 同离子效应

当沉淀反应达到平衡时，若向溶液中加入与沉淀组成相同离子的试剂或溶液，则沉淀的溶解度降低，这种现象称为同离子效应。

例如，用 $BaCl_2$ 将 SO_4^{2-} 沉淀为 $BaSO_4$，$K_{sp,BaSO_4} = 1.1 \times 10^{-10}$，当加入 $BaCl_2$ 的量与 SO_4^{2-} 的量符合化学计量关系时（反应正好完全），

$BaSO_4$ 溶解度 $s = \sqrt{1.1 \times 10^{-10}} = 1.0 \times 10^{-5}$（$mol \cdot L^{-1}$）

在 $200mL$ 溶液中溶解的 $BaSO_4$ 的质量为：

$$\sqrt{1.1 \times 10^{-10}} \times 233 \times \frac{200}{1000} = 5 \times 10^{-4}（g）= 0.5（mg）> 0.2（mg）$$

溶解所损失的量已超过称量分析的要求。

如果利用同离子效应向溶液中加入过量的 $BaCl_2$，使溶液中 Ba^{2+} 的浓度为 $0.01mol \cdot L^{-1}$，此时 $BaSO_4$ 的溶解度 $s = \dfrac{1.1 \times 10^{-10}}{0.01} = 1.1 \times 10^{-8}$（$mol \cdot L^{-1}$）

溶解度减少了千分之一，则 $BaSO_4$ 在 $200mL$ 溶液中溶解的质量为：

$$\frac{1.1 \times 10^{-10}}{0.01} \times 233 \times \frac{200}{1000} = 5 \times 10^{-7}（g）= 0.0005（mg）< 0.2（mg）$$

显然，这个损失量远小于称量分析的允许误差，可以认为 SO_4^{2-} 已沉淀完全。

因此，在称量分析中，常加入过量沉淀剂，利用同离子效应来降低沉淀的溶解度，使待测组分沉淀完全。是否过量越多越好呢？事实证明：沉淀剂过量太多，可能引起异离子效应、酸效应或配位效应，反而使沉淀的溶解度增大。

表 8-1 列出 $PbSO_4$ 在不同浓度的 Na_2SO_4 溶液中的溶解度。

表 8-1 $PbSO_4$ 在 Na_2SO_4 溶液中的溶解度

$s(Na_2SO_4)/mol \cdot L^{-1}$	0	0.001	0.01	0.02	0.04	0.10	0.20	0.50
$s(PbSO_4)/mol \cdot L^{-1}$	0.15	0.024	0.016	0.014	0.013	0.016	0.023	0.023

从表 8-1 可以看出，当 Na_2SO_4 的浓度由 0 增至 $0.04mol \cdot L^{-1}$ 时，同离子效应显著，$PbSO_4$ 的溶解度随 Na_2SO_4 浓度增大而减小；Na_2SO_4 的浓度大于 $0.04mol \cdot L^{-1}$ 时，异离子效应增强，$PbSO_4$ 的溶解度又重新增大。

由此可见，在利用同离子效应降低沉淀溶解度时，应考虑到异离子效应等的影响，即沉淀剂不能过量太多，否则将使沉淀的溶解度增大，所以沉淀剂过量的程度，应根据沉淀剂的性质来确定。在烘干或灼烧时易挥发除去的沉淀剂可过量多些，约 $50\% \sim 100\%$；对不易挥发除去的沉淀剂以过量 $20\% \sim 30\%$ 为宜。

2. 异离子效应（盐效应）

沉淀反应达到平衡时，由于强电解质的存在或加入其他强电解质，使沉淀的溶解度增大，这种现象称为异离子效应（盐效应）。例如，在 KNO_3 强电解质存在的情况下，$BaSO_4$、$AgCl$ 的溶解度比在纯水中大，而且溶解度随强电解质浓度的增大而增加，见表 8-2。

表 8-2 $BaSO_4$ 和 $AgCl$ 在 KNO_3 溶液中的溶解度（25℃）

$c(KNO_3)$/$mol \cdot L^{-1}$	$BaSO_4$ 溶解度 $s \times 10^{-5}/mol \cdot L^{-1}$	s/s_0	$c(KNO_3)$/$mol \cdot L^{-1}$	$AgCl$ 溶解度 $s \times 10^{-5}/mol \cdot L^{-1}$	s/s_0
0.00	$0.96(s_0)$	1.00	0.00	$1.278(s_0)$	1.00
0.001	1.16	1.21	0.001	1.325	1.04
0.005	1.42	1.48	0.005	1.385	1.08
0.01	1.63	1.70	0.01	1.427	1.12
0.036	2.35	2.45			

注：s_0 为在纯水中的溶解度；s 为在 KNO_3 溶液中的溶解度。

应该指出，如果沉淀本身的溶解度很小，一般来说，异离子效应的影响是很小的，可以忽略不计，例如许多水合氧化物沉淀和某些金属螯合物沉淀，其异离子效应影响可以忽略。

3. 酸效应

溶液的酸度对沉淀溶解度的影响，称为酸效应。组成沉淀的金属离子和酸根离子可能与溶液中的 H^+ 或 OH^- 反应而影响沉淀的溶解度。例如 CaC_2O_4 沉淀在溶液中存在下列平衡：

$$CaC_2O_4 \Longrightarrow Ca^{2+} + C_2O_4^{2-}$$
$$H^+ \Updownarrow$$
$$HC_2O_4^-$$
$$H^+ \Updownarrow$$
$$H_2C_2O_4$$

当溶液中 H^+ 浓度增大时，平衡向右移动，生成 $HC_2O_4^-$ 甚至生成 $H_2C_2O_4$，破坏了 CaC_2O_4 的沉淀平衡，CaC_2O_4 就会部分溶解甚至全部溶解，CaC_2O_4 在 pH＝2 的溶液中的溶解

度为 $6.1 \times 10^{-4} \, mol \cdot L^{-1}$，比在 pH＝5 的溶解度 $4.8 \times 10^{-5} \, mol \cdot L^{-1}$ 约增大 13 倍。

许多弱酸盐和多元酸盐（如碳酸盐、草酸盐、磷酸盐等），以及多数金属离子与有机沉淀剂形成的沉淀（如 8-羟基喹啉铝），在酸度增大时，溶解度都显著增大，故应在较低的酸度下进行沉淀，如果沉淀本身是弱酸（如硅酸 $SiO_4 \cdot nH_2O$、钨酸 $WO_3 \cdot nH_2O$ 等）易溶于碱，则应在强酸性溶液中进行沉淀。对于强酸盐沉淀，如 AgCl 等，溶液的酸度对沉淀的溶解度影响不大。但硫酸盐沉淀如 $BaSO_4$、$SrSO_4$ 等，由于 H_2SO_4 的 $K_{a_2}＝1.0 \times 10^{-2}$，当溶液酸度太高时，沉淀的溶解度也会相应增大。

4. 配位效应

进行沉淀反应时，若溶液中存在有能与生成沉淀的离子形成配合物时，沉淀的溶解度增大，这种现象称为配位效应。例如用 Cl^- 沉淀 Ag^+ 时，若溶液中有氨水，NH_3 能与 Ag^+ 形成 $[Ag(NH_3)_2]^+$，AgCl 的溶解度则远大于在纯水中的溶解度；若氨水浓度足够大，则不能生成 AgCl 沉淀；如果 Cl^- 与 Ag^+ 的沉淀达到平衡时，向溶液中加入氨水，同样，会使沉淀溶解度增大甚至全部溶解。

$$AgCl \rightleftharpoons Cl^- + Ag^+$$
$$2NH_3 \Big\|$$
$$[Ag(NH_3)_2]^+$$

如果在进行沉淀反应时，沉淀剂本身就是配位剂，应该注意沉淀剂的用量，例如 AgCl 在过量沉淀剂 $0.5 \, mol \cdot L^{-1}$ NaCl 溶液中，由于生成 $[AgCl_2]^-$，使 AgCl 的溶解度由 $2.0 \, mg \cdot L^{-1}$（纯水中溶解度）增至 $4.0 \, mg \cdot L^{-1}$。

配位效应使沉淀溶解度增大的程度与沉淀的溶度积、配位剂的浓度和形成配合物的稳定常数有关。沉淀的溶度积越大，配位剂的浓度越大，形成的配合物越稳定，沉淀就越容易溶解。

以上讨论了同离子效应、异离子效应、酸效应和配位效应对沉淀溶解度的影响。在实际工作中应根据具体情况来考虑哪些因素影响是主要的。对无配位反应的强酸盐沉淀，主要考虑同离子效应和异离子效应；对弱酸盐或难溶酸的沉淀，多数情况主要考虑酸效应；对于有配位反应且沉淀的溶度积又比较大时，应主要考虑配位效应。

5. 其他因素

除上述因素外，温度、其他溶剂的存在、沉淀颗粒大小和结构等，都对沉淀的溶解度有影响。

（1）温度的影响　一般来说沉淀的析出是放热过程，沉淀的溶解是吸热过程，其溶解度随温度升高而增大。因此，对于一些在热溶液中溶解度较大的沉淀如 $Ca_2C_2O_4$、$MgNH_4PO_4$ 等，过滤洗涤时必须在室温下进行。对于一些溶解度很小、冷时又很难过滤的沉淀如 $Fe(OH)_3$、$Al(OH)_3$ 等，可趁热过滤，并用热的洗涤液进行洗涤。

（2）溶剂的影响　无机物沉淀大部分是离子型晶体，它们在有机溶剂中的溶解度比在纯水中要小。例如 $PbSO_4$ 沉淀在水中的溶解度为 $1.5 \times 10^{-4} \, mol \cdot L^{-1}$，而在 30％乙醇的水溶液中的溶解度为 $7.6 \times 10^{-6} \, mol \cdot L^{-1}$。

（3）沉淀颗粒大小和结构的影响　同一种沉淀，在质量相同时，颗粒越小，其总表面积越大，溶解度越大。这是因为小晶体比大晶体有更多的角、边和表面，处于这些位置上的离子受晶体内离子的引力小，又受到溶剂分子的吸引，容易进入溶液中。因此小颗粒沉淀的溶解度比大颗粒沉淀的溶解度大。例如，大颗粒的 $SrSO_4$ 沉淀的溶解度为 $6.2 \times 10^{-4} \, mol \cdot L^{-1}$，当颗粒减小至 $0.01 \mu m$ 时，溶解度为 $9.3 \times 10^{-4} \, mol \cdot L^{-1}$，溶解度增大约 50%。在实际分析中，常将有沉淀的溶液放置一段时间，进行陈化，使小颗粒转化为大颗粒，以减小沉淀的溶解损失，同时也有利于过滤和洗涤。

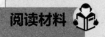

阅读材料

玻尔与诺贝尔奖章

尼尔斯·玻尔是丹麦物理学家，1922年，玻尔由于对于原子结构理论的贡献获得诺贝尔物理学奖，1997年IUPAC正式通过将第107号元素命名为Bohrium，以纪念玻尔。

1943年9月纳粹德国占领了丹麦，在丹麦首都哥本哈根，著名的物理学家玻尔居住在那里。一天，丹麦的反法西斯组织派人告诉玻尔一个紧急的消息：德国法西斯准备对他下手了！

玻尔开始准备自己的行装，打算躲开那些强盗。在收拾行李中他发现了一样重要的东西：他在1922年获得的诺贝尔奖章，这枚奖章决不能落在法西斯的手里，如果藏在身上带走，是很危险的。同在实验室工作的一位匈牙利化学家赫维西（1943年诺贝尔化学奖得主）帮他想了个好主意：将金质奖章放入"王水"（盐酸与硝酸混合液）的试剂瓶中，纯金奖章在"王水"里慢慢的溶解消失了。玻尔把这个珍贵的瓶子放在了一个不起眼的实验室架子上，离开了自己的祖国。来搜查的纳粹士兵果然没有发现这一秘密。

战争结束后，玻尔回到了自己的实验室，欣喜地发现，那个溶解了金质奖章的试剂瓶还在那里。于是，他拿起一块铜轻轻的放入"王水"中，只见铜块慢慢地变小了，奇迹出现了，瓶子里出现了一块黄金！试剂瓶里的黄金被还原后送到斯德哥尔摩，按当年的模子重新铸造，诺贝尔奖章又重新回到了主人手上。

这是为什么呢？原来所谓"王水"是一种混合浓酸，这种酸的酸性和氧化性都很强，金质奖章放到里面的时候，浓酸将金质奖章中的金溶解了，随后放入的铜块，又将溶解在浓酸里的金置换出来。

玻尔就是利用了化学上的一个置换反应，把金质奖章安全的保护下来了。

第二节 沉淀的纯净

称量分析不仅要求沉淀完全，而且还要求沉淀纯净，不应混有其他杂质。实际上获得完全纯净的沉淀是很难的，当沉淀析出时，总是或多或少地夹杂着溶液中的某些组分，使沉淀受到玷污，从而影响分析结果的准确度。要想获得一个纯净的沉淀，首先要了解沉淀被玷污的原因，然后再采取适当的措施进行减免。

一、 影响沉淀纯净的因素

影响沉淀纯净的主要因素有共沉淀和后沉淀。

1. 共沉淀

在进行沉淀反应时，溶液中某些可溶性杂质混杂于沉淀中一起析出，这种现象称为共沉淀。例如，在 Na_2SO_4 溶液中加入 $BaCl_2$ 时，若从溶解度来看，Na_2SO_4，$BaCl_2$ 都不应沉淀，但由于共沉淀现象，有少量的 Na_2SO_4 或 $BaCl_2$ 被带入 $BaSO_4$ 沉淀中。产生共沉淀现象主要原因有表面吸附、机械吸留包藏和形成混晶等。共沉淀是引起沉淀不纯净的主要原因，也是称量分析中误差的主要来源之一。

是否共沉淀就一点用处都没有呢？事物总是一分为二的，其实在化学分离中常利用共沉淀富集微量组分。例如铜合金中含有微量铅，溶解试样后利用 $MnO(OH)_2$ 沉淀与 Pb 产生共沉淀，而把 Pb 从溶液中分离出来，然后在沉淀中测定 Pb 含量。

2. 后沉淀

后沉淀是指沉淀析出后，另一种本来难沉淀的物质在沉淀表面上析出的现象。例如，在 Mg^{2+} 存在时用 $(NH_4)_2C_2O_4$ 沉淀 Ca^{2+}，由于 MgC_2O_4 的溶解度大，易形成过饱和溶液而不立即析出。但是，当 CaC_2O_4 沉淀析出后，沉淀表面吸附 $C_2O_4^{2-}$ 而使表面区域 $C_2O_4^{2-}$ 浓度增大，MgC_2O_4 便沉淀析出。由后沉淀引入杂质的量，随沉淀在试液中放置时间延长而增多。要避免或减少后沉淀的产生，主要是缩短沉淀与母液共置的时间。所以，有后沉淀现象发生时就不要进行陈化。

二、 沉淀纯净的方法

为了提高沉淀的纯度，减少玷污，可以采用下列措施。

1. 选择适当的分析步骤

当试液中含有几种组分时，首先应沉淀低含量组分，再沉淀高含量组分。反之，由于大量沉淀的析出，会使部分低含量组分因共沉淀而产生测定误差。

2. 降低易被吸附离子的浓度

对于易被吸附的杂质离子，可采用改变杂质离子价态或加入掩蔽剂等方法来降低其浓度。例如，将 SO_4^{2-} 沉淀为 $BaSO_4$ 时，Fe^{3+} 易被吸附，可把 Fe^{3+} 还原成不易被吸附的 Fe^{2+}；或加入酒石酸、EDTA 等，使 Fe^{3+} 生成稳定的配离子，都可减少沉淀对 Fe^{3+} 的吸附。

3. 选择适宜的沉淀条件

沉淀的吸附作用与沉淀的类型、颗粒大小、沉淀时的温度、陈化时间等有关。因此，按沉淀类型的不同，选择适宜的沉淀条件可以减少共沉淀现象。

4. 再沉淀

将沉淀过滤、洗涤、溶解后，再进行一次沉淀。再沉淀时，溶液中杂质的量已大为降低，共沉淀现象也可以减少。

5. 选择适当的洗涤液洗涤沉淀

由于吸附作用是一种可逆过程，选择适当的洗涤液洗涤沉淀，洗涤液中离子可取代沉淀吸附的杂质离子。洗涤沉淀原则是"少量多次"。例如，$Fe(OH)_3$ 吸附 Mg^{2+}，用 NH_4NO_3 稀溶液洗涤时，被吸附在沉淀表面的 Mg^{2+} 与洗涤液中的 NH_4^+ 发生交换。吸附在沉淀表面的 NH_4^+，可在灼烧沉淀时分解除去。

6. 选用有机沉淀剂

无机沉淀剂选择性差，形成无定形沉淀时吸附杂质多，难以过滤和洗涤。有机沉淀剂选择性高，一方面能够降低沉淀的溶解度，另一方面还可以减少共沉淀现象及形成混晶的概率，与待测组分作用常能获得颗粒较大的晶形沉淀，吸附杂质少，易过滤和洗涤。例如，四苯硼酸钠 $NaB(C_6H_5)_4$ 是测定 K^+ 的良好沉淀剂，生成 $KB(C_6H_5)_4$ 沉淀，组成恒定，易过滤和洗涤，烘干后即可直接称量。

第二节 沉淀的类型和沉淀的条件

研究沉淀的形成过程，主要是为了选择适宜的沉淀条件，以获得纯净且易于分离和洗涤的沉淀。

一、沉淀的类型

沉淀按其物理性质的不同，可以粗略地分为晶形沉淀和无定形沉淀（非晶形沉淀）两类（见表8-3）。

表8-3 沉淀的类型和特点

类型	晶形沉淀($BaSO_4$)	无定形沉淀 $Fe(OH)_3$（非晶形）
特点	颗粒直径较大,约为 $0.1\sim1\mu m$ 内部排列规则,有明显晶面,结构紧密,体积小,比表面积小,吸附杂质少,极易沉降,易过滤和洗涤	颗粒直径较小,约为 $0.02\mu m$ 内部排列杂乱无章,无明显晶面,结构疏松,多孔,体积庞大,比表面积大,吸附杂质多,不易沉降,难过滤、洗涤

介于晶形沉淀与无定形沉淀之间，颗粒直径在 $0.02\sim0.1\mu m$ 的沉淀如 $AgCl$，是一种凝乳状沉淀，其性质也介于两者之间。

那么沉淀的形状和结构决定于什么因素呢？大量的实验事实证明，沉淀的类型决定于沉淀的本质和沉淀的形成条件两方面。例如 $BaSO_4$ 沉淀，在热的稀溶液中进行，析出细晶形沉淀，而在热的浓溶液中进行，则析出的是胶状沉淀。

二、沉淀的条件

沉淀的形成包括生成晶核和晶核长大两个阶段。

沉淀的形成包括生成晶核和晶核长大两个阶段。简单表示如下：

为了获得准确的分析结果，要求沉淀完全、纯净、易于过滤和洗涤，进行沉淀时应根据沉淀的性质控制适当的沉淀条件。

1. 晶形沉淀的沉淀条件

（1）稀　应在适当稀的溶液中进行沉淀。这样的溶液中生成晶核速率较慢，有利于形成较大颗粒的晶体，便于过滤和洗涤。

（2）热　沉淀应在热溶液中进行。热溶液使沉淀的溶解度增大，有利于晶体生长；热溶液中沉淀吸附杂质的量也减少，可以得到较纯净的沉淀。

（3）搅　在不断搅拌下慢慢滴加沉淀剂。这样，可以使沉淀剂迅速扩散，防止局部过浓，减小过饱和度，防止细小晶粒产生，有利于获得大颗粒结晶。

（4）进行陈化　陈化是指沉淀生成后，为了减少吸附和夹带的杂质离子，经放置或加热得到易于过滤的粗颗粒沉淀的操作。经过陈化后的沉淀，使原来的微小晶粒逐渐变成较大的晶粒，同时使不完整的晶体变得更加完整和纯净。陈化过程可以在室温条件下进行，但所需时间长，若适当加热与搅拌可缩短陈化时间，能从数小时缩短至 $1\sim2h$；如果有后沉淀的杂质离子存在时，陈化时间不宜过长，否则会增加沉淀中的杂质。

2. 无定形沉淀的沉淀条件

对于这类沉淀，关键是要创造一个能够改善沉淀结构的沉淀条件，使这类沉淀不至于形成胶体，具有较为紧密的结构，加速沉淀凝聚、减少杂质的吸附。

（1）浓　在较浓的溶液中进行沉淀，沉淀剂加入的速度要快些。这样微粒较易凝聚，体积小，含水量也少，沉淀的结构比较紧密。但在浓溶液中杂质的浓度也比较高，沉淀吸附杂质的量也多。因此，在沉淀完毕后，应立即加入大量热水稀释并搅拌，使被吸附的杂质重新转入溶液中。

（2）热　在热溶液中及电解质存在下进行沉淀。这不仅可以防止胶体生成，减少杂质的吸附，而且能促使带电的胶体离子相互凝聚，加快沉降速度，有利于形成较紧密的沉淀。电解质一般选用易挥发物质，如 NH_4Cl、NH_4NO_3 或氨水等，它们在灼烧时均可挥发除去，不影响分析结果的准确度。有时加入与胶体相反电荷的另一种胶体来代替电解质。

（3）趁热过滤、洗涤，不必陈化　因为沉淀放置时间较长，就会逐渐失去水分聚集得更紧，吸附的杂质更难洗去。在进行洗涤时，一般可用热、稀的电解质溶液作洗涤液如 NH_4NO_3 或 NH_4Cl，以防止沉淀重新变为难以过滤和洗涤的胶体。

（4）必要时应进行再沉淀　因为无定形沉淀吸附杂质较严重，一次沉淀很难保证沉淀纯净，所以需要进行二次沉淀，以除去沉淀中的杂质，必要时可进行第三次沉淀。

＊3. 均匀沉淀法（均相沉淀法）

为改善条件，避免因加入沉淀剂而使溶液局部相对过饱和度过大的现象发生，可采用均匀沉淀法。均匀沉淀法是通过一种化学反应，使沉淀剂从溶液中缓慢地、均匀地产生出来，从而使沉淀在整个溶液中缓慢而均匀地析出。这样可获得颗粒较大、紧密、吸附杂质少、容易过滤洗涤的沉淀。例如，沉淀 Ca^{2+} 时，直接加入 $(NH_4)_2C_2O_4$，尽管按晶形沉淀条件进行沉淀，仍得到颗粒较小的 CaC_2O_4 沉淀。若在 Ca^{2+} 溶液中，先加 HCl 酸化后加 $(NH_4)_2C_2O_4$，$C_2O_4^{2-}$ 形成 $HC_2O_4^-$。此时，再向溶液中加入尿素并加热至约 90℃，尿素逐渐水解产生 NH_3。

$$CO(NH_2)_2 + H_2O \longrightarrow 2NH_3 + CO_2 \uparrow$$

NH_3 中和溶液中的酸，$C_2O_4^{2-}$ 的浓度逐渐增大，CaC_2O_4 则均匀而缓慢地析出形成颗粒较大的晶形沉淀。

均匀沉淀法还可以利用氧化还原反应，有机化合物的水解（如酯类水解）、配合物的分解等方式进行，见表 8-4。

表 8-4　均匀沉淀法的应用

沉淀剂	加入试剂	反　应	被测组分
OH^-	尿素	$CO(NH_2)_2 + H_2O \longrightarrow CO_2 + 2NH_3$	Al^{3+}、Fe^{3+}、Bi^{3+} 等
OH^-	六亚甲基四胺	$(CH_2)_6N_4 + 6H_2O \longrightarrow 6HCHO + 4NH_3$	$Th(IV)$
SO_4^{2-}	硫酸二甲酯	$(CH_3)_2SO_4 + 2H_2O \longrightarrow 2CH_3OH + SO_4^{2-} + 2H^+$	Ba^{2+}、Sr^{2+}、Pb^{2+}
PO_4^{3-}	磷酸三甲酯	$(CH_3)_3PO_4 + 3H_2O \longrightarrow 3CH_3OH + H_3PO_4$	$Zr(IV)Hf(IV)$
S^{2-}	硫代乙酰胺	$CH_3CSNH_2 + H_2O \longrightarrow CH_3CONH_2 + H_2S$	金属离子
CrO_4^{2-}	Cr^{3+} + 溴酸盐	$2Cr^{3+} + BrO_3^- + 5H_2O \longrightarrow 2CrO_4^{2-} + Br^- + 10H^+$	Pb^{2+}
Ba^{2+}	Ba-EDTA	$BaY^{2-} + 4H^+ \longrightarrow H_4Y + Ba^{2+}$	SO_4^{2-}

第四节　沉淀的处理

沉淀完全后，还需经过滤、洗涤、烘干或灼烧，得到符合要求的称量形式，进行最后的称量。根据不同类型的沉淀，对沉淀量的要求也有所不同。对于体积小、容易过滤和洗涤的晶形沉淀，可以多一些；但不能过多，否则过滤洗涤耗费时间。对于体积偏大、不易过滤和洗涤的无定形沉淀，应适当少一些；但也不能太少，以免引入较大的测定误差。一般说来，沉淀称量形式较适宜的质量，晶形沉淀为 $0.3 \sim 0.5g$，无定形沉淀为 $0.1 \sim 0.2g$。

一、沉淀的过滤和洗涤

过滤是使沉淀与母液分开。根据沉淀的性质不同，过滤沉淀时常采用无灰滤纸（定量滤纸）或微孔玻璃（砂芯）坩埚。对于需要灼烧的沉淀，应根据沉淀的性质和形状选用紧密程度不同的滤纸，见表 8-5。

表 8-5　定量滤纸规格及用途

滤纸类型	色带标志	灰分/mg·张$^{-1}$	滤速/s·mL^{-1}	用　途
快速	白	<0.01	$10 \sim 30$	过滤无定形沉淀如 $Fe(OH)_3$ 等
中速	蓝	<0.01	$30 \sim 60$	过滤粗晶形沉淀 $MgNH_4PO_4$、CaC_2O_4 等
慢速	红	<0.01	$60 \sim 120$	过滤细晶形沉淀如 $BaSO_4$ 等

滤纸大小的选择决定于沉淀量的多少和沉淀的性状。一般要求沉淀的量不超过滤纸圆

锥体高度的一半，否则不好洗涤。无定形沉淀如 $Fe(OH)_3$ 体积庞大，宜选用直径为 11cm 的快速滤纸。晶形沉淀如 $BaSO_4$ 颗粒小，则选用直径为 7~9cm 的慢速滤纸。

对于烘干即可作为称量形式的沉淀，应选用微孔玻璃坩埚过滤。微孔玻璃坩埚的过滤层是用玻璃粉末在高温熔结而成。按照玻璃粉的粗细不同，孔隙大小也不同，一般分为六个级别，见表 8-6。

表 8-6　微孔玻璃坩埚规格及用途

滤片代号	孔径/μm	用　　途	滤片代号	孔径/μm	用　　途
1	80~120	过滤粗颗粒沉淀	4	5~15	过滤细颗粒沉淀
2	40~80	过滤较粗颗粒沉淀	5	2~5	过滤极细颗粒沉淀
3	15~40	过滤一般晶形沉淀	6	<2	滤除细菌

使用微孔玻璃坩埚的优点是采用减压抽滤法，分离沉淀和洗涤沉淀的速度比用滤纸过滤要快得多。

洗涤沉淀是为了洗去沉淀表面吸附的杂质和混杂在沉淀中的母液。洗涤时要尽量减少沉淀的溶解损失和避免形成胶体，所以选择适宜的洗涤液是很重要的。对于溶解度很小又不易形成胶体的沉淀，可用蒸馏水洗涤；对于溶解度较大的晶形沉淀，可用沉淀剂的稀溶液洗涤，但沉淀剂必须是在烘干或灼烧时易挥发或分解除去的物质，例如用 $(NH_4)_2C_2O_4$ 稀溶液洗涤 CaC_2O_4 沉淀；对于溶解度较小但又可能形成胶体的沉淀，应该用易挥发或易分解的电解质稀溶液洗涤，例如用 NH_4NO_3 稀溶液洗涤 $Fe(OH)_3$ 沉淀；若用热洗涤液洗涤，过滤速度较快且能防止形成胶体，但溶解度随温度升高而增大的沉淀不能用热洗涤液洗涤。

洗涤沉淀时应注意，既要将沉淀洗净，又不能用太多的洗涤液，否则将增大沉淀的溶解损失，为此须用"少量多次"的洗涤原则以提高洗涤效率，即总体积相同的洗涤液应尽可能多分几次洗涤，每次用量要少，而且每次加入洗涤液前应使前次的洗涤液尽量流尽。

充分洗涤后，必须检查洗涤的完全程度。为此，取一小试管（或表面皿）承接滤液 1~2mL，检查其中是否还有母液成分存在，例如，用硝酸酸化的硝酸银溶液，就可检验滤液中是否还有氯离子存在，如无白色氯化银浑浊生成，表示沉淀已经洗净。

洗涤操作必须连续进行，一次完成，不能将沉淀干涸放置太久，尤其是无定形沉淀凝聚后，不易干净。

二、　沉淀的烘干和灼烧

烘干通常是指在 250℃ 以下的热处理，烘干可除去沉淀中的水分和挥发性物质，同时使沉淀组成达到恒定，烘干的温度和时间应随着沉淀的不同而异。

在 250~1200℃ 的热处理叫灼烧。灼烧可除去沉淀中的水分、挥发性物质和滤纸等，还可以使初始生成的沉淀在高温下转化为组成恒定的称量形式。以滤纸过滤的沉淀，常置于瓷坩埚中进行烘干和灼烧。若沉淀需加氢氟酸处理，应改用铂坩埚。使用微孔玻璃（砂芯）坩埚过滤的沉淀，应在电烘箱里烘干。

烘干或灼烧的温度和时间，随沉淀的性质而定。例如丁二酮肟镍，在 110~120℃ 烘 40~60min 即可冷却称量；磷钼酸喹啉，需在 130℃ 烘 45min；$BaSO_4$ 则需在 800~850℃

灼烧 20min，冷却后称量。

沉淀烘干时所用的微孔玻璃坩埚或灼烧时用的瓷坩埚都需要烘干、灼烧到质量恒定，沉淀也应烘干或灼烧至质量恒定。不论沉淀是烘干或灼烧，其最后称量必须达到恒重，即沉淀反复烘干或灼烧经冷却、称量，直至两次称量的质量相差不大于 0.2mg。处理空坩埚与处理沉淀所需要求的温度应一致。

灼烧沉淀前，应用滤纸包好沉淀，放入已灼烧至质量恒定的瓷坩埚中，先加热烘干、炭化后再进行灼烧。有的沉淀在炭化滤纸时，由于空气不足，沉淀发生部分还原，可在灼烧前加几滴浓硝酸或硝酸铵饱和溶液润湿滤纸，使滤纸炭化时氧化迅速。

沉淀经烘干或灼烧至恒重，称得沉淀质量后即可计算分析结果。

第五节 应用实例

一、 $BaCl_2 \cdot 2H_2O$ 中结晶水含量的测定

$BaCl_2 \cdot 2H_2O$ 在 120℃以上可以完全失去结晶水。因此，一定质量的试样在烘箱中于 125℃加热 1h 后，试样减少的量即为所含结晶水的质量。

若试样含有湿存水，即吸收空气中的水分，则应先在 100~105℃加热除去湿存水，否则测得结果将超过其实际结晶水的含量。

二、 氯化钡含量的测定

Ba^{2+} 可形成一系列的难溶化合物，如 $BaCO_3$、BaC_2O_4、$BaCrO_4$、$BaHPO_4$、$BaSO_4$ 等，其中以 $BaSO_4$ 的溶解度最小，化学组成稳定，符合称量分析对沉淀形式的要求，所以通常以形成 $BaSO_4$ 的方法来测定钡盐。测定方法是在 HCl 酸性溶液中加入 H_2SO_4 沉淀剂，使 Ba^{2+} 形成 $BaSO_4$ 沉淀，经陈化、过滤、洗涤后灼烧至质量恒定。

$BaSO_4$ 是典型的晶型沉淀，为了获得颗粒大且比较纯净的沉淀，应特别注意选择有利于形成粗大晶体的沉淀条件。

在 HCl 酸性溶液中进行沉淀是为了适当提高酸度，有利于粗晶形沉淀的生成，通常以 $0.05mol \cdot L^{-1}$ 的酸度为宜，沉淀结束，加入过量沉淀剂的同离子效应可降低其溶解度。

在用 H_2SO_4 沉淀 Ba^{2+} 时，容易使阴离子发生共沉淀，如 NO_3^-、Cl^-、ClO_3^- 等，其中以 NO_3^- 和 ClO_3^- 共沉淀现象比 Cl^- 显著（$BaCl_2$ 的溶解度比前二者大）。这些离子的存在会影响分析结果，可在沉淀 Ba^{2+} 前，加 HCl 蒸发以除去 NO_3^- 及 ClO_3^-；Cl^- 可通过洗涤除去，先用极稀的 H_2SO_4 溶液洗至无 Cl^-，再用 1% NH_4NO_3 溶液洗去滤纸和沉淀上附着的酸，使滤纸在烘干时不会炭化，而在滤纸灰化时又能促进其氧化。

能与 $BaSO_4$ 发生共沉淀的阳离子有 H^+、碱金属离子、Ca^{2+} 及 Fe^{3+} 等，这些离子和 SO_4^{2-} 或 HSO_4^- 结合与 $BaSO_4$ 共沉淀，其中以 Fe^{3+} 的共沉淀现象最为显著（Fe^{3+} 的价数比 Ca^{2+} 高）。

灼烧沉淀的温度控制在 800~850℃为好，若高于 1000℃，$BaSO_4$ 将分解为 BaO；滤纸和沉淀在空气不足的情况下灼烧时，可能有部分 $BaSO_4$ 被还原为 BaS 而呈绿色。

$$BaSO_4 + 4C \longrightarrow BaS + 4CO$$

继续灼烧时，BaS 可被氧化成 $BaSO_4$。若在沉淀冷却后，加几滴浓硫酸，蒸发至 SO_3 白烟冒尽，则 BaS 和 BaO 均可转变为 $BaSO_4$，再继续进行灼烧。

$$BaS + H_2SO_4 \longrightarrow BaSO_4 + H_2S$$
$$BaO + H_2SO_4 \longrightarrow BaSO_4 + H_2O$$

三、硫酸盐的测定

方法原理与 $BaCl_2$ 相同，利用 $BaSO_4$ 沉淀法测定可溶性硫酸盐，在热的酸性稀溶液中，不断搅拌下滴入 $BaCl_2$ 溶液，将所得 $BaSO_4$ 沉淀陈化、过滤、洗涤、灼烧，最后称量，即可求得试样中硫酸盐的含量。

采用 $BaSO_4$ 称量法也可以测定天然或工业产品中硫的含量，这时需要预先将试样中的硫转化为可溶性硫酸盐。例如，测定煤中硫含量时，先将试样与 Na_2CO_3、MgO 混合物（称为艾士卡试剂）一起灼烧，使煤中硫化物及有机硫分解、氧化，并转化为 Na_2SO_4，然后以水浸溶、过滤，再按前述步骤加以测定。

四、钾盐的测定

K^+ 能与易溶于水的有机试剂四苯硼酸钠 $NaB(C_6H_5)_4$ 反应，生成四苯硼酸钾沉淀。

$$K^+ + B(C_6H_5)_4^- \longrightarrow KB(C_6H_5)_4 \downarrow$$

四苯硼酸钾是离子缔合物，具有溶解度小、组成恒定、热稳定性好（最低分解温度 265℃）等优点，故四苯硼酸钠是 K^+ 的一种良好沉淀剂。生成的沉淀经过滤、洗涤，于 120℃烘干即可称量。

由于四苯硼酸钾易形成过饱和溶液，加入四苯硼酸钠沉淀剂的速率宜慢，同时要剧烈搅拌。考虑到沉淀有一定的溶解度，洗涤沉淀时，先用四苯硼酸钠饱和溶液洗涤数次，再用少量水分两次洗涤。

四苯硼酸钠能与 NH_4^+、Rb^+、Cs^+、Tl^+、Ag^+ 等生成沉淀，一般钾盐试样不含 Rb^+、Cs^+、Tl^+、Ag^+ 或含量极少，不影响测定。

试液中若有 NH_4^+，也能与四苯硼酸钠发生沉淀反应。这种情况需加入甲醛，使铵离子生成六亚甲基四胺而排除干扰。本法适用于钾盐和含钾肥料的测定。

第六节　称量分析计算

一、换算因数（换算系数、化学因数）

称量分析中，最后得到的是称量形式的质量，计算待测组分的含量时，需要把称量形式的质量换算为被测组分的质量。如将 1.021g 称量形式（$BaSO_4$）换算成被测组分（S）的质量为 $m(S)$。

$BaSO_4$	——	S
233.4		32.06

$$1.021 \qquad\qquad m(S)$$

$$m(S) = 1.021 \times \frac{32.06}{233.4} = 0.1403 \ (g)$$

式中 1.021——称量形式的质量，g；

$\dfrac{32.06}{233.4}$——被测组分（S）与称量形式（$BaSO_4$）的摩尔质量的比值。

从计算中可以看出，待测组分的质量等于称量形式的质量乘以待测组分的摩尔质量与称量形式的摩尔质量的比值，这一摩尔质量的比值称为换算因数，它是一个常数，以 F 表示。

在计算换算因数时，要注意使分子与分母中待测元素的原子或分子数目相等。所以在待测组分的摩尔质量和称量形式的摩尔质量之前有时需乘以适当的系数。分析化学手册中可以查到各种常见物质的换算因数。表 8-7 列出几种常见物质的换算因数。

表 8-7　几种常见物质的换算因数

待测组分	称量形式	化 学 因 数
Ba	$BaSO_4$	$M(Ba)/M(BaSO_4) = 0.5884$
S	$BaSO_4$	$M(S)/M(BaSO_4) = 0.1374$
Fe	Fe_2O_3	$2M(Fe)/M(Fe_2O_3) = 0.6994$
MgO	$Mg_2P_2O_7$	$2M(MgO)/M(Mg_2P_2O_7) = 0.3621$
P	$Mg_2P_2O_7$	$2M(P)/M(Mg_2P_2O_7) = 0.2783$
P_2O_5	$Mg_2P_2O_7$	$M(P_2O_5)/M(Mg_2P_2O_7) = 0.6377$

二、 计算示例

【例 8-1】 称取某矿样 0.4000g，经化学处理后，称得 SiO_2 的质量为 0.2728g，计算矿样中 SiO_2 的质量分数。

【解】 因为称量形式和被测组分的化学式相同，因此 F 等于 1。

$$w(SiO_2) = \frac{0.2728}{0.4000} \times 100\% = 62.20\%$$

答 矿样中 SiO_2 的质量为 68.20%。

【例 8-2】 分析某一含 $AlPO_4$ 的样品 0.1236g，得到 0.1126g $Mg_2P_2O_7$，计算样品中以 Al_2O_3 和 Al 计算的含量。

【解】

$$2AlPO_4 \longrightarrow Mg_2P_2O_7$$

若以 Al_2O_3 计，2 个 $AlPO_4$ 相当于一个 Al_2O_3，所以 $Mg_2P_2O_7$ 换成 Al_2O_3 的换算因数为

$$F = \frac{M(Al_2O_3)}{M(Mg_2P_2O_7)} = \frac{102.0}{222.6} = 0.4582$$

$$w(Al_2O_3) = \frac{0.1126 \times 0.4582}{0.1236} \times 100\%$$

$$= 41.74\%$$

$$W(Al) = 41.74\% \times \frac{2M(Al)}{M(Al_2O_3)} = 41.74\% \times 0.5292$$

$$= 22.09\%$$

炼丹术与化学

在人类生活的地球上，有数不清的千千万万种物质。有奇峰怪石的高山，有波涛滚滚的大海，有奔流不息的江河，有茫茫无际的原野，山上有万紫千红的花草树木，地下有各种各样的矿物岩石，天上有飞禽，地下有走兽。再加上各种自然现象如：有寒暑交替，日夜循环；有夏雨冬雪，雷鸣闪电；有地震，火山爆发；还有植物生长，动物繁衍……

在这种错综复杂的生活环境中，人们对自然界的认识经历了一个漫长的过程，开始人类想知道这些物质是从哪里来的。后来又研究这些物质的组成，猜测这些物质是不是由一种或几种基本的物质组成。在我国古代便产生了"五行说"，认为组成物质的基本材料是水、火、木、金、土。在古希腊则流传着一种把世界万物的本原归结为四种基本原始性质，这四种原始物性是冷、热、干、湿。这四种物性如果两两结合，就形成了四种元素：土、水、气和火。四种元素再按不同的比例结合，就成为各种各样的物质。在印度古代时期，有些哲学家们认为世界上万物都是由地、水、火、风（气）和"以太"构成的。在古埃及则把空气、水和土看成是世界的主要组成元素。在古希腊也有人认为世界万物的本源归结为一种物，一切都由它衍生出来。

古代的这些物质观、元素论对化学发展的影响为深远。大约从公元前三世纪到十六世纪，中外各国都先后兴起过金丹术，它是近代化学的前身，也是化学的原始形式。炼金术士们想用廉价的金属为原料，经过化学处理，得到贵重的金属金和银，另外他们也想生产一种能使人长生不老的仙丹。炼丹术在我国最早可追溯到秦始皇统一六国后，秦始皇先后派人去海上求仙人不死之药，希望长生不老，到了汉帝时，宫廷中就召集了许多炼丹术士们从事炼丹，那时的炼丹术士们认为水银和硫黄是极不平凡的，是具有灵气的物质。水银是一种金属，但却是液体状态，而且能溶解各种金属；另外，水银从容器中溅出，总是球状，水银容易挥发，见火飞去，跑得无影无踪，更增加了它的神秘性。但炼丹术士们发现用硫黄能制服水银，因为水银与硫黄作用生成一种硫化汞，它稳定而不易挥发。这样一来，炼丹术士们又编造出所谓水银为雌性，硫黄为雄性，宣称雌雄交配可得灵丹妙药。因此硫化汞也就成了炼丹术中一种不可少的药剂，硫化汞在那时就称为丹砂，这个名字一直延续到今天。炼金术的初始阶段和占星术紧密联系，他们认为太阳滋育万物，在大地中生长黄金，黄金是太阳的形象或化身；银白色的月亮是银的化身；铜是金星的化身；水银是水星的化身；铁是火星的化身；锡是木星的化身；土星是五个行星中最远最冷的一个，所以它的化身是最阴暗的铅。炼金术士们相信：物质的本质并不重要，重要的是它的特性。正像人一样，他们的肉体是由相同的材料构成，人的好与坏、善与恶不是由肉体决定的，而是他们的灵魂决定的。因此改变金属的特性，就是改变了金属。炼金术士们同样认为，万物都有生命，都有灵魂，并且力求提高自己，而且灵魂可以转世和移植，这样金属这种机体力求朝着理想灵魂方向——不怕火炼的黄金来提高自己。炼金术士把金属铜、锡、铅、铁熔合成一种黑色金属，他们认为这样一来，这四种金属都失去了自己的个性和原来的灵魂，再经一系列的后续处理，可得黄色的金子。

炼金术虽然和神秘的宗教相联系，但是在进行炼金的过程中，使人类了解到一些无机物的分离和提纯手段，进行了大量混合、反应，摸清了许多物质的性质，大大地丰富了化学知识，为近代化学的建立和发展奠定了基础。

本章小结

一、称量分析的特点、优点及缺点

特点：先分离后称量。

优点：（无需基准物质、标准滴定溶液、容量仪器）准确度较高，相对误差小（0.1%～0.2%）。适用于常量组分（含量＞1%）的分析，常用作仲裁分析。

缺点：操作繁琐，费时，不适用于快速分析，不适用于微量、痕量组分的测定。

二、称量分析分类

沉淀法、气化法、挥发法、电解法、萃取法（提取法）。

三、称量分析的分析过程

$$试样\ m_{样} \xrightarrow{\text{溶样}\quad\text{沉淀剂}} 沉淀式 \xrightarrow{\text{过滤,洗涤(少量多次)}}$$

$$\xrightarrow{\text{烘干(或)灼烧}\quad\text{恒重}} 称量式\ m_{称} \xrightarrow{\text{计算含量}} 报告分析结果$$

$$计算\ w(B) = \frac{m_{称}\ F}{m_{样}} \times 100\% = \frac{m_{称}\dfrac{M_{样}}{M_{称}}}{m_{样}} \times 100\%$$

F 为换算因数。

四、称量分析对沉淀形式、称量形式的要求

1. 对沉淀形式的要求

（1）沉淀溶解度要小（$s < 10^{-4} \sim 10^{-5}\ mol \cdot L^{-1}$ 或 $< 0.2mg$）。

（2）沉淀要纯净、易过滤和洗涤。

（3）沉淀形式容易转化为称量形式。

2. 对称量形式的要求

（1）称量形式组成与化学式相符。

（2）称量形式稳定性要好。

（3）称量形式的摩尔质量 M 要大。

五、影响沉淀完全的因素

使溶解度 s 减少的有利因素——同离子效应（易挥发的物质过量 50%～100%、不易挥发的物质过量 20%～30%）。

使溶解度 s 增加的不利因素——异离子效应、酸效应、配位效应。

六、影响沉淀纯净的因素及处理办法

1. 共沉淀

（1）表面吸附　洗涤除去。

（2）机械吸留包藏　改变沉淀条件或再沉淀。

（3）混晶　再沉淀或进行沉淀前分离除去。

2. 后沉淀

沉淀反应进行完全后立即过滤、洗涤。

七、沉淀纯净的方法

（1）选择适当的分析步骤。

（2）降低易被吸附杂质离子的浓度。

（3）进行再沉淀。

（4）选择适当的洗涤液洗涤沉淀。

（5）选择适宜的沉淀条件。

（6）用有机沉淀剂。

八、沉淀类型、特点与形成条件

类　型	晶　形　沉　淀	无定形沉淀
特点	颗粒大、有规则排列、有固定形状（晶面），结构紧密、体积小、吸附杂质少、易降沉、过滤、洗涤	颗粒小、无规则排列、无固定形状（晶面）、结构疏松、体积庞大、吸附杂质多、不易降沉、难过滤、洗涤
沉淀条件	稀、热、搅拌、缓慢加入沉淀剂、陈化	浓、热、电解质、趁热过滤洗涤、再沉淀

九、应用

（挥发）气化法测 $BaCl_2 \cdot 2H_2O$ 中结晶水；沉淀法测 $BaCl_2$、硫酸盐、钾盐中钾含量。

练　习

一、选择题

1. 最常用的称量分析法是（　　）。

　A. 沉淀法　　B. 气化法（挥发法）　　C. 电解法　　D. 萃取法

2. 下列选项不属于称量分析法的是（　　）。

　A. 气化法　　B. 碘量法　　C. 电解法　　D. 萃取法

3. 下列选项属于称量分析法特点的是（　　）。

　A. 需要纯的基准物作参比

　B. 要配制标准溶液

　C. 经过适当的方法处理，可直接通过称量即得到分析结果

　D. 适用于微量组分的测定

4. 下面有关称量分析法的叙述错误的是（　　）。

　A. 称量分析是定量分析方法之一

　B. 称量分析法不需要基准物质作比较

　C. 称量分析法一般准确度较高

　D. 操作简单适用于常量组分和微量组分的测定

5. 下列选项中符合称量分析对沉淀形式要求的是（　　）。

A. 沉淀的溶解度极小且被测组分沉淀完全

B. 沉淀的溶解度较大

C. 沉淀中常混入另一种沉淀

D. 沉淀易溶于洗涤剂

6. 不符合称量分析对沉淀形式要求的是（　　）。

  A. 容易得到纯净沉淀　　　　B. 沉淀易于过滤和洗涤

  C. 通常沉淀的溶解度较大　　D. 易得到纯的晶形沉淀

7. 下列选项不符合称量形式要求的是（　　）。

  A. 称量形式应具有固定的已知组成

  B. 称量形式在空气中可不稳定

  C. 称量形式应具有较大的摩尔质量

  D. 称量形式有足够的化学稳定性

8. 有关影响沉淀完全的因素叙述错误的是（　　）。

  A. 利用同离子效应，可使被测组分沉淀更完全

  B. 异离子效应的存在，可使被测组分沉淀更完全

  C. 配位效应的存在，将使被测离子沉淀不完全

  D. 温度升高，会增加沉淀的溶解损失

9. 下列选项不属于使沉淀纯净的是（　　）。

  A. 选择适当的分析程序　　B. 改变杂质的存在形式

  C. 后沉淀现象　　　　　　D. 创造适当的沉淀条件

10. 下面影响沉淀纯净的叙述不正确的是（　　）。

  A. 溶液中杂质含量越大，表面吸附杂质的量越大

  B. 温度越高，沉淀吸附的量越大

  C. 后沉淀随陈化时间增长而增加

  D. 温度升高，后沉淀现象增大

11. 属于使沉淀纯净的选项是（　　）。

  A. 表面吸附现象　　B. 吸留现象

  C. 后沉淀现象　　　D. 再沉淀

12. 沉淀中若杂质含量太大，则应采取（　　）的措施使沉淀纯净。

  A. 再沉淀　　　　　B. 升高沉淀体系温度

  C. 增加陈化时间　　D. 减小沉淀的比表面积

13. 既可得到颗粒大又纯净的晶形沉淀，又可避免沉淀时局部过浓现象发生的措施是（　　）。

  A. 采用均相沉淀法　　　B. 采用边搅拌边加沉淀剂的方法

  C. 沉淀时加入适量电解质　D. 沉淀应在较浓的溶液中进行

14. 下列选项中有利于形成晶形沉淀的是（　　）。

  A. 沉淀应在较浓的热溶液中进行

  B. 沉淀过程应保持较低的过饱和度

  C. 沉淀时应加入适量的电解质

  D. 沉淀后加入热水稀释

15. 不利于晶形沉淀生成的选项是（　　）。

  A. 沉淀时温度应稍高　　B. 沉淀完全应进行陈化

  C. 沉淀后加入热水稀释　D. 沉淀在适当稀的溶液中进行

16. 有利于减少吸附和吸留的杂质，使晶形沉淀更纯净的选项是（　　）。

    A. 沉淀时不搅拌   B. 沉淀时在较浓溶液中进行

    C. 沉淀时加入适量电解质   D. 沉淀完全后进行一定时间的陈化

17. 被测组分的摩尔质量与沉淀称量形式的摩尔质量之比称为（　　）。

    A. 被测组分的含量   B. 被测组分的质量

    C. 被测组分的溶解度   D. 换算因数

18. 测定黄铁矿中硫的含量，称取试样 0.3853g，最后得到的 $BaSO_4$ 沉淀重为 1.0210g，则试样中硫的质量分数为（　　）。

    A. 36.41%　　B. 96.02%　　C. 37.74%　　D. 35.66%

19. 称取过磷酸钙肥料试样 0.4891g，经处理后得到 0.1136g $Mg_2P_2O_7$，则试样中含磷量为（　　）。

    A. 23.23%　　B. 27.83%　　C. 6.46%　　D. 56.90%

20. 称取某铁矿样 0.2500g，处理成 $Fe(OH)_3$ 沉淀后灼烧为 Fe_2O_3，称得其质量为 0.2490g，则矿石中 Fe_3O_4 的质量分数为（　　）。

    A. 99.60%　　B. 98.28%　　C. 96.64%　　D. 68.98%

21. 采用（　　）法测定硫酸盐含量。

    A. 沉淀法　　B. 气化法　　C. 溶解法　　D. 滴定法

22. 沉淀只需烘干不需灼烧可选用的滤器是（　　）。

    A. 普通玻璃漏斗　　B. 砂芯坩埚

23. 沉淀完成后进行陈化是为了（　　）。

    A. 使无定形沉淀转变为晶形沉淀

    B. 除去混晶共沉淀带入的杂质

    C. 使沉淀更为纯净，沉淀颗粒变大

    D. 加速后沉淀作用

24. 在称量分析中，通常要求沉淀的溶解损失量不超过（　　）。

    A. 0.0001g　　B. 0.0002g　　C. 0.0004g　　D. 0.005g

25. 在称量分析中，恒重的要求是前后两次称量之差小于（　　）。

    A. 0.01mg　　B. 0.1mg　　C. 0.2mg　　D. 0.3mg

二、判断题

1. 称量分析一般不适用于微量组分的测定。（　　）

2. 称量分析的准确度一般较差。（　　）

3. 称量形式的摩尔质量较大时，称量分析的准确度较高。（　　）

4. 要得到符合称量分析要求的沉淀，必须选择合适的沉淀剂。（　　）

5. 陈化时间太长会产生后沉淀现象或形成混晶。（　　）

6. 选择合适的洗涤液洗涤沉淀可使沉淀更纯净。（　　）

7. 后沉淀随陈化时间增长而减少。（　　）

8. 溶解度较大的晶形沉淀，在稀溶液中既有利于形成较大颗粒的晶体，又可以减少在母液中的损失。（　　）

9. 被测组分的质量分数 $= \dfrac{\text{沉淀式质量}}{\text{样品质量}} \times 100\%$。（　　）

10. 被测组分的质量分数 $= \dfrac{\text{称量式质量} \times \text{换算因数}}{\text{样品质量}} \times 100\%$。（　　）

三、简答题

1. 什么叫称量分析？分为哪几类？

2. 称量分析对沉淀形式和称量形式有什么要求？

3. 沉淀按其物理性质不同大致分为哪些类型？各有什么特点？

4. 晶形沉淀的沉淀条件是什么？

5. 无定形沉淀的沉淀条件是什么？

6. 什么叫同离子效应？在应用同离子效应时应注意什么问题？

7. 沉淀烘干和灼烧的作用是什么？

8. 什么叫共沉淀和后沉淀？

9. 在用 H_2SO_4 沉淀 Ba^{2+} 时，怎样使阴离子不发生共沉淀？

四、计算题

1. 称取含湿存水 0.55% 的磷矿石 0.5000g，经称量法分析后得 0.3050g $Mg_2P_2O_7$。计算试样中 P 及以 P_2O_5 计的含量，并计算干燥试样中 P、P_2O_5 的含量。

2. 今有 0.5016g $BaSO_4$，其中含少量 BaS，用 H_2SO_4 处理使 BaS 转变为 $BaSO_4$，经灼烧后得 $BaSO_4$ 0.5024g，求 $BaSO_4$ 中 BaS 的含量。

3. 将 0.5000g 硅酸盐试样作适当处理后得到 0.2835g 不纯的 SiO_2（含 Fe_2O_3、Al_2O_3 等杂质）。将此 SiO_2 用 HF 和 H_2SO_4 处理，使 SiO_2 形成 SiF_4 而逸出，残渣经灼烧后为 0.0015g。计算试样中 SiO_2 的含量。若不用 HF-H_2SO_4 处理，分析结果的相对误差有多大？

附　录

表一　弱酸、弱碱在水中的解离常数

名　称	化　学　式	K_a	pK_a
亚砷酸	H_3AsO_3	6.0×10^{-10}	9.22
砷酸	H_3AsO_4	$6.3 \times 10^{-3}(K_1)$	2.20
		$1.0 \times 10^{-7}(K_2)$	7.00
		$3.2 \times 10^{-12}(K_3)$	11.50
硼酸	H_3BO_3	$5.8 \times 10^{-10}(K_1)$	9.24
		$1.8 \times 10^{-13}(K_2)$	12.74
		$1.6 \times 10^{-14}(K_3)$	13.80
碳酸	H_2CO_3	$4.2 \times 10^{-7}(K_1)$	6.38
	$(CO_2 + H_2O)$	$5.6 \times 10^{-11}(K_2)$	10.25
铬酸	$HCrO_4^-$	$3.2 \times 10^{-7}(K_2)$	6.50
氢氰酸	HCN	6.2×10^{-10}	9.21
氢氟酸	HF	6.6×10^{-4}	3.18
亚硝酸	HNO_2	5.1×10^{-4}	3.29
磷酸	H_3PO_4	$7.6 \times 10^{-3}(K_1)$	2.12
		$6.3 \times 10^{-8}(K_2)$	7.20
		$4.4 \times 10^{-13}(K_3)$	12.36
焦磷酸	$H_4P_2O_7$	$3.0 \times 10^{-2}(K_1)$	1.52
		$4.4 \times 10^{-3}(K_2)$	2.36
		$2.5 \times 10^{-7}(K_3)$	6.60
		$5.6 \times 10^{-10}(K_4)$	9.25
亚磷酸	H_3PO_3	$5.0 \times 10^{-2}(K_1)$	1.30
		$2.5 \times 10^{-7}(K_2)$	6.60
氢硫酸	H_2S	$1.3 \times 10^{-7}(K_1)$	6.88
		$7.1 \times 10^{-15}(K_2)$	14.15
硫酸	HSO_4^-	$1.0 \times 10^{-2}(K_2)$	1.99
亚硫酸	H_2SO_3	$1.3 \times 10^{-2}(K_1)$	1.90
	$(SO_2 + H_2O)$	$6.3 \times 10^{-8}(K_2)$	7.20
偏硅酸	H_2SiO_3	$1.7 \times 10^{-10}(K_1)$	9.77

续表

名　称	化　学　式	K_a	pK_a
偏硅酸	H_2SiO_3	$1.6\times10^{-12}(K_2)$	11.8
硫氰酸	HSCN	1.4×10^{-1}	0.85
甲酸	HCOOH	1.8×10^{-4}	3.74
乙酸	CH_3COOH	1.8×10^{-5}	4.74
一氯乙酸	$CH_2ClCOOH$	1.4×10^{-3}	2.86
二氯乙酸	$CHCl_2COOH$	5.0×10^{-2}	1.30
三氯乙酸	CCl_3COOH	0.23	0.64
氨基乙酸盐	$^+NH_3CH_2COOH$	$4.5\times10^{-3}(K_1)$	2.35
	$^+NH_3CH_2COO^-$	$2.5\times10^{-10}(K_2)$	9.60
抗坏血酸	$O=C-C(OH)=C(OH)-CH-CHOH$ $\qquad\qquad\qquad\qquad\qquad\ CH_2OH$	$5.0\times10^{-5}(K_1)$	4.30
		$1.5\times10^{-10}(K_2)$	9.80
乳酸	$CH_3CHOHCOOH$	1.4×10^{-4}	3.86
苯甲酸	C_6H_5COOH	6.2×10^{-5}	4.21
草酸	COOH | COOH	$5.9\times10^{-2}(K_1)$	1.22
		$6.4\times10^{-5}(K_2)$	4.19
d-酒石酸	$CH(OH)COOH$ | $CH(OH)COOH$	$9.1\times10^{-4}(K_1)$	3.04
		$4.3\times10^{-5}(K_2)$	4.37
柠檬酸	CH_2COOH | $C(OH)COOH$ | CH_2COOH	$7.4\times10^{-4}(K_1)$	3.13
		$1.7\times10^{-5}(K_2)$	4.76
		$4.0\times10^{-7}(K_3)$	6.40
苯酚	C_6H_5OH	1.1×10^{-10}	9.95
乙二胺四乙酸	H_6-EDTA^{2+}	0.1	0.9
	H_5-EDTA^+	3×10^{-2}	1.6
	H_4-EDTA	1×10^{-2}	2.0
	H_3-EDTA^-	2.1×10^{-3}	2.67
	H_2-EDTA^{2-}	6.9×10^{-7}	6.16
	$H-EDTA^{3-}$	5.5×10^{-11}	10.26
邻苯二甲酸	COOH / COOH	$1.1\times10^{-3}(K_1)$	2.95
		$3.9\times10^{-6}(K_2)$	5.41
氨水	$NH_3\cdot H_2O$	1.8×10^{-5}	4.74
联氨	H_2NNH_2	$3.0\times10^{-6}(K_1)$	5.52
		$7.6\times10^{-15}(K_2)$	14.12
羟胺	NH_2OH	9.1×10^{-9}	8.04
甲胺	CH_3NH_2	4.2×10^{-4}	3.38
乙胺	$C_2H_5NH_2$	5.6×10^{-4}	3.25
二甲胺	$(CH_3)_2NH$	1.2×10^{-4}	3.93
二乙胺	$(C_2H_5)_2NH$	1.3×10^{-3}	2.89
乙醇胺	$HOCH_2CH_2NH_2$	3.2×10^{-5}	4.50
三乙醇胺	$(HOCH_2CH_2)_3N$	5.8×10^{-7}	6.24
六次甲基四胺	$(CH_2)_6N_4$	1.4×10^{-9}	8.85
乙二胺	$H_2NCH_2CH_2NH_2$	$8.5\times10^{-5}(K_1)$	4.07
		$7.1\times10^{-8}(K_2)$	7.15
吡啶	C_5H_5N	1.7×10^{-9}	8.77
苯胺	$C_6H_5NH_2$	4.2×10^{-10}	9.38
尿素	$CO(NH_2)_2$	1.5×10^{-14}	13.82

表二 常用酸溶液的相对密度和浓度

相对密度 (15℃)	HCl 浓度 g·(100g)⁻¹	HCl 浓度 mol·L⁻¹	HNO₃ 浓度 g·(100g)⁻¹	HNO₃ 浓度 mol·L⁻¹	H₂SO₄ 浓度 g·(100g)⁻¹	H₂SO₄ 浓度 mol·L⁻¹
1.02	4.13	1.15	3.70	0.6	3.1	0.3
1.05	10.2	2.9	9.0	1.5	7.4	0.8
1.10	20.0	6.0	17.1	3.0	14.4	1.6
1.15	29.6	9.3	24.8	4.5	20.9	2.5
1.19	37.2	12.2	30.9	5.8	26.0	3.2
1.20			32.3	6.2	27.3	3.4
1.25			39.8	7.9	33.4	4.3
1.30			47.5	9.8	39.2	5.2
1.35			55.8	12.0	44.8	6.2
1.40			65.3	14.5	50.1	7.2
1.42			69.8	15.7	52.2	7.6
1.45					55.0	8.2
1.50					59.8	9.2
1.55					64.3	10.2
1.60					68.7	11.2
1.65					73.0	12.3
1.70					77.2	13.4
1.84					95.6	18.0
0.88	35.0	18.0				
0.90	28.3	15.0				
0.91	25.0	13.4				
0.92	21.8	11.8				
0.94	15.6	8.6				
0.96	9.9	5.6				
0.98	4.8	2.8				
1.05			4.5	1.25	5.5	1.0
1.10			9.0	2.5	10.9	2.1
1.15			13.5	3.9	16.1	3.3
1.20			18.0	5.4	21.2	4.5
1.25			22.5	7.0	26.1	5.8
1.30			27.0	8.8	30.9	7.2
1.35			31.8	10.7	35.5	8.5

表三 不同浓度溶液的体积校正值

（1000mL 溶液由 t℃ 换算为 20℃时的校正值/mL）

温度/℃	水和 0.05 mol·L⁻¹ 以下的各种水溶液	0.1mol·L⁻¹ 和 0.2 mol·L⁻¹ 各种水溶液	$c(HCl)=$ 0.5mol·L⁻¹	$c(HCl)=$ 1mol·L⁻¹	$c(\frac{1}{2}H_2SO_4)=$ 0.5mol·L⁻¹ $c(NaOH)=$ 0.5mol·L⁻¹	$c(\frac{1}{2}H_2SO_4)=$ 1mol·L⁻¹ $c(NaOH)=$ 1mol·L⁻¹
5	+1.38	+1.7	+1.9	+2.3	+2.4	+3.6
6	+1.38	+1.7	+1.9	+2.2	+2.3	+3.4
7	+1.36	+1.6	+1.8	+2.2	+2.2	+3.2
8	+1.33	+1.6	+1.8	+2.1	+2.2	+3.0
9	+1.29	+1.5	+1.7	+2.0	+2.1	+2.7

续表

校正值　浓度 温度/℃	水和0.05 mol·L^{-1} 以下的各 种水溶液	0.1mol·L^{-1} 和0.2 mol·L^{-1} 各种水溶液	$c(HCl)=$ 0.5mol·L^{-1}	$c(HCl)=$ 1mol·L^{-1}	$c(\frac{1}{2}H_2SO_4)$ $=0.5$mol·L^{-1} $c(NaOH)=$ 0.5mol·L^{-1}	$c(\frac{1}{2}H_2SO_4)$ $=1$mol·L^{-1} $c(NaOH)=$ 1mol·L^{-1}
10	+1.23	+1.5	+1.6	+1.9	+2.0	+2.5
11	+1.17	+1.4	+1.5	+1.8	+1.8	+2.3
12	+1.10	+1.3	+1.4	+1.6	+1.7	+2.0
13	+0.99	+1.1	+1.2	+1.4	+1.5	+1.8
14	+0.88	+1.0	+1.1	+1.2	+1.3	+1.6
15	+0.77	+0.9	+0.9	+1.0	+1.1	+1.3
16	+0.64	+0.7	+0.8	+0.8	+0.9	+1.1
17	+0.50	+0.6	+0.6	+0.6	+0.7	+0.8
18	+0.34	+0.4	+0.4	+0.4	+0.5	+0.6
19	+0.18	+0.2	+0.2	+0.2	+0.2	+0.3
20	0.00	0.0	0.0	0.0	0.0	0.0
21	-0.18	-0.2	-0.2	-0.2	-0.2	-0.3
22	-0.38	-0.4	-0.4	-0.5	-0.5	-0.6
23	-0.58	-0.6	-0.7	-0.7	-0.8	-0.9
24	-0.80	-0.9	-0.9	-1.0	-1.0	-1.2
25	-1.03	-1.1	-1.1	-1.2	-1.3	-1.5
26	-1.26	-1.4	-1.4	-1.4	-1.5	-1.8
27	-1.51	-1.7	-1.7	-1.7	-1.8	-2.1
28	-1.76	-2.0	-2.0	-2.0	-2.1	-2.4
29	-2.01	-2.3	-2.3	-2.3	-2.4	-2.8
30	-2.30	-2.5	-2.5	-2.6	-2.8	-3.2
31	-2.58	-2.7	-2.7	-2.9	-3.1	-3.5
32	-2.86	-3.0	-3.0	-3.2	-3.4	-3.9
33	-3.04	-3.2	-3.3	-3.5	-3.7	-4.2
34	-3.47	-3.7	-3.6	-3.8	-4.1	-4.6
35	-3.78	-4.0	-4.0	-4.1	-4.4	-5.0
36	-4.10	-4.3	-4.3	-4.4	-4.7	-5.3

表四　常用的缓冲溶液

1. 几种常用缓冲溶液的配制

pH	配　制　方　法
0	1.0mol·L^{-1} HCl（或 HNO$_3$）
1	0.1mol·L^{-1} HCl（或 HNO$_3$）
2	0.01mol·L^{-1} HCl（或 HNO$_3$）
3.6	NaAc·3H$_2$O 8g，溶于适量水中，加 6mol·L^{-1} HAc 134mL，以蒸馏水稀至 500mL
4.0	NaAc·3H$_2$O 20g，溶于适量水中，加 6mol·L^{-1} HAc 134mL，以蒸馏水稀至 500mL
4.5	NaAc·3H$_2$O 32g，溶于适量水中，加 6mol·L^{-1} HAc 68mL，以蒸馏水稀至 500mL
5.0	NaAc·3H$_2$O 50g，溶于适量水中，加 6mol·L^{-1} HAc 34mL，以蒸馏水稀至 500mL
5.7	NaAc·3H$_2$O 100g，溶于适量水中，加 6mol·L^{-1} HAc 13mL，以蒸馏水稀至 500mL
7.0	NH$_4$Ac 77g，用水溶解后再稀成 500mL
7.5	NH$_4$Cl 60g，溶于适量水中，加 15mol·L^{-1} 氨水 1.4mL，以蒸馏水稀至 500mL

1. 几种常用缓冲溶液的配制

pH	配 制 方 法
8.0	NH_4Cl 50g,溶于适量水中,加 15mol·L^{-1}氨水 3.5mL,以蒸馏水稀至 500mL
8.5	NH_4Cl 40g,溶于适量水中,加 15mol·L^{-1}氨水 8.8mL,以蒸馏水稀至 500mL
9.0	NH_4Cl 35g,溶于适量水中,加 15mol·L^{-1}氨水 24mL,以蒸馏水稀至 500mL
9.5	NH_4Cl 30g,溶于适量水中,加 15mol·L^{-1}氨水 65mL,以蒸馏水稀至 500mL
10.0	NH_4Cl 27g,溶于适量水中,加 15mol·L^{-1}氨水 175mL,以蒸馏水稀至 500mL
10.5	NH_4Cl 9g,溶于适量水中,加 15mol·L^{-1}氨水 197mL,以蒸馏水稀至 500mL
11.0	NH_4Cl 3g,溶于适量水中,加 15mol·L^{-1}氨水 207mL,以蒸馏水稀至 500mL
12.0	0.01mol·L^{-1} NaOH 或 KOH
13.0	0.1mol·L^{-1} NaOH 或 KOH

2. 不同温度时,标准缓冲溶液的 pH

温度/℃	0.05mol·L^{-1}草酸三氢钾	25℃饱和酒石酸氢钾	0.05mol·L^{-1}邻苯二甲酸氢钾	0.025mol·L^{-1} KH_2PO_4+0.025mol·L^{-1} Na_2HPO_4	0.08695mol·L^{-1} KH_2PO_4+0.03043mol·L^{-1} Na_2HPO_4	0.01mol·L^{-1}硼砂	25℃饱和氢氧化钙
10	1.670	—	3.998	6.923	7.472	9.332	13.011
15	1.672	—	3.999	6.900	7.448	9.276	12.820
20	1.675	—	4.002	6.881	7.429	9.225	12.637
25	1.679	3.559	4.008	6.865	7.413	9.180	12.460
30	1.683	3.551	4.015	6.863	7.400	9.139	12.292
40	1.694	3.547	4.035	6.838	7.380	9.068	11.975
50	1.707	3.555	4.060	6.833	7.367	9.011	11.697
60	1.723	3.573	4.091	6.836	—	8.962	11.426

3. 25℃时几种缓冲溶液的 pH

0.2mol·L^{-1} KCl 25mL+0.2mol·L^{-1}HCl xmL,稀释至 100mL		0.1mol·L^{-1}邻苯二甲酸氢钾 50mL+0.1mol·L^{-1}HCl xmL,稀释至 100mL		0.1mol·L^{-1}邻苯二甲酸氢钾 50mL+0.1mol·L^{-1}NaOH xmL,稀释全 100mL		0.1mol·L^{-1} KH_2PO_4 50mL+0.1mol·L^{-1}NaOH xmL,稀释至 100mL	
pH	x	pH	x	pH	x	pH	x
1.00	67.0	2.20	49.5	4.20	3.0	5.80	3.6
1.20	42.5	2.40	42.2	4.40	6.6	6.00	5.6
1.40	26.6	2.60	35.4	4.60	11.1	6.20	8.1
1.60	16.2	2.80	28.9	4.80	16.5	6.40	11.6
1.80	10.2	3.00	22.3	5.00	22.6	6.60	16.4
2.00	6.5	3.20	15.7	5.20	28.8	6.80	22.4
		3.40	10.4	5.40	34.1	7.00	29.1
		3.60	6.3	5.60	38.8	7.20	34.7
		3.80	2.9	5.80	42.3	7.40	39.1
		4.00	0.1			7.60	42.8
						7.80	45.3
						8.00	46.7

续表

$0.025mol \cdot L^{-1}$ $Na_2B_4O_7$ 50mL+ $0.1mol \cdot L^{-1}$ HCl x mL, 稀释至 100mL		$0.025mol \cdot L^{-1}$ $Na_2B_4O_7$ 50mL+ $0.1mol \cdot L^{-1}$ NaOH x mL, 稀释至 100mL		$0.05mol \cdot L^{-1}$ Na_2HPO_4 50mL+ $0.1mol \cdot L^{-1}$ NaOH x mL, 稀释至 100mL		$0.2mol \cdot L^{-1}$ KCl 50mL+$0.2mol \cdot L^{-1}$ NaOH x mL,稀释至 100mL	
pH	x	pH	x	pH	x	pH	x
8.00	20.5	9.20	0.9	11.00	4.1	12.00	6.0
8.20	18.8	9.40	6.2	11.20	6.3	12.20	10.2
8.40	16.6	9.60	11.1	11.40	9.1	12.40	16.2
8.60	13.5	9.80	15.0	11.60	13.5	12.60	25.6
8.80	9.4	10.00	18.3	11.80	19.4	12.80	41.2
9.00	4.6	10.20	20.5	12.00	26.9	13.00	66.0
		10.40	22.1				
		10.60	23.3				
		10.80	24.25				

表五 氨羧配位剂类配合物的稳定常数（lg$K$）

（18～25℃，$I=0.1$）

金属离子	配 位 剂				
	EDTA	DCTA	DTPA	EGTA	HEDTA
Ag^+	7.32			6.88	6.71
Al^{3+}	16.3	19.5	18.6	13.9	14.3
Ba^{2+}	7.86	8.69	8.87	8.41	6.3
Be^{2+}	9.2	11.51			
Bi^{3+}	27.94	32.3	35.6		22.3
Ca^{2+}	10.69	13.20	10.83	10.97	8.3
Cd^{2+}	16.46	19.93	19.2	16.7	13.3
Ce^{3+}					
Co^{2+}	16.31	19.62	19.27	12.39	14.6
Co^{3+}	36				37.4
Cr^{3+}	23.4				
Cu^{2+}	18.80	22.00	21.55	17.71	17.6
Fe^{2+}	14.32	19.0	16.5	11.87	12.3
Fe^{3+}	25.1	30.1	28.0	20.5	19.8
Ga^{3+}	20.3	23.2	25.54		16.9
Hg^{2+}	21.7	25.00	26.70	23.2	20.30
In^{3+}	25.0	28.8	29.0		20.2
Li^+	2.79				
Mg^{2+}	8.7	11.02	9.30	5.21	7.0
Mn^{2+}	13.87	17.48	15.60	12.28	10.9
$Mo^{(v)}$	～28				
Na^+	1.66				
Ni^{2+}	18.62	20.3	20.32	13.55	17.3
Pb^{2+}	18.04	20.38	18.80	14.71	15.7
Pd^{2+}	18.5				
Sc^{3+}	23.1	26.1	24.5	18.2	
Sn^{2+}	22.11				
Sr^{2+}	8.73	10.59	9.77	8.5	6.9
Th^{4+}	23.2	25.6	28.78		
TiO^{2+}	17.3				
Tl^{3+}	37.8	38.3			
U^{4+}	25.8	27.6	7.69		
VO^{2+}	18.8	20.1			
Y^{3+}	18.09	19.85	22.13	17.16	14.78
Zn^{2+}	16.5	19.37	18.40	12.7	14.7
Zr^{4+}	29.5		35.8		
稀土元素	16～20	17～22	19		13～16

注：EDTA—乙二胺四乙酸；DCTA—1，2-二胺基环己烷四乙酸；DTPA—二乙基三胺五乙酸；EGTA—乙二醇二乙醚三胺四乙酸；HEDTA—N-β-羟基乙基乙二胺三乙酸。

表六 标准电极电位（18~25℃）

电极反应	$\varphi^{\ominus}/V$
$F_2 + 2H^+ + 2e \Longleftrightarrow 2HF$	3.06
$O_3 + 2H^+ + 2e \Longleftrightarrow O_2 + H_2O$	2.07
$S_2O_8^{2-} + 2e \Longleftrightarrow 2SO_4^{2-}$	2.01
$H_2O_2 + 2H^+ + 2e \Longleftrightarrow 2H_2O$	1.77
$MnO_4^- + 4H^+ + 3e \Longleftrightarrow MnO_2 + 2H_2O$	1.695
$PbO_2 + SO_4^{2-} + 4H^+ + 2e \Longleftrightarrow PbSO_4 + 2H_2O$	1.685
$HClO_2 + 2H^+ + 2e \Longleftrightarrow HClO + H_2O$	1.64
$HClO + H^+ + e \Longleftrightarrow 1/2Cl_2 + H_2O$	1.63
$Ce^{4+} + e \Longleftrightarrow Ce^{3+}$	1.61
$H_5IO_6 + H^+ + 2e \Longleftrightarrow IO_3^- + 3H_2O$	1.60
$HBrO + H^+ + e \Longleftrightarrow 1/2Br_2 + H_2O$	1.59
$BrO_3^- + 6H^+ + 5e \Longleftrightarrow 1/2Br_2 + 3H_2O$	1.52
$MnO_4^- + 8H^+ + 5e \Longleftrightarrow Mn^{2+} + 4H_2O$	1.51
$Au(\text{III}) + 3e \Longleftrightarrow Au$	1.50
$HClO + H^+ + 2e \Longleftrightarrow Cl^- + H_2O$	1.49
$ClO_3^- + 6H^+ + 5e \Longleftrightarrow 1/2Cl_2 + 3H_2O$	1.47
$PbO_2 + 4H^+ + 2e \Longleftrightarrow Pb^{2+} + 2H_2O$	1.455
$HIO + H^+ + e \Longleftrightarrow 1/2I_2 + H_2O$	1.45
$ClO_3^- + 6H^+ + 6e \Longleftrightarrow Cl^- + 3H_2O$	1.45
$BrO_3^- + 6H^+ + 6e \Longleftrightarrow Br^- + 3H_2O$	1.44
$AgO + H^+ + e \Longleftrightarrow 1/2Ag_2O + 1/2H_2O$	1.41
$Cl_2 + 2e \Longleftrightarrow 2Cl^-$	1.3583
$ClO_4^- + 8H^+ + 7e \Longleftrightarrow 1/2Cl_2 + 4H_2O$	1.34
$Cr_2O_7^{2-} + 14H^+ + 6e \Longleftrightarrow 2Cr^{3+} + 7H_2O$	1.33
$2HNO_2 + 4H^+ + 4e \Longleftrightarrow N_2O + 3H_2O$	1.2
$MnO_2 + 4H^+ + 2e \Longleftrightarrow Mn^{2+} + 2H_2O$	1.23
$O_2 + 4H^+ + 4e \Longleftrightarrow 2H_2O$	1.229
$IO_3^- + 6H^+ + 5e \Longleftrightarrow 1/2I_2 + 3H_2O$	1.20
$ClO_4^- + 2H^+ + 2e \Longleftrightarrow ClO_3^- + H_2O$	1.19
$Ag_2O + 2H^+ + 2e \Longleftrightarrow 2Ag + H_2O$	1.17
$Br_2(aq) + 2e \Longleftrightarrow 2Br^-$	1.087
$NO_2 + H^+ + e \Longleftrightarrow HNO_2$	1.07
$Br_3^- + 2e \Longleftrightarrow 3Br^-$	1.05
$NO_2 + 2H^+ + 2e \Longleftrightarrow NO + H_2O$	1.03
$HNO_2 + H^+ + e \Longleftrightarrow NO + H_2O$	1.00
$VO_2^+ + 2H^+ + e \Longleftrightarrow VO^{2+} + H_2O$	1.00
$HIO + H^+ + 2e \Longleftrightarrow I^- + H_2O$	0.99
$NO_3^- + 3H^+ + 2e \Longleftrightarrow HNO_2 + H_2O$	0.94
$ClO^- + H_2O + 2e \Longleftrightarrow Cl^- + 2OH^-$	0.89
$H_2O_2 + 2e \Longleftrightarrow 2OH^-$	0.88
$Cu^{2+} + I^- + e \Longleftrightarrow CuI$	0.86
$Hg^{2+} + 2e \Longleftrightarrow Hg$	0.845
$NO_3^- + 2H^+ + e \Longleftrightarrow NO_2 + H_2O$	0.80
$Ag^+ + e \Longleftrightarrow Ag$	0.7995
$Hg_2^{2+} + 2e \Longleftrightarrow 2Hg$	0.793
$Fe^{3+} + e \Longleftrightarrow Fe^{2+}$	0.771
$BrO_3^- + H_2O + e \Longleftrightarrow Br^- + 2OH^-$	0.76
$O_2 + 2H^+ + 2e \Longleftrightarrow H_2O_2$	0.682

续表

电极反应	$\varphi^{\ominus}/V$
$AsO_2^- + 2H_2O + 3e \Longrightarrow As + 4OH^-$	0.68
$2HgCl_2 + 2e \Longrightarrow Hg_2Cl_2 + 2Cl^-$	0.63
$Hg_2SO_4 + 2e \Longrightarrow 2Hg + SO_4^{2-}$	0.6151
$MnO_4^- + 2H_2O + 3e \Longrightarrow MnO_2 + 4OH^-$	0.588
$MnO_4^- + e \Longrightarrow MnO_4^{2-}$	0.564
$H_3AsO_4 + 2H^+ + 2e \Longrightarrow HAsO_2 + 2H_2O$	0.559
$UO_2^+ + 4H^+ + e \Longrightarrow U^{4+} + 2H_2O$	0.55
$I_2 + 2e \Longrightarrow 2I^-$	0.535
$Cu^+ + e \Longrightarrow Cu$	0.52
$IO^- + H_2O + 2e \Longrightarrow I^- + 2OH^-$	0.49
$HgCl_4^{2-} + 2e \Longrightarrow Hg + 4Cl^-$	0.48
$O_2 + 2H_2O + 4e \Longrightarrow 4OH^-$	0.401
$H_2SO_3 + H^+ + 2e \Longrightarrow 1/2S_2O_3^{2-} + 1/2H_2O$	0.40
$Fe(CN)_6^{3-} + e \Longrightarrow Fe(CN)_6^{4-}$	0.36
$Ag_2O + H_2O + 2e \Longrightarrow 2Ag + 2OH^-$	0.342
$Cu^{2+} + 2e \Longrightarrow Cu$	0.337
$VO^{2+} + 2H^+ + e \Longrightarrow V^{3+} + H_2O$	0.337
$UO_2^{2+} + 4H^+ + 2e \Longrightarrow U^{4+} + 2H_2O$	0.334
$BiO^+ + 2H^+ + 3e \Longrightarrow Bi + H_2O$	0.32
$PbO_2 + H_2O + 2e \Longrightarrow PbO + 2OH^-$	0.28
$Hg_2Cl_2 + 2e \Longrightarrow 2Hg + 2Cl^-$	0.2676
$IO_3^- + 3H^+ + 6e \Longrightarrow I^- + 3OH^-$	0.26
$HAsO_2 + 3H^+ + 3e \Longrightarrow As + 2H_2O$	0.248
$AgCl(固) + e \Longrightarrow Ag + Cl^-$	0.224
$Co(OH)_3 + e \Longrightarrow Co(OH)_2 + OH^-$	0.17
$SO_4^{2-} + 4H^+ + 2e \Longrightarrow H_2SO_3 + H_2O$	0.17
$Cu^{2+} + e \Longrightarrow Cu^+$	0.17
$Sn^{4+} + 2e \Longrightarrow Sn^{2+}$	0.154
$S + 2H^+ + 2e \Longrightarrow H_2S$	0.141
$Hg_2Br_2 + 2e \Longrightarrow 2Hg + 2Br^-$	0.1395
$TiO^{2+} + 2H^+ + e \Longrightarrow Ti^{3+} + H_2O$	0.1
$S_4O_6^{2-} + 2e \Longrightarrow 2S_2O_3^{2-}$	0.09
$AgBr + e \Longrightarrow Ag + Br^-$	0.071
$UO_2^{2+} + e \Longrightarrow UO_2^+$	0.052
$NO_3^- + H_2O + 2e \Longrightarrow NO_2^- + 2OH^-$	0.01
$2H^+ + 2e \Longrightarrow H_2$	0.000
$AgCN + e \Longrightarrow Ag + CN^-$	-0.02
$2WO_3 + 2H^+ + 2e \Longrightarrow W_2O_5 + H_2O$	-0.03
$Fe^{3+} + 3e \Longrightarrow Fe$	-0.036
$Ag_2S + 2H^+ + 2e \Longrightarrow 2Ag + H_2S$	-0.0366
$Hg_2I_2 + 2e \Longrightarrow 2Hg + 2I^-$	-0.0405
$O_2 + H_2O + 2e \Longrightarrow HO_2^- + OH^-$	-0.076
$Pb^{2+} + 2e \Longrightarrow Pb$	-0.126
$Sn^{2+} + 2e \Longrightarrow Sn$	-0.136
$AgI + e \Longrightarrow Ag + I^-$	-0.152
$Ni^{2+} + 2e \Longrightarrow Ni$	-0.246
$H_3PO_4 + 2H^+ + 2e \Longrightarrow H_2PO_3^- + H_2O$	-0.276
$Co^{2+} + 2e \Longrightarrow Co$	-0.277

续表

电极反应	$\varphi^{\ominus}/V$
$Tl^+ + e \rightleftharpoons Tl$	-0.3360
$PbSO_4 + 2e \rightleftharpoons Pb + SO_4^{2-}$	-0.3553
$As + 3H^+ + 3e \rightleftharpoons AsH_3$	-0.38
$Cd^{2+} + 2e \rightleftharpoons Cd$	-0.403
$Cr^{3+} + e \rightleftharpoons Cr^{2+}$	-0.41
$Fe^{2+} + 2e \rightleftharpoons Fe$	-0.440
$S + 2e \rightleftharpoons S^{2-}$	-0.48
$2CO_2 + 2H^+ + 2e \rightleftharpoons H_2C_2O_4$	-0.49
$Sb + 3H^+ + 3e \rightleftharpoons SbH_3$	-0.51
$HPbO_2^- + H_2O + 2e \rightleftharpoons Pb + 3OH^-$	-0.54
$2SO_3^{2-} + 3H_2O + 4e \rightleftharpoons S_2O_3^{2-} + 6OH^-$	-0.58
$SO_3^{2-} + 3H_2O + 4e \rightleftharpoons S + 6OH^-$	-0.66
$AsO_2^- + 2H_2O + 3e \rightleftharpoons As + 4OH^-$	-0.67
$Ag_2S + 2e \rightleftharpoons 2Ag + S^{2-}$	-0.71
$AsO_4^{3-} + 2H_2O + 2e \rightleftharpoons AsO_2^- + 4OH^-$	-0.71
$H_3BO_3 + 3H^+ + 3e \rightleftharpoons B + 3H_2O$	-0.73
$Cr^{3+} + 3e \rightleftharpoons Cr$	-0.74
$Zn^{2+} + 2e \rightleftharpoons Zn$	-0.7628
$HSnO_2^- + H_2O + 2e \rightleftharpoons Sn + 3OH^-$	-0.79
$2H_2O + 2e \rightleftharpoons H_2 + 2OH^-$	-0.8277
$P + 3H_2O + 3e \rightleftharpoons PH_3(g) + 3OH^-$	-0.87
$SO_4^{2-} + H_2O + 2e \rightleftharpoons SO_3^{2-} + 2OH^-$	-0.92
$Mn^{2+} + 2e \rightleftharpoons Mn$	-1.18
$ZnO_2^{2-} + 2H_2O + 2e \rightleftharpoons Zn + 4OH^-$	-1.216
$Al^{3+} + 3e \rightleftharpoons Al$	-1.66
$Ce^{3+} + 3e \rightleftharpoons Ce$	-2.335
$H_2AlO_3^- + H_2O + 3e \rightleftharpoons Al + 4OH^-$	-2.35
$Mg^{2+} + 2e \rightleftharpoons Mg$	-2.375
$Na^+ + e \rightleftharpoons Na$	-2.711
$Ca^{2+} + 2e \rightleftharpoons Ca$	-2.87
$Sr^{2+} + 2e \rightleftharpoons Sr$	-2.89
$Ba^{2+} + 2e \rightleftharpoons Ba$	-2.90
$Cs^+ + e \rightleftharpoons Cs$	-2.923
$K^+ + e \rightleftharpoons K$	-2.924
$Rb^+ + e \rightleftharpoons Rb$	-2.925
$Li^+ + e \rightleftharpoons Li$	-3.045

表七　条件电极电位

电极反应	条件电位/V	介　质
$Ag(II) + e \rightleftharpoons Ag^+$	1.927	$4mol \cdot L^{-1} HNO_3$
	2.00	$4mol \cdot L^{-1} HClO_4$
$Ag^+ + e \rightleftharpoons Ag$	0.792	$1mol \cdot L^{-1} HClO_4$
	0.228	$1mol \cdot L^{-1} HCl$
	0.59	$1mol \cdot L^{-1} NaOH$
$H_3AsO_4 + 2H^+ + 2e \rightleftharpoons H_3AsO_3 + H_2O$	0.577	$1mol \cdot L^{-1} HCl, HClO_4$
	0.07	$1mol \cdot L^{-1} NaOH$
	-0.16	$5mol \cdot L^{-1} NaOH$
$Au^{3+} + 2e \rightleftharpoons Au^+$	1.27	$0.5mol \cdot L^{-1} H_2SO_4$(氧化金饱和)

电极反应	条件电位/V	介　质
	1.26	$1mol \cdot L^{-1} HNO_3$（氧化金饱和）
	0.93	$1mol \cdot L^{-1} HCl$
$Au^{3+} + 3e \rightleftharpoons Au$	0.30	$7 \sim 8mol \cdot L^{-1} NaOH$
$Bi^{3+} + 3e \rightleftharpoons Bi$	-0.05	$5mol \cdot L^{-1} HCl$
	0.00	$1mol \cdot L^{-1} HCl$
$Cd^{2+} + 2e \rightleftharpoons Cd$	-0.8	$8mol \cdot L^{-1} KOH$
	-0.9	CN-配合物
$Ce^{4+} + e \rightleftharpoons Ce^{3+}$	1.70	$1mol \cdot L^{-1} HClO_4$
	1.71	$2mol \cdot L^{-1} HClO_4$
	1.75	$4mol \cdot L^{-1} HClO_4$
	1.82	$6mol \cdot L^{-1} HClO_4$
	1.87	$8mol \cdot L^{-1} HClO_4$
	1.61	$1mol \cdot L^{-1} HNO_3$
	1.62	$2mol \cdot L^{-1} HNO_3$
	1.61	$4mol \cdot L^{-1} HNO_3$
$Ce^{4+} + e \rightleftharpoons Ce^{3+}$	1.56	$8mol \cdot L^{-1} HNO_3$
	1.44	$1mol \cdot L^{-1} H_2SO_4, 2mol \cdot L^{-1} H_2SO_4$
	1.43	$2mol \cdot L^{-1} H_2SO_4$
	1.42	$4mol \cdot L^{-1} H_2SO_4$
	1.28	$1mol \cdot L^{-1} HCl$
$Co^{3+} + e \rightleftharpoons Co^{2+}$	1.84	$3mol \cdot L^{-1} HNO_3$
$Cr^{3+} + e \rightleftharpoons Cr^{2+}$	-0.40	$5mol \cdot L^{-1} HCl$
$Cr_2O_7^{2-} + 14H^+ + 6e \rightleftharpoons 2Cr^{3+} + 7H_2O$	0.93	$0.1mol \cdot L^{-1} HCl$
	0.97	$0.5mol \cdot L^{-1} HCl$
	1.00	$1mol \cdot L^{-1} HCl$
	1.09	
	1.05	$2mol \cdot L^{-1} HCl$
	1.08	$3mol \cdot L^{-1} HCl$
	1.15	$4mol \cdot L^{-1} HCl$
	0.92	$0.1mol \cdot L^{-1} H_2SO_4$
	1.08	$0.5mol \cdot L^{-1} H_2SO_4$
	1.10	$2mol \cdot L^{-1} H_2SO_4$
	1.15	$4mol \cdot L^{-1} H_2SO_4$
	1.30	$6mol \cdot L^{-1} H_2SO_4$
	1.34	$8mol \cdot L^{-1} H_2SO_4$
	0.84	$0.1mol \cdot L^{-1} HClO_4$
	1.10	$0.2mol \cdot L^{-1} HClO_4$
	1.025	$1mol \cdot L^{-1} HClO_4$
	1.27	$1mol \cdot L^{-1} HNO_3$
$CrO_4^{2-} + 2H_2O + 3e \rightleftharpoons CrO_2^- + 4OH^-$	-0.12	$1mol \cdot L^{-1} NaOH$
$Cu^{2+} + e \rightleftharpoons Cu^+$	-0.09	$pH=14$
$Fe^{3+} + e \rightleftharpoons Fe^{2+}$	0.73	$0.1mol \cdot L^{-1} HCl$
	0.72	$0.5mol \cdot L^{-1} HCl$
$Fe^{3+} + e \rightleftharpoons Fe^{2+}$	0.70	$1mol \cdot L^{-1} HCl$
	0.69	$2mol \cdot L^{-1} HCl$

续表

电极反应	条件电位/V	介　质
	0.68	$3mol \cdot L^{-1} HCl$
	0.68	$0.2mol \cdot L^{-1} H_2SO_4$
	0.68	$0.5mol \cdot L^{-1} H_2SO_4$
	0.68	$4mol \cdot L^{-1} H_2SO_4$
	0.68	$8mol \cdot L^{-1} H_2SO_4$
	0.735	$0.1mol \cdot L^{-1} HClO_4$
	0.732	$1mol \cdot L^{-1} HClO_4$
	0.46	$2mol \cdot L^{-1} H_3PO_4$
	0.52	$5mol \cdot L^{-1} H_3PO_4$
	0.70	$1mol \cdot L^{-1} HNO_3$
	−0.7	$pH=14$
	0.51	$1mol \cdot L^{-1} HCl + 0.25mol \cdot L^{-1} H_3PO_4$
$Fe(EDTA)^- + e \rightleftharpoons Fe(EDTA)^{2-}$	0.12	$0.1mol \cdot L^{-1} EDTA, pH4 \sim 6$
$Fe(CN)_6^{3-} + e \rightleftharpoons Fe(CN)_6^{4-}$	0.56	$0.1mol \cdot L^{-1} HCl$
	0.41	$pH4 \sim 13$
	0.70	$1mol \cdot L^{-1} HCl$
	0.72	$1mol \cdot L^{-1} HClO_4$
	0.72	$0.5mol \cdot L^{-1} H_2SO_4$
	0.46	$0.01mol \cdot L^{-1} NaOH$
	0.52	$5mol \cdot L^{-1} NaOH$
$I_3^- + 2e \rightleftharpoons 3I^-$	0.5446	$0.5mol \cdot L^{-1} H_2SO_4$
$I_2(水) + 2e \rightleftharpoons 2I^-$	0.6276	$0.5mol \cdot L^{-1} H_2SO_4$
$Hg_2^{2+} + 2e \rightleftharpoons 2Hg$	0.33	$0.1mol \cdot L^{-1} KCl$
	0.28	$1mol \cdot L^{-1} KCl$
	0.25	饱和 KCl
	0.66	$4mol \cdot L^{-1} HClO_4$
	0.274	$1mol \cdot L^{-1} HCl$
$2Hg^{2+} + 2e \rightleftharpoons Hg_2^{2+}$	0.28	$1mol \cdot L^{-1} HCl$
$In^{3+} + 3e \rightleftharpoons In$	−0.3	$1mol \cdot L^{-1} HCl$
	−8	$1mol \cdot L^{-1} KOH$
	−0.47	$1mol \cdot L^{-1} Na_2CO_3$
$MnO_4^- + 8H^+ + 5e \rightleftharpoons Mn^{2+} + 4H_2O$	1.45	$1mol \cdot L^{-1} HClO_4$
$SnCl_6^{2-} + 2e \rightleftharpoons SnCl_4^{2-} + 2Cl^-$	0.14	$1mol \cdot L^{-1} HCl$
	0.10	$5mol \cdot L^{-1} HCl$
	0.07	$0.1mol \cdot L^{-1} HCl$
	0.40	$4.5mol \cdot L^{-1} H_2SO_4$
$Sn^{2+} + 2e \rightleftharpoons Sn$	−0.20	$1mol \cdot L^{-1} HCl, H_2SO_4$
	−0.16	$1mol \cdot L^{-1} HClO_4$
$Sb(V) + 2e \rightleftharpoons Sb(Ⅲ)$	0.75	$3.5mol \cdot L^{-1} HCl$
$Mo^{4+} + e \rightleftharpoons Mo^{3+}$	0.1	$4mol \cdot L^{-1} H_2SO_4$
$Mo^{6+} + e \rightleftharpoons Mo^{5+}$	0.53	$2mol \cdot L^{-1} HCl$
$Tl^+ + e \rightleftharpoons Tl$	−0.551	$1mol \cdot L^{-1} HCl$
$Tl(Ⅲ) + 2e \rightleftharpoons Tl(Ⅰ)$	$1.23 \sim 1.26$	$1mol \cdot L^{-1} HNO_3$
	1.21	$0.05mol \cdot L^{-1}, 0.5mol \cdot L^{-1} H_2SO_4$
	0.78	$0.6mol \cdot L^{-1} HCl$

续表

电极反应	条件电位/V	介 质
$U(IV)+e \Longleftarrow U(III)$	-0.63	$1mol \cdot L^{-1}HCl, HClO_4$
	-0.85	$0.5mol \cdot L^{-1}H_2SO_4$
$VO_2^+ +2H^+ +e \Longleftarrow VO^{2+} +H_2O$	1.30	$9mol \cdot L^{-1}HClO_4, 4mol \cdot L^{-1}H_2SO_4$
	-0.74	$pH=14$
$Zn^{2+} +2e \Longleftarrow Zn$	-1.36	CN 配合物

表八 难溶化合物的溶度积（18~25℃）

难溶化合物	K_{sp}	pK_{sp}	难溶化合物	K_{sp}	pK_{sp}
$Al(OH)_3$	1.3×10^{-33}	32.9	CdS	8.0×10^{-27}	27.15
Al-8-羟基喹啉	1.0×10^{-29}	29.0	$CoCO_3$	1.4×10^{-13}	12.84
Ag_3AsO_4	1.0×10^{-22}	22.0	$Co_2[Fe(CN)_6]$	1.8×10^{-15}	14.74
AgBr	5.0×10^{-13}	12.30	$Co(OH)_2$ 新析出	2.0×10^{-15}	14.7
Ag_2CO_3	8.1×10^{-12}	11.09	$Co(OH)_3$	2.0×10^{-44}	43.7
AgCl	1.8×10^{-10}	9.75	$Co[Hg(SCN)_4]$	1.5×10^{-6}	5.82
Ag_2CrO_4	2.0×10^{-12}	11.71	α-CoS	4.0×10^{-21}	20.4
AgCN	1.2×10^{-16}	15.92	β-CoS	2.0×10^{-25}	24.7
AgOH	2.0×10^{-8}	7.71	$Co_3(PO_4)_2$	2.0×10^{-35}	34.7
AgI	9.3×10^{-17}	16.03	$Cr(OH)_3$	6.0×10^{-31}	30.2
$Ag_2C_2O_4$	3.5×10^{-11}	10.46	$CrPO_4 \cdot 4H_2O$	2.4×10^{-23}	22.6
Ag_3PO_4	1.4×10^{-16}	15.84	CuBr	5.2×10^{-9}	8.28
Ag_2SO_4	1.4×10^{-5}	4.84	CuCl	1.2×10^{-6}	5.92
Ag_2S	2.0×10^{-49}	48.7	CuCN	3.2×10^{-20}	19.49
AgSCN	1.0×10^{-12}	12.0	CuI	1.1×10^{-12}	11.96
$BaCO_3$	5.1×10^{-9}	8.29	CuOH	1.0×10^{-14}	14.0
$BaCrO_4$	1.2×10^{-10}	9.93	Cu_2S	2.0×10^{-48}	47.7
BaF_2	1.0×10^{-6}	6.0	CuSCN	4.8×10^{-15}	14.32
$BaC_2O_4 \cdot H_2O$	2.3×10^{-8}	7.64	$CuCO_3$	1.4×10^{-10}	9.86
$BaSO_4$	1.1×10^{-10}	9.96	$Cu(OH)_2$	2.2×10^{-20}	19.66
$Bi(OH)_3$	4.0×10^{-31}	30.4	CuS	0.0×10^{-36}	35.2
BiOOH	4.0×10^{-10}	9.4	$FeCO_3$	3.2×10^{-11}	10.50
BiI_3	8.1×10^{-19}	18.09	$Fe(OH)_2$	8.0×10^{-16}	15.1
BiOCl	1.8×10^{-31}	30.75	FeS	6.0×10^{-18}	17.2
$BiPO_4$	1.3×10^{-23}	22.89	$Fe(OH)_3$	4.0×10^{-38}	37.4
Bi_2S_3	1.0×10^{-97}	97.0	$FePO_4$	1.3×10^{-22}	21.89
$CaCO_3$	2.9×10^{-9}	8.54	Hg_2Br_2	5.8×10^{-23}	22.24
CaF_2	2.7×10^{-11}	10.57	Hg_2CO_3	8.9×10^{-17}	16.05
$CaC_2O_4 \cdot H_2O$	2.0×10^{-9}	8.70	Hg_2Cl_2	1.3×10^{-18}	17.88
$Ca_3(PO_4)_2$	2.0×10^{-29}	28.7	$Hg_2(OH)_2$	2.0×10^{-24}	23.7
$CaSO_4$	9.1×10^{-6}	5.04	Hg_2I_2	4.5×10^{-29}	28.35
$CaWO_4$	8.7×10^{-9}	8.06	Hg_2SO_4	7.4×10^{-7}	6.13
$CdCO_3$	5.2×10^{-12}	11.28	Hg_2S	1.0×10^{-47}	47.0
$Cd_2[Fe(CN)_6]$	3.2×10^{-17}	16.49	$Hg(OH)_2$	3.0×10^{-26}	25.52
$Cd(OH)_2$ 新析出	2.5×10^{-14}	13.6	HgS 红色	4.0×10^{-53}	52.4
$CdC_2O_4 \cdot 3H_2O$	9.1×10^{-8}	7.04	黑色	2.0×10^{-52}	51.7

续表

难溶化合物	K_{sp}	pK_{sp}	难溶化合物	K_{sp}	pK_{sp}
$MgNH_4PO_4$	2.0×10^{-13}	12.7	$PbSO_4$	1.6×10^{-8}	7.79
$MgCO_3$	3.5×10^{-8}	7.46	PbS	1.0×10^{-28}	27.9
MgF_2	6.4×10^{-9}	8.19	$Pb(OH)_4$	3.0×10^{-66}	65.5
$Mg(OH)_2$	1.8×10^{-11}	10.74	$Sb(OH)_3$	4.0×10^{-42}	41.4
$MnCO_3$	1.8×10^{-11}	10.74	Sb_2S_3	2.0×10^{-93}	92.8
$Mg(OH)_2$	1.9×10^{-13}	12.72	$Sn(OH)_2$	1.4×10^{-28}	27.85
MnS 无定形	2.0×10^{-10}	9.7	SnS	1.0×10^{-25}	25.0
晶形	2.0×10^{-13}	12.7	$Sn(OH)_4$	1.0×10^{-56}	56.0
$NiCO_3$	6.6×10^{-9}	8.18	SnS_2	2.0×10^{-27}	26.7
$Ni(OH)_2$ 新析出	2.0×10^{-15}	14.7	$SrCO_3$	1.1×10^{-10}	9.96
$Ni_3(PO_4)_3$	5.0×10^{-31}	30.3	$SrCrO_4$	2.2×10^{-5}	4.65
$\alpha\text{-}NiS$	3.0×10^{-19}	18.5	SrF_2	2.4×10^{-9}	8.61
$\beta\text{-}NiS$	1.0×10^{-24}	24.0	$SrC_2O_4 \cdot H_2O$	1.6×10^{-7}	6.80
$\gamma\text{-}NiS$	2.0×10^{-26}	25.7	$Sr_3(PO_4)_2$	4.1×10^{-28}	27.39
$PbCO_3$	7.4×10^{-14}	13.13	$SrSO_4$	3.2×10^{-7}	6.49
$PbCl_2$	1.6×10^{-5}	4.79	$Ti(OH)_3$	1.0×10^{-40}	40.0
$PbClF$	2.4×10^{-9}	8.62	$TiO(OH)_2$	1.0×10^{-29}	29.0
$PbCrO_4$	2.8×10^{-13}	12.55	$ZnCO_3$	1.4×10^{-11}	10.84
PbF_2	2.7×10^{-8}	7.57	$Zn_2[Fe(CN)_6]$	4.1×10^{-16}	15.39
$Pb(OH)_2$	1.2×10^{-15}	14.93	$Zn(OH)_2$	1.2×10^{-17}	16.92
PbI_2	7.1×10^{-9}	8.15	$Zn_3(PO_4)_2$	9.1×10^{-33}	32.04
$PbMoO_4$	1.0×10^{-13}	13.0	ZnS	2.5×10^{-22}	21.6
$Pb_3(PO_4)_2$	8.0×10^{-43}	42.10	$Zn\text{-}8\text{-}羟基喹啉$	5.0×10^{-25}	24.3

表九 化合物的分子量

化 合 物	分子量	化 合 物	分子量
Ag_3AsO_4	462.52	$Al(NO_3)_3$	213.00
$AgBr$	187.77	$Al(NO_3)_3 \cdot 9H_2O$	375.13
$AgCl$	143.32	Al_2O_3	101.96
$AgCN$	133.89	$Al(OH)_3$	78.00
$AgSCN$	165.95	$Al_2(SO_4)_3$	342.14
$AgCr_2O_4$	331.73	$Al_2(SO_4)_3 \cdot 18H_2O$	666.41
AgI	234.77	As_2O_3	197.84
$AgNO_3$	169.87	As_2O_5	229.84
$AlCl_3$	133.34	As_2S_3	246.02
$AlCl_3 \cdot 6H_2O$	241.43	$BaCO_3$	197.34

续表

化 合 物	分子量	化 合 物	分子量
BaC_2O_4	225.35	$CuCl_2 \cdot 2H_2O$	170.48
$BaCl_2$	208.24	$CuCNS$	121.62
$BaCl_2 \cdot 2H_2O$	244.27	CuI	190.45
$BaCrO_4$	253.32	$Cu(NO_3)_2$	187.56
BaO	153.33	$Cu(NO_3)_2 \cdot 3H_2O$	241.60
$Ba(OH)_2$	171.34	CuO	79.55
$BaSO_4$	233.39	Cu_2O	143.09
$BiCl_3$	315.34	CuS	95.61
$BiOCl$	260.43	$CuSO_4$	159.60
CO_2	44.01	$CuSO_4 \cdot 5H_2O$	249.68
CaO	56.08	$FeCl_2$	126.75
$CaCO_3$	100.09	$FeCl_2 \cdot 4H_2O$	198.81
CaC_2O_4	128.10	$FeCl_3$	162.21
$CaCl_2$	110.99	$FeCl_3 \cdot 6H_2O$	270.30
$CaCl_2 \cdot 6H_2O$	219.08	$FeNH_4(SO_4)_2 \cdot 12H_2O$	482.18
$Ca(NO_3)_2 \cdot 4H_2O$	236.15	$Fe(NO_3)_3$	241.86
$Ca(OH)_2$	74.10	$Fe(NO_3)_3 \cdot 9H_2O$	404.00
$Ca_3(PO_4)_2$	310.18	FeO	71.85
$CaSO_4$	136.14	Fe_2O_3	159.69
$CdCO_3$	172.42	Fe_3O_4	231.54
$CdCl_2$	183.32	$Fe(OH)_3$	106.87
CdS	144.47	FeS	87.91
$Ce(SO_4)_2$	332.24	Fe_2S_3	207.87
$Ce(SO_4)_2 \cdot 4H_2O$	404.30	$FeSO_4$	151.91
$CoCl_2$	129.84	$FeSO_4 \cdot 7H_2O$	278.01
$CoCl_2 \cdot 6H_2O$	237.93	$FeSO_4 \cdot (NH_4)_2SO_4 \cdot 6H_2O$	392.13
$Co(NO_3)_2$	182.94	H_3AsO_3	125.94
$Co(NO_3)_2 \cdot 6H_2O$	291.03	H_3AsO_4	141.94
CoS	90.99	H_3BO_3	61.83
$CoSO_4$	154.99	HBr	80.91
$CoSO_4 \cdot 7H_2O$	281.10	HCN	27.03
$CO(NH_2)_2$	60.06	$HCOOH$	46.03
$CrCl_3$	158.36	CH_3COOH	60.05
$CrCl_3 \cdot 6H_2O$	266.45	H_2CO_3	62.03
$Cr(NO_3)_3$	238.01	$H_2C_2O_4$	90.04
Cr_2O_3	151.99	$H_2C_2O_4 \cdot 2H_2O$	126.07
$CuCl$	99.00	K_2CO_3	138.21
$CuCl_2$	134.45	K_2CrO_4	194.19

化　合　物	分子量	化　合　物	分子量
$K_2Cr_2O_7$	294.18	$KHC_2O_4 \cdot H_2C_2O_4 \cdot 2H_2O$	254.19
$K_3[Fe(CN)_6]$	329.25	$KHC_4H_4O_6$	188.18
HCl	36.46	$KHSO_4$	136.16
HF	20.01	KI	166.00
HI	127.91	KIO_3	214.00
HIO_3	175.91	$KIO_3 \cdot HIO_3$	389.91
HNO_3	63.01	$KMnO_4$	158.03
HNO_2	47.01	$KNaC_4H_4O_6 \cdot 4H_2O$	282.22
H_2O	18.015	KNO_3	101.10
H_2O_2	34.02	KNO_2	85.10
H_3PO_4	98.00	K_2O	94.20
H_2S	34.08	KOH	56.11
H_2SO_3	82.07	K_2SO_4	174.25
H_2SO_4	98.07	$MgCO_3$	84.31
$Hg(CN)_2$	252.63	$MgCl_2$	95.21
$HgCl_2$	271.50	$MgCl_2 \cdot 6H_2O$	203.30
Hg_2Cl_2	472.09	MgC_2O_4	112.33
HgI_2	454.40	$Mg(NO_3)_2 \cdot 6H_2O$	256.41
$Hg_2(NO_3)_2$	525.19	$MgNH_4PO_4$	137.32
$Hg_2(NO_3)_2 \cdot 2H_2O$	561.22	MgO	40.30
$Hg(NO_3)_2$	324.60	$Mg(OH)_2$	58.32
HgO	216.59	$Mg_2P_2O_7$	222.55
HgS	232.65	$MgSO_4 \cdot 7H_2O$	246.67
$HgSO_4$	296.65	$MnCO_3$	114.95
Hg_2SO_4	497.24	$MnCl_2 \cdot 4H_2O$	197.91
$KAl(SO_4)_2 \cdot 12H_2O$	474.38	$Mn(NO_3)_2 \cdot 6H_2O$	287.04
KBr	119.00	MnO	70.94
$KBrO_3$	167.00	MnO_2	86.94
KCl	74.55	MnS	87.00
$KClO_3$	122.55	$MnSO_4$	151.00
$KClO_4$	138.55	$MnSO_4 \cdot 4H_2O$	223.06
KCN	65.12	NO	30.01
$KCNS$	97.18	NO_2	46.01
NH_3	17.03	NH_4Cl	53.49
CH_3COONH_4	77.08	$(NH_4)_2CO_3$	96.06
$K_4[Fe(CN)_6]$	368.35	$(NH_4)_2C_2O_4$	124.10
$KFe(SO_4)_2 \cdot 12H_2O$	503.24	$(NH_4)_2C_2O_4 \cdot H_2O$	142.11
$KHC_2O_4 \cdot H_2O$	146.14	NH_4CNS	76.12

化 合 物	分子量	化 合 物	分子量
NH_4HCO_3	79.06	$Ni(NO_3)_2 \cdot 6H_2O$	290.80
$(NH_4)_2MoO_4$	196.01	NiS	90.76
NH_4NO_3	80.04	$NiSO_4 \cdot 7H_2O$	280.86
$(NH_4)_2HPO_4$	132.06	$NiC_8H_{14}N_4O_4$	288.92
$(NH_4)_2S$	68.14	P_2O_5	141.95
$(NH_4)_2SO_4$	132.13	$PbCO_3$	267.21
NH_4VO_3	116.98	PbC_2O_4	295.22
Na_3AsO_3	191.89	$PbCl_2$	278.11
$Na_2B_4O_7$	201.22	$PbCrO_4$	323.19
$Na_2B_4O_7 \cdot 10H_2O$	381.37	$Pb(CH_3COO)_2$	325.29
$NaBiO_3$	279.97	$Pb(CH_3COO)_2 \cdot 3H_2O$	379.34
$NaCN$	49.01	PbI_2	461.01
$NaCNS$	81.07	$Pb(NO_3)_2$	331.21
Na_2CO_3	105.99	PbO	223.20
$Na_2CO_3 \cdot 10H_2O$	286.14	PbO_2	239.20
$Na_2C_2O_4$	134.00	$Pb_3(PO_4)_2$	811.54
CH_3COONa	82.03	PbS	239.26
$CH_3COONa \cdot 3H_2O$	136.08	$PbSO_4$	303.26
$NaCl$	58.44	SO_3	80.06
$NaClO$	74.44	SO_2	64.06
$NaHCO_3$	84.01	$SbCl_3$	228.11
$Na_2HPO_4 \cdot 12H_2O$	358.14	$SbCl_5$	299.02
$Na_2H_2Y_2 \cdot 2H_2O$	372.24	Sb_2O_3	291.50
$NaNO_2$	69.00	Sb_2S_3	339.68
$NaNO_3$	85.00	SiF_4	104.08
Na_2O	61.98	SiO_2	60.08
Na_2O_2	77.98	$SnCl_2$	189.60
$NaOH$	40.00	$SnCl_2 \cdot 2H_2O$	225.63
Na_3PO_4	163.94	$SnCl_4$	260.50
Na_2S	78.04	$SnCl_4 \cdot 5H_2O$	350.58
$Na_2S \cdot 9H_2O$	240.18	SnO_2	150.69
Na_2SO_3	126.04	SnS_2	150.75
Na_2SO_4	142.04	$SrCO_3$	147.63
$Na_2S_2O_3$	158.10	SrC_2O_4	175.61
$Na_2S_2O_3 \cdot 5H_2O$	248.17	$SrCrO_4$	203.61
$NiCl_2 \cdot 6H_2O$	237.70	$Sr(NO_3)_2$	211.63
NiO	74.70	$Sr(NO_3)_2 \cdot 4H_2O$	283.69

化 合 物	分子量	化 合 物	分子量
$SrSO_4$	183.68	$Zn(NO_3)_2$	189.39
$UO_2(CH_3COO)_2 \cdot 2H_2O$	424.15	$Zn(NO_3)_2 \cdot 6H_2O$	297.48
$ZnCO_3$	125.39	ZnO	81.38
ZnC_2O_4	153.40	ZnS	97.44
$ZnCl_2$	136.29	$ZnSO_4$	161.44
$Zn(CH_3COO)_2$	183.47	$ZnSO_4 \cdot 7H_2O$	287.55
$Zn(CH_3COO)_2 \cdot 2H_2O$	219.50		

表十　元素的原子量

元素	符号	原子量	元素	符号	原子量
锕	Ac	[227]	氪	Kr	83.80
银	Ag	107.8682	镧	La	138.9055
铝	Al	26.981539	铹	Lr	[257]
镅	Am	[243]	锂	Li	6.941
氩	Ar	39.948	镥	Lu	174.967
砷	As	74.92159	钔	Md	[256]
砹	At	[210]	镁	Mg	24.3050
金	Au	196.96654	锰	Mn	54.93805
硼	B	10.811	钼	Mo	95.94
钡	Ba	137.327	氮	N	14.00674
铍	Be	9.012182	钠	Na	22.989768
铋	Bi	208.98037	铈	Ce	140.115
锫	Bk	[247]	锎	Cf	[251]
溴	Br	79.904	氯	Cl	35.4527
碳	C	12.011	锔	Cm	[247]
钙	Ca	40.078	钴	Co	58.93320
镉	Cd	112.411	铬	Cr	51.9961
钆	Gd	157.25	铯	Cs	132.90543
锗	Ge	72.61	铜	Cu	63.546
氢	H	1.00794	镝	Dy	162.50
氦	He	4.002602	铒	Er	167.26
铪	Hf	178.49	锿	Es	[254]
汞	Hg	200.59	铕	Eu	151.965
钬	Ho	164.93032	氟	F	18.9984032
碘	I	126.90447	铁	Fe	55.847
铟	In	114.82	镄	Fm	[257]
铱	Ir	192.22	钫	Fr	[223]
钾	K	39.0983	镓	Ga	69.723

续表

元素	符号	原子量	元素	符号	原子量
铅	Pb	207.2	氖	Ne	20.1797
钯	Pd	106.42	镍	Ni	58.6934
钷	Pm	[145]	锘	No	[254]
钋	Po	[210]	镎	Np	237.0482
镨	Pr	140.90765	氧	O	15.9994
铂	Pt	195.08	锇	Os	190.2
钚	Pu	[244]	磷	P	30.973762
镭	Ra	226.0254	镤	Pa	231.03588
铷	Rb	85.4678	氙	Xe	131.29
铼	Re	186.207	钇	Y	88.90585
铑	Rh	102.90550	镱	Yb	173.04
氡	Rn	[222]	铽	Tb	158.92534
钌	Ru	101.07	锝	Tc	98.9062
硫	S	32.066	碲	Te	127.60
锑	Sb	121.75	钍	Th	232.0381
钪	Sc	44.955910	钛	Ti	47.88
硒	Se	78.96	铊	Tl	204.3833
硅	Si	28.0855	铥	Tm	168.93421
钐	Sm	150.36	铀	U	238.0289
锡	Sn	118.710	钒	V	50.9415
锶	Sr	87.62	钨	W	183.85
钽	Ta	180.9479	锌	Zn	65.39
铌	Nb	92.90638	锆	Zr	91.224
钕	Nd	144.24			

表十一 分析常用基准物

分类	基准物	干燥后组成与分子量	处理条件
标酸滴定剂	无水碳酸钠	Na_2CO_3 105.989	500~600℃干燥40~50min后,于硫酸干燥器中冷却
	十水合碳酸钠	Na_2CO_3 105.989	270~300℃
	碳酸氢钠	Na_2CO_3 105.989	270~300℃
	碳酸氢钾	K_2CO_3 138.21	270~300℃
	硼砂	$Na_2B_4O_7 \cdot 10H_2O$ 381.37	放在装有 NaCl 和蔗糖饱和溶液的密闭器中干燥
标碱滴定剂	邻苯二甲酸氢钾	$KHC_8H_4O_4$ 204.229	110~120℃干燥至恒重,于干燥器中冷却
	草酸	$H_2C_2O_4 \cdot 2H_2O$ 126.07	室温空气干燥
标还原滴定剂	重铬酸钾	$K_2Cr_2O_7$ 249.12	研细100~110℃干燥3~4h或150~180℃干燥2h
	溴酸钾	$KBrO_3$ 167.004	105℃以下干燥至恒重
	碘酸钾	KIO_3 214.005	120~140℃干燥1.5~2h
	铜	Cu 63.546	用乙酸、水、乙醇、甲醇洗,室温干燥保存24h以上
	对氨基苯磺酸	$H_2NC_6H_4SO_3H$ 173.192	120℃干燥恒重

续表

分 类	基准物	干燥后组成与分子量	处理条件
标氧化滴定剂	三氧化二砷 草酸钠 铁丝	As_2O_3 197.8414 $Na_2C_2O_4$ 134.000 Fe 55.847	105℃干燥3~4h 150~200℃干燥1.5~2h
标配合物滴定剂	锌 氧化锌 氧化镁 碳酸钙	Zn 65.38 ZnO 81.37 MgO 40.340 $CaCO_3$ 100.09	盐酸、水、丙酮依次洗， 干燥中干燥24h 800℃灼烧恒重 800℃灼烧恒重 120℃干燥至恒重
标沉淀滴定剂	氯化钠 氯化钾	NaCl 58.4432 KCl 74.551	500~650℃干燥1~1.5h 500~650℃干燥1~1.5h

表十二 分析中常用的标准溶液

	标 准 溶 液	配制方法	标定用基准物
	$K_2Cr_2O_7$	直接法	
	$KBrO_3$	直接法	
	KIO_3	直接法	
酸	HNO_3 HCl 乙酸 H_2SO_4	标定法	无水 Na_2CO_3 、 $Na_2CO_3 \cdot 10H_2O$、 $NaHCO_3$、$KHCO_3$、$Na_2B_4O_7 \cdot 10H_2O$
碱	NaOH KOH	标定法	邻苯二甲酸氢钾 $KHC_8H_4O_4$ 、 $H_2C_2O_4 \cdot 2H_2O$
	EDTA	标定法	金属 Zn ZnO $MgSO_4 \cdot 7H_2O$,$CaCO_3$
	$NaNO_2$	标定法	对氨基苯磺酸
	I_2	标定法	Cu 、 $Na_2S_2O_3$ 标准溶液
	$Na_2S_2O_3$	标定法	$K_2Cr_2O_7$ 、 KIO_3
	Na_3AsO_3	直接法	
	$Na_2C_2O_4$	直接法	
	$FeSO_4$	标定法	$KMnO_4$ 标准液标定
	$(NH_4)_2Fe(SO_4)_2$	标定法	$KMnO_4$ 标准液标定
	Br_2	标定法	$Na_2S_2O_3$ 标准液标定
	$KMnO_4$	标定法	铁丝、As_2O_3 $H_2C_2O_4 \cdot 2H_2O$ 、 $Na_2C_2O_4$
	$Ce(SO_4)_2$	标定法	$Na_2C_2O_4$
	$AgNO_3$	标定法	NaCl
	$Hg(NO_3)_2$	标定法	NaCl

表十三 不同 pH 下常见 EDTA 配合物的表观稳定常数（$\lg K'_{MY}$）

离子	pH													
	0	1	2	3	4	5	6	7	8	9	10	11	12	13	14
Ag^{3+}		0.5	3.2	5.6	7.7	9.7	10.5	8.6	6.6	4.6	2.5				
Bn^{2+}						1.4	3.1	4.4	5.5	6.4	7.2	7.7	7.8	7.7	7.3
Bi^{3+}	1.6	5.5	8.8	10.7	11.9	12.9	13.7	14.0	14.1	14.0	13.9	13.3	12.4	11.4	10.4

续表

离子	pH														
	0	1	2	3	4	5	6	7	8	9	10	11	12	13	14
Ca^{2+}					2.3	4.2	6.0	7.3	8.4	9.3	10.2	10.6	10.7	10.4	9.7
Cd^{2+}		1.2	4.0	6.1	8.0	10.0	11.8	13.1	14.2	15.0	15.6	14.4	12.0	8.4	4.5
Co^{2+}		1.2	3.9	6.0	7.9	9.8	11.6	12.9	13.9	14.5	14.7	14.0	12.1		
Cu^{2+}		3.6	6.3	8.4	10.3	12.3	14.1	15.4	16.3	16.6	16.6	16.1	15.7	15.6	15.6
Fe^{2+}			1.7	3.8	5.8	7.8	9.6	10.9	12.0	12.8	13.2	12.7	11.8	10.8	9.8
Fe^{3+}	5.3	8.4	11.7	14.0	14.8	14.9	14.7	14.1	13.7	13.6	14.0	14.3	14.4	14.4	14.4
Hg^{2+}	3.8	6.7	9.4	11.2	11.4	11.4	11.2	10.5	9.6	8.8	8.4	7.7	6.8	5.8	4.8
La^{3+}			1.9	4.7	6.9	8.9	10.7	12.0	13.1	14.0	14.6	14.3	13.5	12.5	11.5
Mg^{2+}						2.2	4.0	5.3	6.4	7.3	8.2	8.5	8.2	7.4	
Mn^{2+}			1.6	3.7	5.7	7.5	9.3	10.6	11.7	12.6	13.4	13.4	12.6	11.6	10.6
Ni^{2+}		3.6	6.3	8.3	10.2	12.1	13.9	15.2	16.3	17.1	17.4	16.9	15.3		
Pb^{2+}		2.6	5.4	7.4	9.5	11.5	13.3	14.5	15.2	15.2	14.8	13.9	10.6	7.6	4.6
Sr^{2+}						2.1	3.9	5.2	6.3	7.2	8.1	8.5	8.6	8.5	
Th^{4+}	2.0	6.0	9.7	12.5	14.6	15.9	16.8	17.4	18.2	19.1	20.0	20.4	10.5	20.5	20.5
Zn^{2+}		1.3	4.0	6.1	8.0	10.0	11.8	13.1	14.2	14.9	11.0	11.0	8.0	4.7	1.0

参 考 文 献

[1] 武汉大学. 分析化学. 第5版. 北京：高等教育出版社，2006.

[2] 华中师范大学等. 分析化学. 第3版. 北京：高等教育出版社，2001.

[3] 刘世纯. 技术工人技能鉴定——实用分析化验工读本. 第2版. 北京：化学工业出版社，2005.

[4] 蔡增俐. 分析化学. 第2版. 北京：化学工业出版社，2007.

[5] 顾明华. 无机物定量分析基础. 北京：化学工业出版社，2002.

[6] 姜洪文. 分析化学. 第3版. 北京：化学工业出版社，2009.

[7] 张振宇. 化工分析. 第4版. 北京：化学工业出版社，2015.

[8] 刘珍. 化验员读本. 第4版. 北京：化学工业出版社，2015.

[9] 刘瑞雪. 化验员习题集. 第2版. 北京：化学工业出版社，2006.

[10] CBE教程编委会. 工业分析专业CBE教程. 北京：化学工业出版社，2000.

[11] 刘尧. 无机及分析化学. 北京：高等教育出版社，2003.

[12] 浙江大学分析化学教研室. 分析化学选择题填充题选集. 北京：高等教育出版社，1988.

[13] 谢庆娟. 分析化学. 第2版. 北京：人民卫生出版社，2013.

[14] 李锡霞. 分析化学. 北京：人民卫生出版社，2002.

[15] 黄一石. 定量分析化学. 第3版. 北京：化学工业出版社，2014.